U0176575

"一带一路"
数字网络 治理体系研究

"Belt & Road" Digital and Cyber Governance System

程 乐 裴佳敏 李 俭 著

中国民主法制出版社

图书在版编目（CIP）数据

"一带一路"数字网络治理体系研究/程乐，裴佳
敏，李俭著．—北京：中国民主法制出版社，2022.10
ISBN 978-7-5162-2925-5

Ⅰ.①—…　Ⅱ.①程…②裴…③李…　Ⅲ.①互联网
络—治理—研究—中国　Ⅳ.①TP393.4

中国版本图书馆 CIP 数据核字（2022）第 178133 号

图书出品人：刘海涛
责 任 编 辑：逯卫光　李　郎

书名/"一带一路"数字网络治理体系研究
作者/程　乐　裴佳敏　李　俭　著

出版·发行/中国民主法制出版社
地址/北京市丰台区右安门外玉林里 7 号 （100069）
电话/（010）63055259（总编室）　　63058068　63057714（营销中心）
传真/（010）63055259
http：// www. npcpub. com
E-mail：mzfz@ npcpub. com
经销/新华书店
开本/16 开　710 毫米 ×1000 毫米
印张/19.5　**字数/**306 千字
版本/2022 年 10 月第 1 版　2022 年 10 月第 1 次印刷
印刷/三河市宏图印务有限公司

书号/ISBN 978-7-5162-2925-5
定价/78.00 元
出版声明/版权所有，侵权必究。

序　言

　　党的十九大报告指出，要加强互联网内容建设，建立网络综合治理体系，营造清朗的网络空间。随着网络的不断普及，网络空间被视为并列于陆、海、空、天的第五大空间，成为新形势下维护国家安全的重要领域之一，亦成为新一轮大国博弈的重要疆域。近年来，我国高度重视网络空间国际治理，为推进全球网络空间治理良性变革贡献了中国智慧、中国方案，在多个重要场合阐述了其国际治网理念，例如，习近平总书记于2015年第二届世界互联网大会上提出了推动全球互联网治理体系变革的"四项原则"和构建网络空间命运共同体的"五点主张"，于2017年第四届世界互联网大会上提出了构建网络空间命运共同体的"四个共同"，等等。"一带一路"沿线国家是我国重要的战略合作伙伴，而我国近年来也一直与"一带一路"沿线国家在网络空间国际规则方面保持着良好的合作。本著作拟以"一带一路"为突破口，探究如何积极推进各国之间的网络空间合作，从而推动全球共建"网络空间命运共同体"。

　　"一带一路"网络空间战略合作研究有利于构建新型国际网络空间战略合作模式。目前，国际网络空间合作仅限于各大主要经济体（如美国和欧盟、美国和我国等）之间，而区域性整体合作尚未有效开展。"一带一路"网络空间战略合作研究可丰富国际网络空间战略合作的合作内涵，包括合作领域、合作对象和合作形式等，形成多层次、多维度的复合型网络空间区域合作，推动构建新型国际网络空间战略合作模式，进而为各国开展网络空间战略合作提供新机遇和合作范本。

　　"一带一路"网络空间战略合作研究有利于深化网络空间国际合作，促进共建网络空间命运共同体。鉴于我国已与"一带一路"沿线国家在经济、贸易和文化等方面形成的合作关系和达成的共识，相对于西方国家而言，我国可与"一带一路"沿线国家更有效地实现网络空间对话协商机制和平等协商机制。因此，"一带一路"沿线国家可作为推动构建网络空间命运共同体的我国主张成为国际广泛共识的突破口，实现"一带一路"沿线国家共同受益受惠，进而推动构建"一带一路"网络空间共同体以及网络空间人类命运共同体。

"一带一路"网络空间战略合作研究有利于推动我国治网理念和主张的国际化传播，提升我国国际网络空间制度性话语权和规则制定权。党的十八大以来，从外宣工作的"把握国际话语权，有效传播中国声音"到"努力提高中国国际话语权"，体现着我国对核心领域国际规则话语权的重视。从国家战略全局角度来看，"一带一路"不仅仅是沿线国家及更多国家和地区共同参与的合作倡议（在此背景下，相关国家和地区的法律规范、执法原则和标准以及法律价值等向着不断趋同的方向发展），更是我国借由国际法与国际规范以强制性的约束力进入国内法、提升我国国际话语权，尤其是法律制度性话语权的重要契机。故而，推进"一带一路"网络空间战略合作研究对推动我国治网理念和主张的国际化传播，提升我国国际网络空间制度性话语权有重要意义。

鉴于"一带一路"网络空间战略合作研究的重要理论和实践意义，本著作主要由以下五个方面内容构成：第一，介绍有关网络空间治理的基本概念和治理理念，包括其定义和内涵、全球网络空间治理模式与理念的演变以及我国网络空间治理现状；第二，结合"一带一路"沿线国家和地区的网络空间发展和规制现状，从区域、国家视角和合作领域两大视角探究"一带一路"网络空间治理与合作；第三，介绍"一带一路"国家网络安全国家战略，包括新加坡、马来西亚、俄罗斯、土耳其、埃及、爱沙尼亚、捷克、克罗地亚、波兰、孟加拉国、印度和韩国；第四，探究"一带一路"背景下我国治网理念和形象的国际传播，主要包括"网络空间命运共同体"、"印度封禁我国 App 事件"和"黑客"等有关网络治理的概念和事件，并为推动我国治网理念和主张的国际传播提供可行性路径与策略；第五，探析新形势下的"一带一路"网络空间国际治理，包括新冠肺炎疫情下如何保障国际网络空间安全、新冠肺炎疫情下如何进行"一带一路"网络舆情风险管控、如何推动网络外交下的"一带一路"网络空间治理，并从文化、符号学和马克思主义哲学视角，为构建"一带一路"网络空间命运共同体提供学理性支撑。

目　录

第一章 网络空间治理：基本概念和治理理念

截至 2020 年 7 月 30 日，全球共有 48 亿多互联网用户（约占全球总人口 77 亿的 62%），其中亚洲用户 25.25 亿、欧洲 7.28 亿、拉丁美洲 4.68 亿、北美 3.33 亿、非洲 5.66 亿、中东 1.85 亿、大洋洲 2892 万。[①] 随着网络的不断普及和网络技术的飞速发展，网络空间已成为与陆地、海洋、天空、太空同等重要的人类活动新领域。信息技术是一把双刃剑，推动了社会发展进步、造福了人类，同时也带来了网络攻击、网络恐怖主义、网络犯罪和网络盗窃等安全风险和挑战。基本概念的界定与背景知识的介绍是研究的起点和基础，是深入开展研究的重要前提，因而有必要厘清其所涉及的核心概念，分析其内涵与外延。因此，本章各节主要围绕网络空间、网络安全和网络空间治理等基本概念展开。

第一节 网络空间治理基本概念

一、网络空间的定义和特点

众多字典和学者皆对网络空间进行了界定，但是尚未有公认的、统一的定义。20 世纪 80 年代初出现了一种新的科学文学体裁，即赛博朋克（cyberpunk）文学，赛博朋克是控制论（cybernetics）和朋克（punk）的结合词，背景建立于"低端生活与高等科技的结合"（combination of low-life and high technology）。最为经典的代表作为威廉·吉布森（William Gibson）撰写的《神经漫游者》（*Neuromancer*），此作品于 1984 年获得了雨果奖（Hugo Award）、菲利普狄克奖（Philip K. Dick Memorial Award）和星云奖（Nebula Award）。在这部作品中，Gibson（2010：51）首次提出网络空间（cyberspace）这个词，并在互联网和虚拟现实存在之前就对其进行了设想，将网络空间定义为，"网络空间是每个国家的合法运营者和学习数学概念的

[①] 参见 Internet World Statistics, https://www.internetworldstats.com/stats.htm（访问于 2020 年 8 月 5 日）。

儿童每天皆可产生的一种共识性幻觉……这些幻觉是每台计算机数据库中的数据在人体系统中再现的结果,具有难以想象的复杂性"。

较于"因特网","网络空间"的含义更为广泛,被定义为"通过计算机网络进行交流的虚拟环境"(《牛津英语词典》),"通过三维模式体现的存储于更大的计算机或网络中的所有数据,其中虚拟现实用户可自由移动"(《柯林斯英语字典》),"计算机网络和因特网的网络世界"(《韦氏词典》),"电子交际的空间"(Dictionary.com),"虚拟现实"(The Tech Terms Computer Dictionary)以及"通过互联网实现的信息世界"(Wiktionary)。Melzer(2011:4)将"网络空间"定义为"一个全球电子信息和通信基础设施互联的网络,包括互联网、电信网络以及其中的信息"。红十字国际委员会ICRC(2015:39)将"网络空间"简单地定义为"提供全球互联互通的虚拟空间"。目前使用的网络类型不仅包括互联网,还包含企业或组织内联网、无线网络以及蜂窝网络,其皆可传送邮件、即时消息以及音乐和电影等(Weir & Mason,2017)。Strate(1999)将网络空间分为三层:零层空间(zero order cyberspace),主要涉及网络空间本体(cyberspace ontology),即网络空间是准空间(paraspace)或非空间(nonspace),一种虚构的、想象的或未实现的空间,一个看似自相矛盾的不是空间而是假空间或模拟空间的空间;第一层空间(first order cyberspace),由物理网络空间(physical cyberspace)、概念网络空间(conceptual cyberspace)和感知网络空间(perceptual cyberspace)构成,其中物理网络空间包括计算机的物质基础、显示器、磁盘驱动器、调制解调器、电线等及其用户,概念网络空间指的是在与计算机技术互动时人们头脑中产生的空间感,感知网络空间被视为物理网络空间和概念网络空间之间的桥梁,指的是人机界面通过一种或多种感官的相互作用而产生的空间感;第二层网络媒体空间(cybermedia space),指的是通过用户与计算机及相关技术的通信而产生的空间感,可细分为美学空间、信息或数据空间以及互动或关系空间三个部分。

表 1.1 网络空间定义

国家	表述	定义
阿富汗	cyber space	《阿富汗国家网络安全战略》 (National Cybersecurity Strategy of Afghanistan) 由遍布全球的信息系统以及将这些系统互联的网络构成的环境。
波兰	cyberspace	《波兰人民共和国网络空间保护政策》 (Cyberspace Protection Policy of the People's Republic of Poland) ICT 系统处理和交换信息的空间。

续表

国家	表述	定义
卡塔尔	cyberspace	《卡塔尔国家网络安全战略》 （Qatar National Cyber Security Strategy） 由相互依赖的信息和通信技术网络（如互联网、电信网络、计算机系统以及嵌入式处理器和控制器）构成的一种虚拟或电子环境，该网络将人们与服务和信息联系在一起。
克罗地亚	cyberspace	《克罗地亚国家网络安全战略》 （The National Cyber Security Strategy of Croatia） 信息系统之间进行通信的空间，它涵盖了互联网及其连接的所有系统。
沙特阿拉伯	cyberspace	《沙特阿拉伯信息安全国家战略》 （Developing National Information Security Strategy for the Kingdom of Saudi Arabia） 由相互依赖的信息系统基础结构网络构成的全球信息环境，包括互联网、电信网络、计算机系统、嵌入式处理器和控制器。
英国	cyberspace	《2016—2021 年国家网络安全战略》 （National Cyber Security Strategy 2016—2021） 相互依赖的信息技术基础设施网络，包括互联网、电信网络，计算机系统，与互联网连接的设备以及嵌入式处理器和控制器。它还可以将虚拟世界或虚拟域称为经验现象或抽象概念。
德国	cyberspace	《德国网络安全战略》 （Cyber Security Strategy for Germany） 在全球范围内数据层面链接的所有信息技术系统的虚拟空间。网络空间的基础是互联网，它是一种通用且可公开访问的连接和传输网络，可以通过任意数量的其他数据网络进行补充和扩展。孤立的虚拟空间中的 IT 系统不是网络空间的一部分。
奥地利	cyber space	《奥地利网络安全战略》 （Austrian Cyber Security Strategy） 在全球范围内数据层面链接的所有 IT 系统的虚拟空间。网络空间的基础是互联网，它是一种通用且可公开访问的连接和传输网络，可以通过任意数量的其他数据网络进行补充和扩展。通常来说，网络空间是指由不同的独立 IC 基础设施、电信网络和计算机系统组成的全球网络。在社会领域，使用此全球网络可以使个人进行互动、交流思想、传播信息、提供社会支持、经商，控制行为，创作艺术和媒体作品、玩游戏、参加政治讨论等。网络空间已成为与互联网相关的所有事物以及不同互联网文化的总称。许多国家将通过此介质运行的联网信息通信技术和独立网络视为其"国家关键基础设施"的组成部分。

国家	表述	定义
孟加拉国	cyberspace	《2016—2021年国家网络安全战略》 (National Cyber Security Strategy 2016—2021) 相互依赖的信息技术基础设施网络，包括互联网、电信网络，计算机系统，与互联网连接的设备以及嵌入式处理器和控制器。它还可以将虚拟世界或虚拟域称为经验现象或抽象概念。
斯洛伐克	cyberspace	《2015—2020年斯洛伐克共和国网络安全概念》 (Cyber Security Concept of the Slovak Republic for 2015—2020) 一个无国界的虚拟空间，被视为信息环境中的全球交互领域，其特征是使用电子和电磁光谱来创建、存储、修改和交换数据以及使用服务。网络空间还意味着全球连接的、去中心化的和不断增长的电子信息，通信和控制系统以及使用这些系统以数据和信息（包括存储的数据和/或系统中处理的数据）形式所进行的社会和经济过程互连的综合现象，包括和/或在其系统中处理的数据。

表1.1介绍了有关国家网络安全战略文本对网络空间的定义。从表1.1数据看出，不同国家对网络空间的定义不尽相同，主要体现在定义范围上的差异。从广义上讲，网络空间既包括信息技术基础设施相互依存的网络，包括互联网、电信网络、计算机系统，又包括与互联网连接的设备以及嵌入式处理器和控制器等硬件，例如，卡塔尔、沙特阿拉伯、英国和孟加拉国对网络安全的定义。从狭义上讲，网络空间指的是信息系统以及将这些系统互联的网络，如阿富汗、克罗地亚、斯洛伐克、德国和奥地利。表1.1中网络空间的定义对Strate提出的三种网络空间皆有涉及，就网络空间本体而言，所有国家皆认可网络空间是一种虚拟空间，其中网络空间物理空间与信息或数据空间是网络空间的重要构成部分，还强调计算机和用户之间的互动以及网络空间与社会之间的互动。此外，网络空间被视为互联网的上位概念。但在实践中，网络空间和互联网这两个概念常被混淆使用。例如，在机构名称的翻译中，"中共中央网络安全和信息化委员会办公室"被翻译为Office of the Central Cyberspace Affairs Commission；而"中华人民共和国国家互联网信息办公室"被翻译为Cyberspace Administration of China。

表1.1数据表明，网络空间作为一个符号具有空间性，其含义可因国家而异。网络空间也具有一定的时间性，如美国国家战略中对网络安全的定义。美国2003年《国家网络空间安全战略》将网络空间定义为"神经

系统——国家的控制系统……由数以万计的相互联接的计算机、服务器、路由器和光缆组成，支撑关键基础设施运作"；2006 年《网络空间行动国家军事战略》将网络空间"视为一个域，其特征是利用电子和电磁光谱，通过网络信息系统和物理基础设施存储、修正和交换信息"；2008 年《国家安全第 54 号总统令》、《第 23 号国土安全总统令》及 2009 年《网络安全政策评估》中，网络空间被定义为"信息技术基础设施相互依存的网络，包括互联网、电信网、计算机系统和重要行业中的嵌入式处理器和控制器"；2011 年《网络空间可信身份国家战略》将网络空间定义为"构成通讯基础的信息技术各部分相互依存的网络，互联网是网络空间的组成部分之一"；2018 年《美国国土安全部网络安全战略》将网络空间定义为"信息技术基础设施相互依存的网络，包括互联网、电信网、计算机，信息通信系统以及嵌入式处理器和控制器"。从上述定义可以看出，美国政府对网络空间的定义随着时间日渐全面和统一，但是其定义皆未明确指出网络空间的社会属性。

二、网络安全的定义和内涵

关于网络安全，目前学界和各个国家也缺乏一个统一的、普遍认可的定义。学界和实践中，经常将网络安全与信息安全混淆使用，实际上，两者存在着区别。国际电信联盟（ITU）在其发布的《网络安全国家战略指南》（ITU National Cybersecurity Strategy Guide）中，将网络安全定义为信息安全的一个分支（ITU，2011：5），并对网络安全和信息安全进行了区分：

两个概念皆旨在获得和维持保密性、完整性和可用性三个安全属性，但是互联网的全球可达性使网络安全具有独特性。首先，信息安全始于大部分系统皆独立的时期，因此很少跨越司法管辖区，网络安全则在法不确定的法律环境中应对全球威胁。因此，在互联网时代，为信息安全制定的法律严重不足。其次，网络安全必须与互联网架构抗争，这使得几乎不能将某次攻击归因于某个人。最后，由于起源于军事和外交服务，信息安全通常侧重于机密性。尽管维基解密凸显了机密性的重要，网络安全则更多地关注完整性和可用性。因此，网络安全是具有管辖权不确定性且需考量归因问题的信息安全（ITU，2011：13）。

国际电信联盟，作为联合国的专门性机构，将"网络安全"定义为"一系列可用来保护网络环境以及各个组织和用户资产的工具、政策、安全概念、安全防卫指南、风险管理方法、行为、培训、最佳实践和技术"。① Schatz 等人（2017）采取词汇和语义分析的定量研究方法对 28 个网络安全定义的范围和语境进行了分析，并提供了一个更具代表性的网络安全定义，即"与各个组织和国家所采取的用以保护网络空间中数据和资产的机密性、完整性和可用性的安全风险管理程序相关的方法和行为。该概念包括一系列指导方针、政策和安全措施、技术、工具和培训，以为网络环境及其用户提供最佳保护"。

　　表 1.2 描述了各个国家网络安全战略文本对网络安全的定义。从表 1.2 可以看出，国际电信联盟对网络安全的定义已为各国广泛吸收和应用，各国皆将网络安全视为一系列措施和方法。

表 1.2　网络安全定义

国家	表述	政策名称 & 定义
阿富汗	cyber security	《阿富汗国家网络安全战略》（National Cybersecurity Strategy of Afghanistan）信息系统，包括保护网络空间免受攻击，以及确保在该空间中处理的信息的机密性、完整性和可访问性，检测攻击和网络安全事件；采取措施以应对这些事件，然后将系统恢复到网络安全事件之前的原始状态。
波兰	cyberspace security	《波兰人民共和国网络空间保护政策》（Cyberspace Protection Policy of the People's Republic of Poland）一系列旨在确保网络空间正常运行的组织和法律、技术、物理和教育措施。
捷克	cyber security	《2015—2020 年捷克共和国国家网络安全战略》（National Cyber Security Strategy of the Czech Republic for the Period from 2015 to 2020）网络安全是包括组织、政治、法律、技术和教育措施与工具在内的总和，旨在为捷克共和国提供一个安全、受保护且具有复原力的网络空间，以使公共和私营部门以及广大公众受益。
卡塔尔	cyber security	《卡塔尔国家网络安全战略》（Qatar National Cyber Security Strategy）工具、政策、安全概念、安全保护措施、指南、风险管理方法、措施、培训、最佳实践，保证和技术的集合，可用于保护网络环境以及组织和用户的资产。

---

　　① 参见于 2014 年 4 月国际电信联盟发布的《全球网络安全指数》，其从五个方面评估和排名了各国的网络安全水平，其中包括"法律措施"（刑事立法以及规制和合规）和"合作"（包括国家内、机构内和国际层面以及公私伙伴关系层面）。

续表

国家	表述	政策名称 & 定义
克罗地亚	cyber security	《克罗地亚国家网络安全战略》 The National Cyber security strategy of Croatia） 包括为实现网络空间信息和系统的机密性、完整性和可用性而进行的活动和措施。
沙特阿拉伯	cyber security	《沙特阿拉伯信息安全国家战略》 （Developing National Information Security Strategy for the Kingdom of Saudi Arabia） 保护或捍卫网络空间免受网络攻击的能力。
英国	cyber security	《2016—2021 年国家网络安全战略》 （National Cyber Security Strategy 2016—2021） 保护互联网连接的系统（包括硬件、软件和相关的基础结构）、其中的数据及其提供的服务，以防止未经授权的访问、损害或滥用。这包括系统操作员有意造成的破坏，或由于未遵循安全性程序或被操纵而导致的意外破坏。
德国	cyber security	《德国网络安全战略》 （Cyber Security Strategy for Germany） 适当措施的总和。
荷兰	cyber security	《国家网络安全议程》 （National Cyber Security Agenda） 网络安全是防止因信息通信技术的中断、故障或滥用而造成的损害并在发生损害时予以恢复的整体措施。
卢森堡	cyber security	《国家网络安全战略（三）》 （National Cybersecurity Strategy III） 一系列可用来保护网络环境以及各个组织和用户资产的工具、政策、安全概念、安全防卫指南、风险管理方法、行为、培训、最佳实践和技术。
奥地利	cyber security	《奥地利网络安全战略》 （Austrian Cyber Security Strategy） 网络安全描述了通过宪法手段来保护关键法律资产，以防止参与者造成的技术的、组织的和自然的风险，这些风险对网络空间的安全性（包括基础设施和数据安全性）以及网络中用户的安全性造成威胁。网络安全有助于识别、评估和追踪威胁，并增强应对网络空间中或来自网络空间的干扰的能力，以最大限度地减少影响并恢复各利益相关者、基础设施和服务的行动性性能和功能性性能。

此外，从表 1.2 可以看出，以下两方面在网络安全中的重要性尤为凸显：（1）网络空间中数据和资产的"机密性、完整性和可用性"，如阿富汗的"信息的机密性、完整性和可访问性"和克罗地亚的"网络空间信息

和系统的机密性、完整性和可用性";（2）网络空间系统的恢复力或复原力，例如，阿富汗的"将系统恢复到网络安全事件之前的原始状态"、捷克的"受保护且具有复原力的网络空间"、荷兰的"在发生损害时予以恢复的整体措施"和奥地利的"恢复各利益相关者、基础设施和服务的行动性性能和功能性性能"等。

有学者曾指出，某些网络空间相关术语无须进行明确界定，如网络犯罪和网络安全等。正如 Kosseff（2018）指出，核心概念的缺乏可能会造成更大的问题，尤其是当政策制定者在提及网络安全时，他们可能讨论的不是同一个概念。某些时候，为了对网络安全的保护对象进行更全面、广泛的规制，网络安全相关术语存在定义故意缺失的现象（Cheng et al. 2019：294）。因此，是否需要对网络空间相关术语进行明确界定取决于语境的需要。例如，美国报告指出，一方面，如果定义网络犯罪是为了调查和起诉伞状术语"网络犯罪"下的任何犯罪，则定义网络犯罪可能不太重要，而更重要的是明确定义哪些特定活动构成犯罪——无论是现实世界的犯罪还是网络空间的犯罪；另一方面，区分网络犯罪和其他恶意活动可有助于制定打击范围不断扩大的网络威胁的具体政策。如果政府机构和私营部门企业围绕打击网络犯罪制定战略和任务，则可能有必要向可能参与实施这些战略的个体传达明确的网络犯罪定义。此外，如果需要评估网络安全的程度或影响，或者打击网络犯罪分子的措施，可能需要对网络犯罪进行定义。

同理，如果需要评估网络安全的程度或影响，则首先须对网络安全进行定义。例如，在对网络安全进行定义的基础上，ITU 发布了全球网络安全指数（Global Cybersecurity Index，简称 GCI），旨在衡量成员国对网络安全的承诺，以提高人们对网络安全的认识。GCI 围绕国际电信联盟全球网络安全议程（GCA）及其五大核心指标（法律、技术、组织、能力建设和合作）展开，考察各成员国在网络安全方面所做出的努力和贡献，每一项核心指标都有对应的问题以衡量得分。通过与专家组的协商确定问题的权重，得出 GCI 总分。目前 ITU 已经发布了三个报告版本，分别为《2014年全球网络安全指数》、《2017年全球网络安全指数》和《2018年全球网络安全指数》。根据 ITU 官网①，《2020年全球网络安全指数》于2021年6月发布。

上述五大核心指标及其子指标包括：（1）法律：基于处理网络安全和

---

① 参见国际电信联盟，https://www.itu.int/en/ITU-D/Cybersecurity/Pages/global-cybersecurity index.aspx（访问于2020年10月8日）。

网络犯罪的法律机构和框架进行评价，子指标包括网络犯罪立法、网络安全条例和网络安全培训。（2）技术：基于网络安全技术机构进行评价，子指标包括国家计算机安全应急响应组、政府计算机事件响应小组、板块计算机安全事件响应小组、组织标准、专业人员标准与认证以及线上儿童保护。（3）组织：基于在国家层面建立的发展网络安全的政策协调机关和战略进行评价，子指标包括战略、负责机构和网络安全评价标准。（4）能力建设：基于研究发展以及教育培训项目；是否有具有资格的专业人士和公共机构促进能力建设进行评价，子指标包括标准化组织、良好的实践做法、研发项目、公众认识活动、职业培训课程、国家教育项目和课程设置、激励机制和本土网络安全产业。（5）合作：基于合作伙伴、框架和信息共享网络进行评价，子指标包括国内合作、多边协议、国际活动参与、公私合作和机构间合作（国际电信联盟，2017：72）。

三、网络空间治理的概念内涵

1992 年，28 位国际知名人士发起成立了联合国全球治理委员会（Commission on Global Governance），该委员会在 1995 年的报告《我们的全球伙伴关系》① 中阐述了治理（Governance）的概念，认为"治理"是"个人与组织、公共和私人处理其共同事务的多种方式的总和。这是一个持续的过程，在这个过程中，可能会包含相互冲突或不同的利益，并可能会采取合作行动。它既包括有权强制合规的正规机构和制度，也包括人们和机构已经缔结的或被视为符合其利益的非正式制度安排"。从表 1.1 网络空间的定义可以看出，互联网在网络空间领域扮演着极其重要的角色。互联网治理是网络空间治理的一个重要方面，2005 年 11 月，第二阶段信息社会世界峰会（World Summit on the Information Society，简称 WSIS）在突尼斯举行，大会报告将"互联网治理"② 定义为"政府、私有部门和公民社会根据各自的作用制定和实施的，旨在规范互联网发展和使用的共同原则、准则、规则、决策程序和方案"。联合国互联网治理专家组（Working

---

① 参见 The UN Commission on Global Governance, https://www.gdrc.org/u-gov/global-neighbourhood/chap1htm（访问于 2020 年 9 月 26 日）。

② 参见 Second Phase of the World Summit on the Information Society, *Final Report of the Tunis Phase of the WSIS. A working definition of Internet governance is the development and application by governments, the private sector and civil society, in their respective roles, of shared principles, norms, rules, decision-making procedures, and programmes that shape the evolution and use of the Internet*, http://www.itu.int/net/wsis/documents/doc_multi.asp? lang=en&id=2331|2304（访问于 2020 年 9 月 26 日）。

Group on Internet Governance，简称 WGIG）在其报告①中，确定了互联网治理公共政策的四大领域：

其一，与基础设施和因特网重要资源管理有关的问题，包括域名系统和因特网协议地址（IP 地址）管理、根服务器系统管理、技术标准、互传和互联、包括创新和融合技术在内的电信基础设施以及语文多样性等问题。这些问题与因特网治理有着直接关系，并且属于现有负责处理此类事务的组织的工作范围。

其二，与因特网使用有关的问题，包括垃圾邮件、网络安全和网络犯罪。这些问题与因特网治理直接有关，但所需全球合作的性质尚不明确。

其三，与因特网有关、但影响范围远远超过因特网并由现有组织负责处理的问题，比如知识产权和国际贸易。工作组已开始对按照《原则宣言》处理这些问题的程度进行审查。

其四，因特网治理的发展方面相关问题，特别是发展中国家的能力建设。

互联网域名系统（Domain Name System，简称 DNS）是互联网的基础部分，其运营是互联网治理的重中之重。互联网名称与数字地址分配机构（The Internet Cooperation for Assigned Names and Numbers，简称 ICANN）成立于 1998 年 10 月，是一个非营利性公益机构，负责运营 DNS、协调互联网唯一标识符（如互联网协议地址）的分配和指定、认证通用顶级域名（generic top-level domain，简称 Gtld）注册商以及汇集全球志愿者的观点，共同致力于维护互联网的安全性、稳定性和可互操作性。② 在 ICANN 创立之前，互联网数字分配机构（Internet Assigned Numbers Authority，简称 IANA）依据其与美国国防部签署的合同负责管理 DNS。1998 年 11 月 25 日，美国商务部与 ICANN 签署了《谅解备忘录》③，美国政府亦成为 ICANN 的实际监管人。但是，自美国商务部与 ICANN 签订的《义务确认书》④（2009 年 9 月 30 日）合同到期后，DNS 管理权于 2016 年 10 月 1 日

---

① 参见 Working Group on Internet Governance，Report of the Working Group on Internet Governance，http：//www. wgig. org/WGIG-Report. html（访问于 2020 年 9 月 26 日）。

② 参见 ICANN 新手指南，https：//www. icann. org/en/system/files/files/participating-08 nov13-zh. pdf（访问于 2020 年 9 月 26 日）。

③ 参见 Memorandum of Understanding Between the U. S. Department of Commerce and ICANN，https：//www. i cann. org/resources/unthemed-pages/icann-mou-1998-11-25-en（访问于 2020 年 9 月 28 日）。

④ 参见 Joint Affirmation of Commitments by the U. S. Department of Commerce and ICANN，https：//www. icann. org/resources/pages/affirmation-of-commitments-2009-09-30-en（访问于 2020 年 9 月 28 日）。

移交至 ICANN 下设的负责执行 IANA 职能的公共技术标识组织（Public Technical Identifiers，简称 PTI），这标志着美国对互联网核心资源近 20 年单边垄断的结束。此次职能管理权的移交对国际互联网治理具有积极的意义，将推动互联网基础设施资源国际化的进程，有利于弥合发展中国家和发达国家之间的数字鸿沟。

互联网治理的核心是如何管理根域名解析服务器等互联网基础资源。根服务器是国际互联网最重要的战略基础设施之一，负责互联网顶级的域名解析（如 .com；.net；.org；.cn；eu；.uk 等）。在互联网发展历史上，美国利用先发优势主导的根服务器治理体系已延续 30 多年，而由于第四版互联网协议（Ipv4）的技术限制，全球 Ipv4 根服务器的数量长期以来一直被限定在 13 台（以"A"至"M"命名），1 台主根服务器在美国，其余 12 台均为辅根服务器，其中 9 台在美国，欧洲 2 台，分别位于英国和瑞典，亚洲 1 台位于日本。没有根服务器，网民就无法访问各类入网的网站和设备。全球 IPv4 的 13 台根服务器没有一台在中国设立，也就是说中国没有根服务器，一直使用根镜像服务器。2002 年，ICANN 开始联合全球各地的根服务器管理机构建设根服务器镜像（root server instance），截至2022 年 3 月 15 日，全球范围内共有 1525 个镜像服务器。① 根据 root-servers. org 的地图显示，目前中国根镜像服务器有 27 个，其中北京 5 个、西宁 1 个、郑州 1 个、武汉 1 个、贵州 1 个、上海 1 个、杭州 2 个、香港 9 个和台北 6 个。

国际空间治理也成为国际政治议题。国际电信联盟于 2001 年和 2004 年分别召开"信息社会世界高峰会议"探讨网络空间治理。2011 年，中国与俄罗斯等国向第 66 届联合国大会提交了《信息安全国际行为准则》②（International Code of Conduct for Information Security），就维护信息和网络安全提出一系列基本原则，强调必须在国家和国际层面就互联网安全问题达成共识并加强合作，推动联合国在促进制定信息安全国际规则、和平解决相关争端、促进各国合作等方面发挥重要作用。2015 年 1 月，中国、俄罗斯、乌兹别克斯坦、吉尔吉斯斯坦、塔吉克斯坦、哈萨克斯坦向联合国大会共同提交了新版《信息安全国际行为准则》。③

---

① 参见 https：//root-servers. org/（访问于 2022 年 3 月 15 日）。

② 参见 http：//www. china-embassy. org/chn/zgyw/t858320. htm（访问于 2020 年 9 月 28 日）。

③ 参见 http：//infogate. fmprc. gov. cn/web/ziliao_ 674904/tytj_ 674911/zcwj_ 674915/P02 015 031657176 3224632. pdf（访问于 2020 年 10 月 18 日）。

2013 年 6 月，爱德华·斯诺登（Edward Snowden）揭露美国国家安全局在全球开展大规模网络监控的"棱镜计划"（Prism），引发了国际社会关于大规模网络监控对个人隐私、国家安全的关注，同时推动网络空间治理成为国际政治领域的优先议题。斯诺登事件后，各国政府纷纷发布网络安全报告和网络空间战略报告，并加大对于网络空间治理平台和治理机制的投入，彻底改变了网络空间全球治理的格局。

2017 年 9 月，金砖五国领导人在厦门会晤并通过《厦门宣言》，从网络空间行为规范、国际法原则、合作路线图等三个政策领域表达了共同主张。五国领导人表示，支持联合国在制定网络空间行为规范方面发挥中心作用，强调《联合国宪章》确立的国际法原则，认为要在联合国主导下制定国际法律文书，打击信息通信技术领域的犯罪行为。五国领导人决定，根据《金砖国家确保信息通信技术安全使用务实合作路线图》或者其他共识机制推进合作。

第二节　全球网络空间治理模式与理念的演变

本节将结合世界互联网发展状况以及全球网络空间治理实践和进程，着重比较和分析四种网络空间治理模式，即自我规制、代码规制、法律规制和多利益攸关方治理。

一、自我规制

20 世纪 90 年代，国际社会流行一股互联网自由的思潮，认为网络空间独立于现实空间的存在，尤其是没有国家界限与不受政府管理，其治理模式是自发且自律的，主张"没有政府治理"（governance without government）的原则，最具代表性的是互联网先驱 John Perry Barlow（1996）发表的《网络空间独立宣言》（A Declaration of Independence of Cyberspace），其中强调，"我们正在形成我们自己的社会契约。这种治理将根据我们自己的世界形成，而不是你们的。我们的世界是不同的"。这种方法体现了早期的互联网中较高水平的互信、团结和社会资本，因此决策相对简单（Kurbalija，2012）。自我规制（self-regulation）在网络空间中至关重要，通常被视为软法的一部分，有如下优点和缺点。

优点（Weber，2015：27）：

• 由特定社区的参与者制定的规则有效性强，因为他们可以响应实际需求并反映技术。

- 有意义的自我监管为监管框架灵活地适应不断变化的技术提供了机会。

- 自我监管通常可以以较低的成本（节省费用）来施行。

- 鉴于自我监管是行为者自己实施的，不具有国家强制性，因此规则中很有可能包含促进合规的激励措施。

- 有效的自我监管可促使有关人员对规则的制定和实施处于永久性的协商程序中；他们的参与对于确保自我监管机制准确反映实际需求是必要的。

缺点（Weber，2015：28）：

- 在"立法"程序的质量方面存在不确定性。通常，快速引入自我监管是为了避免制定国家法律。此外，该过程并不总是透明的，并非每个相关的小组都必须参与。不参与自我监管的制定、监督和实施的参与者可受益于这些免费得到的解决方案（"搭便车问题"）。

- 自我规制往往基于案例驱动的方法，而不是一般规则。

- 自我规制一般不具有法律约束力；私人规则仅适用于已接受监管制度的人。此外，问责制有时也无法确保达到令人满意的程度。

- 如果不承认自我监管有效性的"局外人"或"黑羊"数量众多，则各自的规则将失去合法性。

- 由于自我监管在很大程度上取决于有关参与者的同意，因此标准可能会因参与者而异，具体取决于参与者是否愿意就自我监管的范围达成一致。

- 自我监管机制并不总是稳定的；参与者可以随时决定取消规则，而不必被强迫遵循特定的程序。这因而存在风险，即对于主要参与者而言过于烦琐的规则的作用将被削弱。

- 自我监管的主要问题在于缺乏执法程序。不遵守私人规则并不一定会导致制裁。与政府法规相反，自我监管规则得不到真正执行。

- 除了上述形式和程序问题外，自我监管也可能产生负面的实质性影响，例如，在言论自由领域，自我规制可导致审查制度私有化。

随着网络间谍、网络恐怖主义和网络盗窃等网络威胁事件的频发，以互联网自由和行业自律为导向的自我监管方法受到了挑战。例如，2013年6月爆发的斯诺登事件中，美国监听公众通信的"棱镜计划"即透露了美国行业自律模式的弊端。根据《纽约客》报道，新西兰克赖斯特彻奇市两座清真寺发生的持枪歹徒袭击事件在Facebook（脸书）上被现场直播，而这已经不是第一次通过社交媒体传播杀戮血腥行为，这一事件使倾向"互联网自由"的扎克伯格(Zuckerberg)清楚地认识到了互联网平台的不可控性。扎克伯格在《华盛顿邮报》上发表一篇公开信,指出需要从四个方面更新法律法规以加强监管:保护社会免受有害内容侵害,保障选举公正,保护公民隐私和数据,保障数据的可移植性。这表明了扎克伯格肯定政府和监管机构在互联网发展中发挥规制作用以促安全的必要性。[①]可见,仅仅依靠自我监管的行业自律模式可能危害网络空间生态系统的安全、损害全球网民的利益,因此需要行业外的法律和代码等其他手段介入,以推动共同规制(co-regulation)。

二、代码规制

正如 Lessig 所述(2006:5),在网络空间中,我们必须了解不同的"代码"是如何规制的,即造就网络空间的软件和硬件(网络空间的"代码")是如何规制网络空间的。Mitchell(1995:111)也指出,代码是网络空间的"法律"。Reidenberg(1998)首次提出,代码即法律。这种"代码即法律"的规制方式体现了网络空间受规制的必要性以及可规制性。具体而言,网络空间受四种约束的规制,即法律(law)、社会准则(social norms)、市场(market)和架构(architecture)(Lessig,2006:124)。其中,架构类似于代码。准则通过共同体施加的声誉损毁来进行约束;市场通过其中的价格来进行约束;架构通过其施加的物理负担来进行约束;法律则通过惩罚的威胁来进行约束(Lessig,2006:124)。这四种约束之间是互相依赖、互相影响的。例如,技术可以冲击准则和法律,也可以推动准则和法律的不断完善(Lessig,2006:124)。根据 Lessig 的理论,国家应该防止网络空间变成一个由商业实体控制的领域,政府应该采取措施改变或者补充规则框架以影响公共政策。

三、法律规制

法律规制体现了国家作为行为主体在网络空间中的重要性,属于多边治理的一种体现。各个国家和地区已经发布了一系列专门性网络安全法律以及相关政策和法律来保障网络空间安全。美国作为目前网络空间最有影响力的国家行为体,发布了众多网络安全相关的政策和战略,如 2003 年《网络空间安全国家战略》(The National Strategy to Secure Cyberspace)、

---

① 参见 https://www.guancha.cn/chengle/2019_06_02_504054.shtml(访问于 2020 年 10 月 20 日)。

2006 年《国家基础设施保护计划》（National Infrastructure Protection Plan）、2013 年《改善关键基础设施网络安全》（Executive Order 13636）、2018 年《国防部网络战略》（Department of Defense Cyber Strategy）和 2018 年《美国国家网络战略》（National Security Strategy of the United States of America）等。这些政策主要围绕基础设施安全、推动公私合作以改善全球网络安全、改善联邦在事件响应能力等方面的政策和实践、使用风险管理原则以评估漏洞并选择缓解措施、鼓励公私部门之间的网络安全信息共享、提高公众对网络安全的意识以及增加网络安全研究方面的投资。

此外，美国还发布了一系列各个行业和领域的网络安全联邦法律，例如：规定敏感医疗信息安全的《健康保险携带和责任法案》（Health Insurance Portability and Accountability Act of 1996，Public Law 104-191）和《经济与临床健康信息技术法案》（Health Information Technology for Economic and Clinical Health Act，Division A，Title XIII and Division B，Title IV，Public Law 111-5），规定消费者敏感信息安全的《金融服务现代化法案》（Financial Services Modernization Act of 1999，Public Law 106-102），保障网络安全研发的《网络安全研究和发展法案》（Cyber Security Research and Development Act，Public Law 107-305），保障能源设施安全的《2015 年能源政策法案》（Energy Policy Act of 2005，Public Law 109-58），改善网络安全研发、劳动力准备和公共意识的《2014 年网络安全强化法案》（Cybersecurity Enhancement Act of 2014，Public Law 113-274），规定网络安全劳动力评估的《网络安全劳动力评估法案》（Cybersecurity Workforce Assessment Act，Public Law 113-246）以及鼓励公私部门共享网络安全威胁信息的《2015 年网络安全法案》（Cybersecurity Act of 2015，Division N，Public Law 114-113）。

从国际语境来看，国际法适用于网络空间已经成为国际共识。例如，联合国政府间专家组（UN GGE）曾于 2013 年和 2015 年就国际法在网络空间的适用等问题达成重要的共识性文件，即 2013 年[①]和 2015 年[②]《关于从国际安全的角度看信息和电信领域的发展政府专家组的报告》。此外，

---

① 参见 ITU，Group of Governmental Experts on Developments in the Field of Information and Telecommunications in the Context of International Security，https：//eucyberdirect. eu/wp-content/uploads/2019/10/ungge-2013. pdf（访问于 2021 年 8 月 19 日）。

② 参见 ITU，Group of Governmental Experts on Developments in the Field of Information and Telecommunications in the Context of International Security，https：//undocs. org/A/70/174（访问于 2021 年 8 月 19 日）。

区域组织如北约①、欧盟②、欧委会、美洲国家组织、上海合作组织的声明，以及国家间的联合声明如《塔林手册 2.0》等均已证实这一点。但是，各国就国际法如何适用网络空间问题仍然存在分歧（CCDCOE 2019：1）：首先，对特定网络空间法律规则的接受度不同，一些规则为各国普遍接受，包括《塔林手册 2.0》第 66—67 条的禁止干预和第 71—75 条的自卫权，但是部分国家对于《塔林手册 2.0》第 1—5 条的领土主权以及第 6—7 条的尽职调查等方面，存在着规则的行使范围和内容上的分歧；其次，各国在现行条约和习惯法（由西方主导）是否适当或者是否需要新增条约方面也存在着分歧。

四、多利益攸关方治理

多利益攸关方（multi-stakeholder governance）的网络空间治理方式强调国家和非国家行为者（如私营部门、民间团体和国际组织等）的共同参与。根据联合国 WGIG 报告，多利益攸关方模式是指让所有与互联网治理相关的行为体，包括各国政府、私营部门、公民社会、政府间和国际组织以及学术和技术社群等都成为网络治理决策的参与者，并加强各个行为体之间的对话。③ 信息安全世界峰会作为一个全球性的多利益攸关方平台，旨在通过在国家、地区和国际层面采取结构化和包容性的方法解决信息通信技术有关的问题。④ 多利益攸关方（multi-stakeholder）这个词首次出现在信息安全世界峰会日内瓦阶段会议于 2003 年 12 月 12 日通过的《行动计划》（Plan of Action）⑤ 中。在信息安全世界峰会第一阶段关于互联网治理的讨论中，用于描述现有安排的术语是"私营企业领导下的"（private sector-leadership），符合 ICANN 成立时所使用的语言（Kummer，2013）。WGIG 巩固了多利益攸关方一词的使用，其报告（Report of the Working

---

① 2014 年《北约威尔士峰会宣言》指出，"我们的政策也承认包括国际人道主义法和联合国宪章等国际法适用于网络空间"。

② 在 2017 年《欧盟网络安全战略》中，欧盟"强烈认为国际法，尤其是联合国宪章，适用于网络空间"。

③ 参见 WGIG, Working Group on Internet Governance, Report of the Working Group on Internet Governance, June 2005, https：//2001-2009. state. gov/e/eeb/rls/rpts/othr/49653. htm（访问于 2021 年 8 月 19 日）。

④ 参见 https：//sustainabledevelopment. un. org/index. php? page = view&type = 30022&nr = 102&menu =3170（访问于 2021 年 8 月 19 日）。

⑤ 参见 World Summit on the Information Society Plan of Action. Document WSIS-03/GENEVA/DOC/5-E. https：//www. itu. int/dms _ pub/itu-s/md/03/wsis/doc/S03-WSIS-DOC-0005！！ PDF-E. pdf（访问于 2021 年 8 月 19 日）。

Group on Internet Governance)① 使用了此术语 11 次，确定了急需"一个全球性的多利益攸关方论坛以解决有关互联网的公共政策问题"。WGIG 背景报告（Background Report）② 也使用了此术语 15 次，最后该术语通过 WGIG 进入了《突尼斯议程》（Tunis Agenda for the Information Society）③，被提及 18 次，其中 4 次与互联网治理论坛有关。此治理方法受到了美国、英国、加拿大、澳大利亚以及 ICANN 等组织的推崇，具有意识形态立场，经常被视为一种价值观而不是一种符合公共利益目标的方法。此外，不同于主权国家，这种论坛仅仅起到了议程设置和构建功能，其对决策的实际影响力是有限的，缺乏强制执行力（DeNardis & Raymond，2013）。

多利益攸关方治理模式提倡所有利益相关方共同参与网络空间治理。因此，具有道德上的合法性，也符合网络空间中权力扩散的趋势，被视为认可程度最高的治理模式（鲁传颖，2016a）。初期，发展中国家对西方所提出的多利益攸关方模式强烈抵制，因其并未明确多利益攸关方的定义，发展中国家认为，如果按照 ICANN 关于多利益攸关方的相关定义，自己将被排除在网络空间治理进程之外（鲁传颖，2016a），美国国家安全局窃听事件加剧了这一担忧。因此，一些国家提出了多边治理的概念，其包括在联合国系统内建立一个负责互联网治理的机构，同时还赋予国家根本主权以制定自己的国家政策，包括欧盟在内的一些行为主体开始保护其边界，以防止美国情报系统的监控（West，2014）。一些国家开始设立自己的国家内联网，例如朝鲜和古巴建立了由政府维护的网络，作为全球互联网的本地替代品。俄罗斯于 2019 年 12 月 23 日成功完成外部"断网"演习，切断俄罗斯境内网络与全球互联网的联系，测试了其国家级内网"RuNet"。

发展中国家并不反对多利益攸关方治理模式，认为其应设定治理的边界，限定于特定的技术性议题（鲁传颖，2016a）。多利益攸关方治理模式逐渐成为网络空间治理中的共识，其内涵也演变为政府、企业、市民社会共同参与网络空间的治理，在不同的议题中，根据不同的功能，有不同的行为体发挥主导作用（蔡翠红，2013）。例如，中国政府主张在坚持网络空间主权的同时，强调"多边参与、多方参与，由大家商量着办，发挥政府、国际组织、互联网企业、技术社群、民间机构、公民个人等各个主体

---

① 参见 https：//www. wgig. org/docs/WGIGREPORT. pdf（访问于 2021 年 8 月 19 日）。

② 参见 https：//www. itu. int/net/wsis/wgig/docs/wgig-background-report. pdf（访问于 2021 年 11 月 10 日）。

③ 参见 https：//www. itu. int/net/wsis/docs2/tunis/off/6rev1. html（访问于 2021 年 11 月 10 日）。

作用"①。无论是多利益攸关方治理模式还是多边治理模式，都会面临网络空间治理的力量博弈，主要体现在三个方面，即"一是信息发达国家与信息发展中国家在网络权归属、网络资源分配方面的博弈；二是非政府行为体与政府之间就互联网关键资源控制、网络安全与自由等问题的博弈；三是作为网络空间中的主导国家，美国政府联合其境内的私营部门、市民社会与其他国家之间在互联网关键资源归属等问题上的博弈"（鲁传颖，2016b：118-119）。

第三节　我国网络空间治理现状与理念

本部分将主要对我国网络空间治理理念以及网络空间规则进行详细梳理和阐释分析，包括网络强国战略思想、网络空间命运共同体和网络主权等概念，以及我国与网络空间密切相关的法律规则。

一、我国网络空间治理理念与主张

（一）网络强国战略思想

党的十八大以来，以习近平同志为核心的党中央准确把握时代大势，着眼于党和国家事业发展全局，高度重视网络与信息化事业，鲜明提出了网络强国战略思想。2014 年，习近平总书记主持召开中央网络安全和信息化领导小组第一次会议，初步提出了建设网络强国的愿景和目标，并系统阐释了网络强国战略思想的时代背景、形势任务、内涵要求。习近平总书记指出②，网络安全和信息化是一体之两翼、驱动之双轮，没有网络安全就没有国家安全，没有信息化就没有现代化。建设网络强国，要有自己的技术，有过硬的技术；要有丰富全面的信息服务，繁荣发展的网络文化；要有良好的信息基础设施，形成实力雄厚的信息经济；要有高素质的网络安全和信息化人才队伍；要积极开展双边、多边的互联网国际交流合作。

2015 年，习近平总书记在第二届世界互联网大会开幕式上发表主旨演讲③，创造性地提出了全球互联网发展治理的"四项原则"和构建网络空间命运共同体的"五点主张"。2016 年，习近平总书记在网络安全和信息

---

① 参见中国共产党新闻网，习近平在第二届世界互联网大会开幕式上的讲话（全文），http：//cpc. people. com. cn/n1/2015/1216/c64094-27937316. html（访问于 2021 年 11 月 10 日）。

② 参见互联网信息办公室，习近平：没有网络安全就没有国家安全，http：//www. cac. gov. cn/2018-12/27/c_ 1123907720. htm? from = timeline（访问于 2021 年 11 月 10 日）。

③ 参见人民网，习近平出席第二届世界互联网大会开幕式并发表主旨演讲，http：//cpc. people. com. cn/n1/2015/1217/c64094-27938940. html（访问于 2021 年 11 月 10 日）。

化工作座谈会上指出①，网信事业代表着新的生产力、新的发展方向，应该也能够在践行新发展理念上先行一步，新常态要有新动力，互联网在这方面可以大有作为。

党的十九大报告明确提出，加强应用基础研究，拓展实施国家重大科技项目，突出关键共性技术、前沿引领技术、现代工程技术、颠覆性技术创新，为建设科技强国、质量强国、航天强国、网络强国、交通强国、数字中国、智慧社会提供有力支撑。2018 年，习近平总书记出席全国网络与信息化工作会议，并发表重要讲话②，这次会议最突出、最核心、最重大的成果，就是对习近平网络强国战略思想进行了系统阐述。2021 年 2 月，《习近平关于网络强国论述摘编》一书由中央党史和文献研究院出版发行，习近平网络强国战略思想博大精深，重点体现了七大核心理念。

第一，坚持党对网信工作全面领导的基本方略。党的十九大报告把"坚持党对一切工作的领导"作为新时代坚持和发展中国特色社会主义十四条基本方略之首，并作为最高政治原则写入党章。习近平总书记指出，必须旗帜鲜明、毫不动摇坚持党管互联网，加强党中央对网信工作的集中统一领导，确保网信事业始终沿着正确方向前进。

深入学习贯彻习近平网络强国战略思想，首要任务是深入贯彻党对网信工作的全面领导，坚持把网信事业的发展纳入党和国家重点工作计划和重要议事日程，形成从中央到地方各级党委领导下的多主体参与、多种手段相结合的综合管网、治网格局，特别是要加强部门、行业、区域间的协同效应，形成统一领导、分工合理、责任明确、运转顺畅的网络治理机制和网信工作推进机制。

习近平总书记多次强调，过不了互联网这一关，就过不了长期执政这一关。因此，做好网信工作，加强党中央对网信工作的集中统一领导，坚持正确政治方向至关重要。全面提高党对网信工作的领导力，必须高举习近平网络强国战略思想的伟大旗帜，不断增强政治意识、大局意识、核心意识、看齐意识，坚持把党对网信工作的全面领导摆在首位，确保网信事业发展的正确政治方向。

第二，坚持网信事业以人民为中心的发展思想。习近平总书记在不同

---

① 参见互联网信息办公室，习近平总书记在网络安全和信息化工作座谈会上的讲话，http://www.cac.gov.cn/2016-04/25/c_ 1118731366.htm（访问于 2021 年 11 月 10 日）。

② 参见互联网信息办公室，习近平在全国网络安全和信息化工作会议上发表重要讲话，http://www.cac.gov.cn/2018-08/03/c_ 1123216820.htm（访问于 2021 年 11 月 10 日）。

场合多次强调，网信事业必须以人民为中心。2014 年，习近平总书记在中央网络安全和信息化领导小组第一次会议上指出①，网络安全和信息化是事关国家安全和国家发展、事关广大人民群众工作生活的重大战略问题，要从国际国内大势出发，总体布局，统筹各方，创新发展，努力把我国建设成为网络强国。

2016 年，习近平总书记在网络安全和信息化工作座谈会上发表了重要讲话，指出②："网信事业要发展，必须贯彻以人民为中心的发展思想。"2018 年，习近平总书记在全国网络与信息化工作会上强调③，网信事业发展必须贯彻以人民为中心的发展思想，让人民群众在信息化发展中有更多获得感、幸福感、安全感。这是党的十八大以来，党的治国理政思想的重要内涵，也是习近平总书记人民性思想在新媒体环境下的新发展。深刻理解这一思想的理论内核，并将其深入落实，是进一步推进网信事业发展，加快网络强国建设、促进互联网更好造福国家和人民的重大时代主题。

习近平总书记指出④，要适应人民期待和需求，加快信息化服务普及，降低应用成本，为老百姓提供用得上、用得起、用得好的信息服务，让亿万人民在共享互联网发展成果上有更多获得感。为深入贯彻习近平总书记提出的"为老百姓提供用得上、用得起、用得好的信息服务"，近几年，工信部和基础电信运营商做了很多工作，持续推动电信降费，如取消手机国内长途漫游费、流量漫游费，推出了"流量当月不清零""网速提速不提价"等举措，并针对低收入和老年群体需求，推出了"地板价"资费方案；面向建档立卡贫困户给予了最大优惠，特别在助力网络精准扶贫方面，加大投入农村互联网基础设施建设的力度，光纤和宽带网络的有效覆盖率大大提升，网络应用成本逐年降低，获得了信息使用最实在的普惠。

第三，坚持核心技术的自主创新之路。党的十八大以来，习近平总书记在多个场合强调，核心技术是我们最大的命门，核心技术受制于人是我们最大的隐患。总书记强调，核心技术是国之重器，不掌握核心技术，我

---

① 参见互联网信息办公室，中央网络安全和信息化领导小组第一次会议召开 习近平发表重要讲话，http://www.cac.gov.cn/2014-02/27/c_ 133148354.htm? from = timeline（访问于 2021 年 11 月 10 日）。

② 参见互联网信息办公室，习近平总书记在网络安全和信息化工作座谈会上的讲话，http://www.cac.gov.cn/2016-04/25/c_ 1118731366.htm（访问于 2021 年 11 月 10 日）。

③ 参见互联网信息办公室，让网信事业更好造福人民——四论习近平总书记在全国网络安全和信息化工作会议重要讲话，http://www.cac.gov.cn/2018-04/25/c_ 1122736179.htm（访问于 2021 年 11 月 10 日）。

④ 参见互联网信息办公室，习近平总书记谈网络安全和信息化工作，http://www.cac.gov.cn/2016-04/27/c_ 1118750352.htm（访问于 2021 年 11 月 10 日）。

们就会被卡脖子、牵鼻子，不得不看别人脸色行事；不掌握核心技术，网络强国建设就会成为空中楼阁，成为沙滩上的城堡，经不起半点风浪。

习近平总书记在全国网络安全和信息化工作会议上就如何突破网信领域的核心技术，重点强调了四个方面：一是信息领域核心技术的重要性和紧迫性，习近平总书记强调，核心技术受制于人是我们最大的隐患，核心技术是国之重器。二是实现核心技术突破必须走自主创新之路，习近平总书记指出，真正的核心技术是花钱买不来、市场换不到的。习近平总书记特别分析了自主创新和开放合作的关系，要分清哪些技术可以站在别人的肩膀上搞好引进消化吸收再创新，哪些必须靠自主研发、自主发展。三是建立自主的产业生态体系，核心技术的竞争很大程度上是产业体系的竞争，要实现核心技术的突破，不仅仅在于技术上的困难，更在于生态链和产业链上的困境，单纯进行技术突破，如果不能大规模量产并进行产业化应用，仍然无法摆脱受制于人的困局。四是加强基础研究，习近平总书记指出，基础研究搞不好，应用技术就是无源之水、无本之木。总书记要求，打通基础研究和技术创新衔接的绿色通道，力争以基础研究带动应用技术群体突破。

习近平总书记指出，近年来，我们在核心技术研发上投的钱不少，但效果还不是很明显。主要问题是好钢没有用在刀刃上。要围绕国家亟须突破的核心技术，把拳头攥紧，坚持不懈做下去。因此，应当深入贯彻习近平总书记提出的自主创新系列讲话精神，尽快建立集中统一的国家自主创新领导体制，把好钢用在刀刃上，强化网信技术重点领域和关键环节的部署，突破技术瓶颈制约，构建现代网信产业技术体系，形成网信技术的持续供给能力，重点完善金融财税支撑、国际贸易战略布局、综合型网信人才培育、网信知识产权战略规划等制度环境，组建基于军、产、学、研的国家网络与信息技术联合创新中心，更好释放各类创新主体的创新活力。

第四，坚持网络强国的人才优先发展战略。建设网络强国，必须构建我国自主的高素质网络空间安全人才队伍，在国家建设网络强国的大环境下，培养网络空间安全人才已被确定为国家中长期的发展战略。2016 年 4 月，习近平总书记在网络安全和信息化工作座谈会上指出①，培养网信人才，要下大功夫、下大本钱，请优秀的老师，编优秀的教材，招优秀的学生，建一流的网络空间安全学院。我国网络安全法专门将培养网络安全人

---

① 参见互联网信息办公室，习近平总书记在网络安全和信息化工作座谈会上的讲话，ht-tp：//www.cac.gov.cn/2016-04/25/c_ 1118731366.htm（访问于 2021 年 11 月 10 日）。

才确定为一项基本法律制度，即国家支持企业和高等学校、职业学校等教育培训机构开展网络安全相关教育与培训，采取多种方式培养网络安全人才，促进网络安全人才交流。

网络强国战略，实质上是网络人才强国战略，培养一大批政治过硬、道德高尚、技术扎实的网络人才是实现我国网络强国战略必备的基础性条件，也是建设我国网络强国的关键所在。习近平总书记强调，建设网络强国，要把人才资源汇聚起来，建设一支政治强、业务精、作风好的强大队伍。"千军易得，一将难求"，要培养造就世界水平的科学家、网络科技领军人才、卓越工程师、高水平创新团队。

2016年12月27日，经中央网络安全和信息化领导小组批准，国家互联网信息办公室发布的《国家网络空间安全战略》提出，实施网络安全人才工程，加强网络安全学科专业建设，打造一流网络安全学院和创新园区，形成有利于人才培养和创新创业的生态环境。为贯彻习近平总书记关于加强一流网络安全学院建设的重要指示精神，2017年8月，中央网信办、教育部联合印发《一流网络安全学院建设示范项目管理办法》，办法要求在2017—2027年期间实施一流网络安全学院建设示范项目，形成4至6所国内公认、国际上具有影响力和知名度的网络安全学院。

第五，坚持营造清朗的网络空间。2016年4月19日习近平总书记在网络安全和信息化工作座谈会上的讲话中指出①，网络空间是亿万民众共同的精神家园。网络空间天朗气清、生态良好，符合人民利益。网络空间乌烟瘴气、生态恶化，不符合人民利益。谁都不愿生活在一个充斥着虚假、诈骗、攻击、谩骂、恐怖、色情、暴力的空间。习近平总书记在中国共产党第十九次全国代表大会上的报告中强调②："坚持正确舆论导向，高度重视传播手段建设和创新，提高新闻舆论传播力、引导力、影响力、公信力。加强互联网内容建设，建立网络综合治理体系，营造清朗的网络空间。"

近些年，国家网信办和地方各级网信部门牢记习近平总书记的嘱托，不忘初心、牢记使命，敢于担当，敢抓敢管，坚定网信事业以人民为中心的理念，坚持正确舆论导向，加强网上舆情管控，创新呈现方式，传达党的声音，使正能量和主旋律更加响亮。2019年12月，国家网信办制定并

---

① 参见互联网信息办公室，习近平：网络空间是亿万民众共同的精神家园，http://www.cac.gov.cn/2016-04/20/c_ 1118679396. htm（访问于2021年11月10日）。

② 参见中国网，习近平在中国共产党第十九次全国代表大会上的报告，http://www.china.com.cn/19da/2017-10/27/content_ 41805113. htm（访问于2021年11月10日）。

发布了《网络信息内容生态治理规定》（以下简称《治理规定》）。

《治理规定》集中体现了党的十九届四中全会决定中提出的"建立健全网络综合治理体系，加强和创新互联网内容建设，落实互联网企业信息管理主体责任，全面提高网络治理能力，营造清朗的网络空间"的精神，以网络信息内容为主要治理对象，以营造文明健康的良好生态为目标，突出了"政府、企业、社会、网民"等多元主体参与网络生态治理的主观能动性，重点规范网络信息内容生产者、网络信息内容服务平台、网络信息内容服务使用者，以及网络行业组织在网络生态治理中的权利与义务，这是我国网络信息内容生态治理法治领域的一项里程碑事件，而且以"网络信息内容生态"作为网络空间治理立法的目标，这在全球也属首创。

第六，坚持强化关键信息基础设施的安全保障。2016 年 4 月 19 日习近平总书记在网络安全和信息化工作座谈会上的讲话中强调，金融、能源、电力、通信、交通等领域的关键信息基础设施是经济社会运行的神经中枢，是网络安全的重中之重，也是可能遭到重点攻击的目标。"物理隔离"防线可被跨网入侵，电力调配指令可被恶意篡改，金融交易信息可被窃取，这些都是重大风险隐患。不出问题则已，一出就可能导致交通中断、金融紊乱、电力瘫痪等问题，具有很大的破坏性和杀伤力。

建设网络强国，必须保障关键信息基础设施的全生命周期安全。当今，全球网络安全形势极其复杂，网络威胁日趋严重，关键网络基础设施已成为网络攻击的主要目标，并可能引发极为严重的灾难性后果。必须采取一切必要措施保护关键信息基础设施及其重要数据不受攻击破坏，尤其要维护关键信息基础设施供应链安全。

近年来，我国高度重视对关键信息基础设施的安全保护，相继出台一系列法律法规政策，从顶层加强对关键信息基础设施的保障。《中华人民共和国网络安全法》第三章"网络运行安全"中，"关键信息基础设施的运行安全"一节共有 9 条关于关键信息基础设施安全保护的基本要求。2017 年 5 月，国家互联网信息办公室发布《网络产品和服务安全审查办法（试行）》，要求关系国家安全的网络和信息系统采购的重要网络产品、服务应通过网络安全审查；2018 年 5 月，认监委、国家互联网信息办公室联合发布关于网络关键设备和网络安全专用产品安全认证实施要求的公告，将网络关键设备和网络安全专用产品安全认证实施要求予以公告；2020 年 4 月，工信部等 12 部门联合制定《网络安全审查办法》，指出关键信息基础设施运营者采购网络产品和服务，影响或可能影响国家安全的，应当按照《网络安全审查办法》进行网络安全审查。

2020 年，《关键信息基础设施安全保护条例》正式纳入《国务院 2020 年立法工作计划》，揭开了中国关键信息基础设施安全保护立法进程的新篇章，并于 2021 年 4 月正式通过。该条例详细阐明了关键信息基础设施的范围、运营者应履行的职责以及对产品和服务的要求，对政府机关，国家行业主管或监管部门，能源、电信、交通等行业，公安机关以及个人进行要求，明确关键信息基础设施范围，规定运营者安全保护的权利和义务及其负责人的职责，要求建立关键信息基础设施网络安全监测预警体系和信息通报制度，违反该条例将会受到行政处罚，情节严重的要承担刑事责任。

第七，坚持共同构建网络空间命运共同体。2015 年 12 月 16 日，是一个载入世界互联网治理体系变革史册的日子——中国国家主席习近平亲临第二届世界互联网大会现场并发表主旨演讲，向全世界发出了共同 "构建网络空间命运共同体" 的倡议，并提出了著名的全球互联网治理体系变革的 "四项原则" 和构建网络空间命运共同体的 "五点主张"。

"尊重网络主权、维护和平安全、促进开放合作、构建良好秩序"，这 "四项原则" 是推进全球互联网治理体系变革应坚持的基本原则。"加快全球网络基础设施建设，促进互联互通；打造网上文化交流共享平台，促进交流互鉴；推动网络经济创新发展，促进共同繁荣；保障网络安全，促进有序发展；构建互联网治理体系，促进公平正义"，这是习近平主席就构建网络空间命运共同体提出的 "五点主张"。习近平主席提出的互联网全球治理的 "四项原则" 与构建网络空间命运共同体的 "五点主张" 得到了国际社会的广泛认可。

20 世纪 50 年代，中国政府在万隆会议提出了 "互相尊重主权和领土完整、互不侵犯、互不干涉内政、平等互利、和平共处" 五项原则，这五项原则已经成为指导国家间关系的重要国际法基本准则，今天依然有着强大的生命力。习近平主席提出的 "全球互联网治理四项基本原则" 和构建网络空间命运共同体 "五点主张" 根植于联合国宪章的宗旨和原则，不但反映了互联网时代各国共同构建网络空间命运共同体的价值取向，而且也反映了互联网时代 "安全与发展" 为 "一体双翼" 的主潮流，是规范国际网络空间关系的重要准则，必将成为治理全球互联网秩序和规范国际网络空间关系的国际法准则。

（二）网络空间命运共同体与网络主权

习近平总书记在多个国内外重要场合和平台作了有关网络空间命运

共同体的重要论述，是我国治网理念的重要组成部分，具体论述参见表1.3。

表1.3　习近平总书记关于网络空间命运共同体的重要论述梳理

场合	重要论述
2014年7月17日在巴西国会发表《弘扬传统友好 共谱合作新篇》	在信息领域没有双重标准，各国都有权维护自己的信息安全，不能一个国家安全而其他国家不安全，一部分国家安全而另一部分国家不安全，更不能牺牲别国安全谋求自身所谓绝对安全。
2014年11月19日致首届世界互联网大会贺词	互联网真正让世界变成了地球村，让国际社会越来越成为你中有我、我中有你的命运共同体。同时，互联网发展对国家主权、安全、发展利益提出了新的挑战，迫切需要国际社会认真应对、谋求共治、实现共赢。
2015年12月16日第二届世界互联网大会开幕式讲话	完善全球互联网治理体系，维护网络空间秩序，必须坚持同舟共济、互信互利的理念，摈弃零和博弈、赢者通吃的旧观念。
	互联网是传播人类优秀文化、弘扬正能量的重要载体。中国愿通过互联网架设国际交流桥梁，推动世界优秀文化交流互鉴，推动各国人民情感交流、心灵沟通。
2016年11月16日在第三届世界互联网大会开幕式上的视频讲话	四个目标：推动网络空间实现平等尊重、创新发展、开放共享、安全有序的目标。
2017年1月18日在联合国日内瓦总部发表《共同构建人类命运共同体》	要秉持和平、主权、普惠、共治原则，把深海、极地、外空、互联网等领域打造成各方合作的新疆域，而不是相互博弈的竞技场。
2017年12月3日致第四届世界互联网大会的贺信	全球互联网治理体系变革进入关键时期，构建网络空间命运共同体日益成为国际社会的广泛共识。我们倡导"四项原则""五点主张"，就是希望与国际社会一道，尊重网络主权，发扬伙伴精神，大家的事由大家商量着办，做到发展共同推进、安全共同维护、治理共同参与、成果共同分享。
2018年4月20日在全国网络安全和信息化工作会议上的讲话	国际网络空间治理，应该坚持多边参与，由大家商量着办，发挥政府、国际组织、互联网企业、技术社群、民间机构、公民个人等各个主体作用。我们既要推动联合国框架内的网络治理，也要更好发挥各类非国家行为体的积极作用。
2018年11月致第五届世界互联网大会的贺信	各国应该深化务实合作，以共进为动力、以共赢为目标，走出一条互信共治之路，让网络空间命运共同体更具生机活力。

场合	重要论述
2019年4月26日《推动共建"一带一路"高质量发展》	我们要顺应第四次工业革命发展趋势，共同把握数字化、网络化、智能化发展机遇，共同探索新技术、新业态、新模式，探寻新的增长动能和发展路径，建设数字丝绸之路、创新丝绸之路。
2019年8月致2019中国国际智能产业博览会的贺信	中国高度重视智能产业发展，加快数字产业化、产业数字化，推动数字经济和实体经济深度融合。中国愿同国际社会一道，共创智能时代，共享智能成果。
2020年11月23日致世界互联网大会的贺信	中国愿同世界各国一道，把握信息革命历史机遇，培育创新发展新动能，开创数字合作新局面，打造网络安全新格局，构建网络空间命运共同体，携手创造人类更加美好的未来。

从表1.3可以看出，我国所提出的网络空间命运共同体，首先在主体上，强调政府、国际组织、互联网企业、技术社群、民间机构、公民个人等各个主体共同发挥作用，在行为上，注重发展共同推进、安全共同维护、治理共同参与、成果共同分享，在合作路径上，突出强调加强世界各国利用网络空间在经济、文化等领域深化合作。

此外，"网络空间主权"是构建网络空间命运共同体要坚持的基本原则，是我国关于网络空间治理的基本主张之一，在多个重要场合和文件中进行阐述。在2014年首届世界互联网大会提出"尊重网络主权"；在2015年第二届世界互联网大会将"尊重网络主权"作为全球互联网发展治理的"四项原则"之一；2015年《中华人民共和国国家安全法》规定了"维护国家网络空间主权、安全和发展利益"；2016年《中华人民共和国网络安全法》作出了"维护网络空间主权"的表述；2016年《国家网络空间安全战略》将"尊重维护网络空间主权"作为基本原则；2017年《网络空间国际合作战略》作出了"明确网络空间的主权"和"坚定维护中国网络主权、安全和发展利益"的表述。欧洲议会于2020年7月发布报告《欧洲的数字主权》，其中提出了数字主权和技术主权的概念，数字主权是指"欧洲在数字世界中自主行动的能力，应该被理解为是一种保护性机制和防御性工具，用来促进数字创新（包括与非欧盟企业的合作）"。而数字主权提出的背景是，欧盟越发担心其公民、企业和成员国失去对数据、创新力和执法能力的控制力和竞争力。

二、我国网络空间规则

我国早期的网络安全法律法规主要集中在系统和基础设施安全，包括

《中华人民共和国保守国家秘密法》（1988 年）、《中华人民共和国计算机信息系统安全保护条例》（1994 年）、《计算机病毒防治管理办法》（2000 年）和《信息安全等级保护管理办法》（2007 年）等。2014 年，"维护网络安全"被首次列入政府工作报告中。此外，通过世界互联网大会组委会面向全球发布了一系列互联网领域最新学术研究成果，如《世界互联网发展报告 2017》、《中国互联网发展报告 2017》、《世界互联网发展报告 2018》、《中国互联网发展报告 2018》、《世界互联网发展报告 2019》、《中国互联网发展报告 2019》、《世界互联网发展报告 2020》和《中国互联网发展报告 2020》等。

我国已全面规划了网络空间安全战略和网络空间国际合作战略。2016 年 12 月，我国发布了《国家网络空间安全战略》，阐明了中国关于网络空间发展和安全的重大立场和主张：当前和今后一个时期国家网络空间安全工作的战略任务是坚定捍卫网络空间主权、坚决维护国家安全、保护关键信息基础设施、加强网络文化建设、打击网络恐怖和违法犯罪、完善网络治理体系、夯实网络安全基础、提升网络空间防护能力、强化网络空间国际合作。以上九大战略任务凸显了网络空间安全战略规划的五大亮点：（1）明确了发展与安全的关系；（2）完善了网络空间主权的内涵；（3）阐明了保护关键信息基础设施的相关主张；（4）树立了依法治理网络空间的理念；（5）展示了网络空间国际合作的观点。

2017 年 3 月 1 日，外交部和国家互联网信息办公室共同发布了《网络空间国际合作战略》，这是中国就网络问题第一次发布国际战略，以此全面宣示中国的网络领域对外政策理念，系统阐释中国参与网络空间国际合作的基本原则、战略目标和行动计划。《网络空间国际合作战略》提出了九大行动计划：倡导和促进网络空间和平与稳定、推动构建以规则为基础的网络空间秩序、不断拓展网络空间伙伴关系、积极推进全球互联网治理体系改革、深化打击网络恐怖主义和网络犯罪国际合作、倡导对隐私权等公民权益的保护、推动数字经济发展和数字红利普惠共享、加强全球信息基础设施建设和保护、促进网络文化交流互鉴。

2017 年 6 月 1 日，我国首部网络空间管辖基本法网络安全法正式实施。此法是网络安全法治体系的重要基础，确立了以下六大制度（王春晖，2017），即网络空间主权法律制度、国家关键信息基础设施安全保护法律制度、重要数据本地化存储法律制度、个人信息保护法律制度、网络安全人才培养法律制度和惩治新型网络违法犯罪法律制度。为了保障上述制度的有效实施，我国包括国家互联网信息办公室和全国信息安全标准化技术委员会等在内的有关部门制定了多项配套法律法规和规范性文件，主要围绕互联网信息内容管理、网络安全等级保护以及个人信息和数据保护等内容。陆续出台的包括《信息网络传播权保护条例》、《互联网信息搜索服务管理规定》、《互联网直播服务管理规定》、《互联网新闻信息服务许可管理实施细则》、《互联网信息内容管理行政执法程序规定》、《信息安全技术 网络安全等级保护实施指南》、《信息安全技术 信息系统安全等级保护基本要求》、《中华人民共和国数据安全法》、《网络信息内容生态治理规定》和《中华人民共和国个人信息保护法》等，详细内容列表参见附件。

参考文献：

Barlow, J. P. 1996. Adeclaration of the independence of cyberspace [EB/OL]. https：//www. eff. org/cyberspace-independence（accessed 20 September 2021）.

CCDCOE（NATO Cooperative Cyber Defense Centre of Excellence）. 2019. Trends in international law for cyberspace [EB/OL]. https：//ccdcoe. org/uploads/2019/05/Trends-In-tlaw_ a4_ final. pdf（accessed 20 September 2021）.

Cheng, L. , Pei, J. , &Danesi, M. 2019. A sociosemiotic interpretation of cybersecurity in U. S. legislative discourse [J]. *Social Semiotics* 29（3）：286-302.

DeNardis, L. & Raymond, M. 2013. Thinking clearly about multistakeholder Internet governance [C]. Presented at Eight Annual GigaNet Symposium.

Gibson, W. 2000. Neuromancer [M]. New York：Ace Books.

International Committee of the Red Cross（ICRC）. 2015. International Humanitarian Law and the Challenges of Contemporary Armed Conflicts [R]. Geneva：International Committee of the Red Cross.

International Telecommunication Union（ITU）. 2011. ITU National Cybersecurity Strategy Guide [R]. Genvena：International Telecommunication Union.

Kosseff, J. 2018. Defining cybersecurity law [J]. *Iowa Law Review* 103（985）：985-1031.

Kummer, M. 2013. Multistakeholder cooperation：Reflections on the emergence of a new phraseology in international cooperation [EB/OL]. https：//www. internetsociety. org/blog/2013/05/multistakeholder-cooperation-reflections-on-the-emergence-of-a-new-phraseology-in-international-cooperation/（accessed 30 September 2021）.

Kurbalija, J. 2012. An Introduction to Internet Governance [M]. Malta：Diplo Foundation.

Lessig, L. 2006. Code Version 2 [M]. New York：Basic Books.

Melzer, N. 2011. Cyberwarfare and International Law [R]. Geneva：UNIDIR Resources. https：//unidir. org/files/publications/pdfs/cyberwarfare-and-international-law-

382. pdf（accessed 10 September 2021）.

Mitchell, W. 1995. City of Bits：Space, Place, and the Infobahn［M］. Cambridge：MIT Press.

Reidenberg, J. 1998. Lex informatica：The formulation of information policy rules through technology［J］. *Texas Law Review* 76（3）：553-593.

Schatz, D., Bashroush, R., & Wall, J. 2017. Towards a more representative definition of cyber security［J］. *Journal of Digital Forensics, Security and Law* 12：53-74.

Strate, L. 1999. The varieties of cyberspace：Problems in definition and delimitation［J］. *Western Journal of Communication* 63（3）：382-412.

Weber, R. H. 2015. Realizing a New Global Cyberspace Framework：Normative Foundations and Guiding Principles［M］. New York：Springer.

Weir, G. R. S. & Mason, S. 2017. The Sources of Digital Evidence［M］// Mason, S. & Seng, D. Electronic Evidence（Fourth edition）. London：Institute of Advanced Legal Studies, 1-17.

West, S. 2014. Globalizing Internet governance：Negotiating cyberspace agreements in the post-Snowden era［C］. Presented at the 42nd Rescarch Conference on Communication, Information and Internet Policy.

蔡翠红. 2013. 国家—市场—社会互动中网络空间的全球治理［J］. 世界经济与政治，9：91-100.

国际电信联盟. 2017. 国际电信联盟全球网络安全指数报告概要［J］. 信息安全与通信保密，7：72-83.

鲁传颖. 2016a. 网络空间治理与多利益攸关方理论［M］. 北京：时事出版社.

鲁传颖. 2016b. 网络空间治理的力量博弈、理念演变与中国战略［J］. 国际展望，1：117-134.

王春晖. 2017. 《网络安全法》六大法律制度解析［J］. 南京邮电大学学报（自然科学版），37（1）：1-13.

附件：《中华人民共和国网络安全法》及其配套法律法规和规范性文件

序号	文件名称	发布机构	生效时间	法律状态
1. 基本法律和国家战略				
1.1	《中华人民共和国国家安全法》	全国人大常委会	2015-7-1	现行有效
1.2	《中华人民共和国网络安全法》	全国人大常委会	2017-6-1	现行有效
1.3	《全国人民代表大会常务委员会关于加强网络信息保护的决定》	全国人大常委会	2012-12-28	现行有效
1.4	《中华人民共和国数据安全法》	全国人大常委会	2021-9-1	现行有效
1.5	《中华人民共和国个人信息保护法》	全国人大常委会	2021-11-1	现行有效
1.6	《国家网络空间安全战略》	国家互联网信息办公室	2016-12-27	现行有效
1.7	《网络空间国际合作战略》	外交部、国家互联网信息办公室	2017-3-1	现行有效
2. 互联网信息内容管理制度				
2.1	《互联网信息服务管理办法（2011修订）》	国务院	2011-1-8	现行有效
2.2	《即时通信工具公众信息服务发展管理暂行规定》	国家互联网信息办公室	2014-8-7	现行有效
2.3	《互联网危险物品信息发布管理规定》	公安部、国家互联网信息办公室、工业和信息化部、环境保护部、国家工商行政管理总局、国家安全生产监督管理总局	2015-3-1	现行有效
2.4	《互联网信息内容管理行政执法程序规定》	国家互联网信息办公室	2017-6-1	现行有效
2.5	《互联网新闻信息服务管理规定》	国家互联网信息办公室	2017-6-1	现行有效
2.6	《互联网新闻信息服务许可管理实施细则》	国家互联网信息办公室	2017-6-1	现行有效
2.7	《互联网跟帖评论服务管理规定》	国家互联网信息办公室	2017-10-1	现行有效
2.8	《互联网论坛社区服务管理规定》	国家互联网信息办公室	2017-10-1	现行有效
2.9	《互联网群组信息服务管理规定》	国家互联网信息办公室	2017-10-8	现行有效
2.10	《互联网用户公众账号信息服务管理规定（2021修订）》	国家互联网信息办公室	2021-2-22	现行有效
2.11	《互联网新闻信息服务新技术新应用安全评估管理规定》	国家互联网信息办公室	2017-12-1	现行有效

续表

序号	文件名称	发布机构	生效时间	法律状态
2.12	《互联网新闻信息服务单位内容管理从业人员管理办法》	国家互联网信息办公室	2017-12-1	现行有效
2.13	《微博客信息服务管理规定》	国家互联网信息办公室	2018-3-20	现行有效
2.14	《具有舆论属性或社会动员能力的互联网信息服务安全评估规定》	国家互联网信息办公室	2018-11-30	现行有效
2.15	《互联网宗教信息服务管理办法》	国家宗教事务局、国家互联网信息办公室、工业和信息化部、公安部、国家安全部	2022-3-1	现行有效
2.16	《互联网信息服务严重失信主体信用信息管理办法（征求意见稿）》	国家互联网信息办公室	N/A	正式版未发布，未生效
2.17	《网络信息内容生态治理规定》	国家互联网信息办公室	2020-3-1	现行有效
2.18	《网络安全威胁信息发布管理办法（征求意见稿）》	国家互联网信息办公室	N/A	正式版未发布，未生效
2.19	《网络音视频信息服务管理规定》	国家互联网信息办公室、文化和旅游部、国家广播电视总局	2020-1-1	现行有效
3. 网络安全等级保护制度				
3.1	《网络安全等级保护条例（征求意见稿）》	公安部	N/A	正式版未发布，未生效
3.2	《网络安全等级保护测评机构管理办法》	公安部	2018-3-23	现行有效
3.3	《GB/T 22240—2020 信息安全技术 网络安全等级保护定级指南》	国家市场监督管理总局、国家标准化管理委员会	2020-11-1	现行有效
3.4	《GB/T 25058—2019 信息安全技术 网络安全等级保护实施指南》	国家市场监督管理总局、国家标准化管理委员会	2020-3-1	现行有效
3.5	《GB/T 28449—2018 信息安全技术 网络安全等级保护测评过程指南》	国家市场监督管理总局、国家标准化管理委员会	2019-7-1	现行有效
3.6	《GB/T 36627—2018 信息安全技术 网络安全等级保护测试评估技术指南》	国家市场监督管理总局、国家标准化管理委员会	2019-4-1	现行有效

续表

序号	文件名称	发布机构	生效时间	法律状态
3.7	《GB/T 22239—2019 信息安全技术 网络安全等级保护基本要求》	国家市场监督管理总局、国家标准化管理委员会	2019-12-1	现行有效
3.8	《GB/T 25070—2019 信息安全技术 网络安全等级保护安全设计技术要求》	国家市场监督管理总局、国家标准化管理委员会	2019-12-1	现行有效
3.9	《GB/T 28448—2019 信息安全技术 网络安全等级保护测评要求》	国家市场监督管理总局、国家标准化管理委员会	2019-12-1	现行有效
4. 关键信息基础设施安全保护制度				
4.1	《关键信息基础设施安全保护条例》	国务院	2021-9-1	现行有效
4.2	《国家网络安全检查操作指南》	中央网络安全和信息化领导小组办公室、网络安全协调局	2016-6-1	现行有效
4.3	《信息安全技术 关键信息基础设施安全检查评估指南（征求意见稿）》	全国信息安全标准化技术委员会	N/A	正式版未发布，未生效
4.4	《信息安全技术 关键信息基础设施安全保障评价指标体系（征求意见稿）》	全国信息安全标准化技术委员会	N/A	正式版未发布，未生效
4.5	《信息安全技术 关键信息基础设施网络安全保护要求（征求意见稿）》	全国信息安全标准化技术委员会	N/A	正式版未发布，未生效
4.6	《信息安全技术 关键信息基础设施安全控制措施（征求意见稿）》	全国信息安全标准化技术委员会	N/A	正式版未发布，未生效
5. 个人信息和重要数据保护制度				
5.1	《GB/T 35273—2020 信息安全技术 个人信息安全规范》	国家市场监督管理总局、国家标准化管理委员会	2020-10-1	现行有效
5.2	《GB/T 34978—2017 信息安全技术 移动智能终端个人信息保护技术要求》	国家市场监督管理总局、国家标准化管理委员会	2018-5-1	现行有效

序号	文件名称	发布机构	生效时间	法律状态
5.3	《GB/Z 28828—2012 信息安全技术 公共及商用服务信息系统个人信息保护指南》	国家质量监督检验检疫总局、国家标准化管理委员会	2013-2-1	现行有效
5.4	《个人信息出境安全评估办法（征求意见稿）》	国家互联网信息办公室	N/A	正式版未发布，未生效
5.5	《信息安全技术 数据出境安全评估指南（征求意见稿）》	全国信息安全标准化技术委员会	N/A	正式版未发布，未生效
5.6	《GB/T 37964—2019 信息安全技术 个人信息去标识化指南》	国家市场监督管理总局、国家标准化管理委员会	2020-3-1	现行有效
5.7	《GB/T 39335—2020 信息安全技术 个人信息安全影响评估指南》	国家市场监督管理总局、国家标准化管理委员会	2021-6-1	现行有效
5.8	《互联网个人信息安全保护指南》	公安部	2019-4-10	现行有效
5.9	《GB/T 37932—2019 信息安全技术 数据交易服务安全要求》	国家市场监督管理总局、国家标准化管理委员会	2020-3-1	现行有效
5.10	《GB/T 20984—2007 信息安全技术 信息安全风险评估规范》	国家质量监督检验检疫总局、国家标准化管理委员会	2007-11-1	现行有效
5.11	《数据安全管理办法（征求意见稿）》	国家互联网信息办公室	N/A	正式版未发布，未生效
5.12	《App违法违规收集使用个人信息自评估指南》	App专项治理工作组	2019-3-3	现行有效
5.13	《网络安全实践指南——移动互联网应用业务功能个人信息收集必要性规范》	全国信息安全标准化技术委员会	2016-6-1	现行有效
5.14	《儿童个人信息网络保护规定》	国家互联网信息办公室	2019-10-1	现行有效
5.15	《信息安全技术 个人信息安全工程指南（征求意见稿）》	全国信息安全标准化技术委员会	N/A	正式版未发布，未生效
5.16	《App违法违规收集使用个人信息行为认定方法》	国家互联网信息办公室秘书局、工业和信息化部办公厅、公安部办公厅、国家市场监督管理总局办公厅	2019-11-28	现行有效

序号	文件名称	发布机构	生效时间	法律状态
5.17	《信息安全技术 移动互联网应用程序（App）收集个人信息基本要求》	国家市场监督管理总局、国家标准化管理委员会	2022-11-1	现行有效
6. 网络产品和服务管理制度				
6.1	《网络产品和服务安全审查办法（试行）》	国家互联网信息办公室	2017-6-1	已失效
6.2	关于发布《网络关键设备和网络安全专用产品目录（第一批）》的公告	国家互联网信息办公室、工业和信息化部、公安部、国家认证认可监督管理委员会	2017-6-1	现行有效
6.3	《移动智能终端应用软件预置和分发管理暂行规定》	工业和信息化部	2017-7-1	现行有效
6.4	《GB/T 34942—2017 信息安全技术 云计算服务安全能力评估方法》	国家质量监督检验检疫总局、国家标准化管理委员会	2018-5-1	现行有效
6.5	《GBT 35278—2017 信息安全技术 移动终端安全保护技术要求》	国家质量监督检验检疫总局、国家标准化管理委员会	2018-7-1	现行有效
6.6	《GB/T 34975—2017 信息安全技术 移动智能终端应用软件安全技术要求和测试评价方法》	国家质量监督检验检疫总局、国家标准化管理委员会	2018-5-1	现行有效
6.7	《GB/T 34976—2017 信息安全技术 移动智能终端操作系统安全技术要求和测试评价方法》	国家质量监督检验检疫总局、国家标准化管理委员会	2018-5-1	现行有效
6.8	《GB/T 34977—2017 信息安全技术 移动智能终端数据存储安全技术要求与测试评价方法》	国家质量监督检验检疫总局、国家标准化管理委员会	2018-5-1	现行有效
6.9	《GB/T 35274—2017 信息安全技术 大数据服务安全能力要求》	国家质量监督检验检疫总局、国家标准化管理委员会	2018-7-1	现行有效
6.10	《GB/T 35279—2017 信息安全技术 云计算安全参考架构》	国家质量监督检验检疫总局、国家标准化管理委员会	2018-7-1	现行有效
6.11	《GB/T 35281—2017 信息安全技术 移动互联网应用服务器安全技术要求》	国家质量监督检验检疫总局、国家标准化管理委员会	2018-7-1	现行有效

续表

序号	文件名称	发布机构	生效时间	法律状态
6.12	《关于发布承担网络关键设备和网络安全专用产品安全认证和安全检测任务机构名录（第一批）的公告》	国家认监委、工业和信息化部、公安部、国家互联网信息办公室	2018-3-15	现行有效
6.13	《关于网络关键设备和网络安全专用产品安全认证实施要求的公告》	国家认监委、国家互联网信息办公室	2018-5-30	现行有效
6.14	《网络关键设备和网络安全专用产品安全认证实施规则》	国家认监委	2018-6-27	现行有效
6.15	《GB/T 39276—2020 信息安全技术 网络产品和服务安全通用要求》	国家市场监督管理总局、国家标准化管理委员会	2021-6-1	现行有效
6.16	《GB/T 35280—2017 信息安全技术 信息技术产品安全检测机构条件和行为准则》	国家质量监督检验检疫总局、国家标准化管理委员会	2018-7-1	现行有效
6.17	《GB/T 25066—2020 信息安全技术 信息安全产品类别与代码》	国家质量监督检验检疫总局、国家标准化管理委员会	2020-11-1	现行有效
6.18	《GB/T 37962—2019 信息安全技术 工业控制系统产品信息安全通用评估准则》	国家市场监督管理总局、国家标准化管理委员会	2020-3-1	现行有效
6.19	《GB/T 38632—2020 信息安全技术 智能音视频采集设备应用安全要求》	国家市场监督管理总局、国家标准化管理委员会	2020-11-1	现行有效
6.20	《GB/T 35282—2017 信息安全技术 电子政务移动办公系统安全技术规范》	国家质量监督检验检疫总局、国家标准化管理委员会	2018-7-1	现行有效
6.21	《GB/T 35287—2017 信息安全技术 网站可信标识技术指南》	国家质量监督检验检疫总局、国家标准化管理委员会	2018-7-1	现行有效
6.22	《信息安全技术 工业互联网平台安全要求及评估规范（征求意见稿）》	全国信息安全标准化技术委员会	N/A	正式版未发布，未生效
6.23	《移动互联网应用程序（App）安全认证实施细则》	中国网络安全审查技术与认证中心	2019-3-15	现行有效

序号	文件名称	发布机构	生效时间	法律状态
6.24	《GB/T 36630—2018 信息安全技术 信息技术产品安全可控评价指标（第1—5部分）》	国家市场监督管理总局、国家标准化管理委员会	2019-4-1	现行有效
6.25	《网络安全审查办法》	国家互联网信息办公室等	2022-2-15	现行有效
6.26	《网络关键设备和网络安全专用产品相关国家标准要求（第二版征求意见稿）》	全国信息安全标准化技术委员会	N/A	正式版未发布，未生效
6.27	《网络交易监督管理办法》	国家市场监督管理总局	2021-5-1	现行有效
7. 网络安全事件管理制度				
7.1	《国家网络安全事件应急预案》	中央网络安全和信息化领导小组办公室	2017-1-10	现行有效
7.2	《工业控制系统信息安全事件应急管理工作指南》	工业和信息化部	2017-7-1	现行有效
7.3	《公共互联网网络安全突发事件应急预案》	工业和信息化部	2017-11-14	现行有效
7.4	《公共互联网网络安全威胁监测与处置办法》	工业和信息化部	2018-1-1	现行有效
7.5	《GB/T 20985.1—2017 信息技术 安全技术 信息安全事件管理 第1部分：事件管理原理》	国家质量监督检验检疫总局、国家标准化管理委员会	2018-7-1	现行有效
7.6	《GB/T 29246—2017 信息技术 安全技术 信息安全管理体系 概述和词汇》	国家质量监督检验检疫总局、国家标准化管理委员会	2018-7-1	现行有效
7.7	《公安机关互联网安全监督检查规定》	公安部	2018-11-1	现行有效
7.8	《GB/T 37027—2018 信息安全技术 网络攻击定义及描述规范》	国家市场监督管理总局、国家标准化管理委员会	2019-7-1	现行有效
7.9	《GB/T 38645—2020 信息安全技术 网络安全事件应急演练指南》	国家市场监督管理总局、国家标准化管理委员会	2020-11-1	现行有效
7.10	《信息安全技术 网络安全威胁信息表达模型（征求意见稿）》	全国信息安全标准化技术委员会	N/A	正式版未发布，未生效
7.11	《GB/T 20984—2007 信息安全技术 信息安全风险评估规范》	国家质量监督检验检疫总局、国家标准化管理委员会	2007-11-1	现行有效

续表

序号	文件名称	发布机构	生效时间	法律状态
7.12	《GB/T 30276—2020 信息安全技术 网络安全漏洞管理规范》	国家市场监督管理总局、国家标准化管理委员会	2021-6-1	现行有效
7.13	《GB/T 28458—2020 信息安全技术 网络安全漏洞标识与描述规范》	国家市场监督管理总局、国家标准化管理委员会	2021-6-1	现行有效
7.14	《GB/T 30279—2020 信息安全技术 网络安全漏洞分类分级指南》	国家市场监督管理总局、国家标准化管理委员会	2021-6-1	现行有效
7.15	《GB/T 39412—2020 信息安全技术 代码安全审计规范》	国家市场监督管理总局、国家标准化管理委员会	2021-6-1	现行有效
7.16	《GB/T 39477—2020 信息安全技术 政务信息共享 数据安全技术要求》	国家市场监督管理总局、国家标准化管理委员会	2021-6-1	现行有效
7.17	《GB/T 20261—2020 信息安全技术 系统安全工程 能力成熟度模型》	国家市场监督管理总局、国家标准化管理委员会	2021-6-1	现行有效
7.18	《GB/T 25061—2020 信息安全技术 XML 数字签名语法与处理规范》	国家市场监督管理总局、国家标准化管理委员会	2021-6-1	现行有效
7.19	《GB/T 25068.1—2020 信息技术 安全技术 网络安全 第 1 部分：综述和概念》	国家市场监督管理总局、国家标准化管理委员会	2021-6-1	现行有效
7.20	《GB/T 25068.2—2020 信息技术 安全技术 网络安全 第 2 部分：网络安全设计和实现指南》	国家市场监督管理总局、国家标准化管理委员会	2021-6-1	现行有效

第二章 "一带一路"网络空间治理与合作

随着互联网的不断普及以及信息通信技术的高速发展,网络犯罪、网络恐怖主义、网络诈骗和网络谣言等活动严重影响了良好网络生态的建设,严重威胁着政治安全、经济安全、社会安全等各方面的国家安全。网络安全已被多国上升至国家战略,并颁布了多项法律法规对其进行规制。根据联合国国际电信联盟发布的《2020 全球网络安全指数》(ITU,2021)[1],"一带一路"国家全球网络安全指数(Global Cybersecurity Index,以下简称 GCI)分数及全球排名参见表 2.1。[2]

表 2.1 "一带一路"国家 GCI 分数及全球排名

地区/组织	GCI 指数(分数/全球排名)
东亚和东盟 (14 国)	中国(92.53/33)、日本(97.82/7)、韩国(98.52/4)、蒙古国(26.2/120)、印度尼西亚(94.88/24)、马来西亚(98.06/5)、菲律宾(77/61)、泰国(86.5/44)、新加坡(98.52/4)、文莱(56.07/85)、柬埔寨(19.12/132)、老挝(20.34/131)、缅甸(36.41/99)、越南(94.59/25)
南亚 (8 国)	印度(97.5/10)、巴基斯坦(64.88/79)、阿富汗(5.2/171)、孟加拉国(81.27/53)、斯里兰卡(58.65/83)、尼泊尔(44.99/94)、不丹(18.34/134)、马尔代夫(2.95/177)
独联体 (6 国)	俄罗斯(98.06/5)、白俄罗斯(50.57/89)、阿塞拜疆(89.31/40)、格鲁吉亚(81.06/55)、亚美尼亚(50.47/90)、摩尔多瓦(75.78/63)
中亚 (5 国)	哈萨克斯坦(93.15/31)、乌兹别克斯坦(71.11/70)、土库曼斯坦(14.48/144)、塔吉克斯坦(17.1/138)、吉尔吉斯斯坦(49.64/92)

---

① 参见国际电信联盟官方网站,Global Cybersecurity Index,https://www.itu.int/en/myitu/Publications/2021/06/28/13/22/Global-Cybersecurity-Index-2020(访问于 2021 年 9 月 1 日)。

② 为从区域和组织两个视角进行比较分析,本表按地区/组织进行分类。故而不可避免地存在交叉,如哈萨克斯坦既属于独联体,又属于中亚,本表择一处放置,以避免重复分析。

续表

地区	GCI指数（分数/全球排名）
西亚 （17 国）	伊朗（81.07/54）、伊拉克（20.71/129）、土耳其（97.49/11）、叙利亚（22.14/126）、约旦（70.96/71）、黎巴嫩（30.44/109）、以色列（90.93/36）、巴勒斯坦（25.18/122）、沙特阿拉伯（99.54/2）、也门（无数据）、阿曼（96.04/21）、阿联酋（98.06/5）、卡塔尔（94.5/27）、科威特（75.07/65）、巴林（77.86/60）、塞浦路斯（88.82/41）、埃及的西奈半岛（无数据）
欧洲 （18 国）	希腊（93.98/28）、乌克兰（65.93/78）、波兰（93.86/30）、捷克（74.37/68）、斯洛伐克（92.36/34）、匈牙利（91.28/35）、斯洛文尼亚（74.93/67）、克罗地亚（92.53/33）、罗马尼亚（76.29/62）、保加利亚（63.78/77）、塞尔维亚（89.8/39）、黑山（53.23/87）、马其顿（89.92/38）、波黑（29.44/110）、阿尔巴尼亚（64.32/80）、爱沙尼亚（99.48/3）、立陶宛（97.93/6）、拉脱维亚（97.28/15）

　　从表2.1可以看出，"一带一路"沿线国家中，GCI全球排名前50的国家共有29个，分别为东亚和东盟（中国、韩国、日本、印度尼西亚、马来西亚、泰国、新加坡、越南，8/14）、南亚（印度，1/8）、独联体（俄罗斯、阿塞拜疆，2/6）、中亚（哈萨克斯坦，1/5）、西亚（土耳其、以色列、沙特阿拉伯、阿曼、阿联酋、卡塔尔、塞浦路斯，7/17）和欧洲（希腊、波兰、斯洛伐克、匈牙利、克罗地亚、塞尔维亚、马其顿、爱沙尼亚、立陶宛、拉脱维亚，10/18）。可见，"一带一路"沿线各国在网络安全立法措施、技术措施、组织措施、能力建设和合作等方面存在着明显的差距。总体而言，以发达国家为主的中东欧地区GCI明显高于以发展中国家和欠发达国家为主的亚洲地区。部分亚洲国家信息通信技术发展水平和基础设施建设水平较低，所以网络安全处于发展层次偏低的状态，例如，南亚国家（如阿富汗、尼泊尔、不丹和马尔代夫）、中亚国家（如塔吉克斯坦和土库曼斯坦）、东南亚国家（如缅甸、柬埔寨和老挝）和西亚国家（如伊拉克、叙利亚和巴勒斯坦）。

　　因此，网络安全问题仍是"一带一路"沿线国家所面临的一项重大威胁，各国需要以"一带一路"为契机，加强网络治理技术、通信基础设施以及打击网络犯罪和网络恐怖主义等方面的合作，为"一带一路"沿线各国数字经济发展、文化交流与合作以及全方位、多领域的合作营造良好的网络安全环境。下文主要围绕三部分分析"一带一路"网络空间治理与合作：（1）基于大数据的研究方法，结合"一带一路"沿线各国所发布的网络安全国家战略，对"一带一路"网络空间合作的领域和潜力进行分析；（2）从区域和国家视角探究东盟地区、独联体地区、中亚地区和中东欧地区等地区的网络空间战略；（3）从合作领域的视角进行分析，主要包含数字经济、通信基础设施、打击网络犯罪和网络恐怖主义以及网络规则等内容。

第一节　基于大数据的"一带一路"沿线
网络安全国家战略分析

经统计，我国"一带一路"沿线 68 个国家和地区中，46 个已发布了官方网络空间安全相关战略和政策（参见表2.2）。从表2.2可见，就地域分布而言，相较于南亚、中亚和独联体，东亚、东盟、西亚和欧洲国家在发布网络空间安全国家战略方面总体来看更为积极。鉴于"一带一路"沿线 68 个国家和地区的信息技术发展水平、法律制度、政治制度以及网络安全文化等方面存在着一系列的差异，在推进"一带一路"网络空间战略合作方面不可避免地会遇到一些难题。

表 2.2　"一带一路"沿线 68 个国家和地区网络空间国家战略发布情况

地域	具体国家和地区	发布网络空间安全国家战略的国家或地区
东亚和东盟（14 国）	中国、日本、韩国、蒙古国、新加坡、马来西亚、印度尼西亚、缅甸、泰国、老挝、柬埔寨、越南、文莱和菲律宾	中国、日本、韩国、蒙古国、新加坡、马来西亚、菲律宾、泰国、文莱、菲律宾（10/14）
西亚（17 国）	伊朗、伊拉克、土耳其、叙利亚、约旦、黎巴嫩、以色列、巴勒斯坦、沙特阿拉伯、也门、阿曼、阿联酋、卡塔尔、科威特、巴林、塞浦路斯和埃及的西奈半岛	伊朗、土耳其、约旦、黎巴嫩、以色列、巴勒斯坦、沙特阿拉伯、阿曼、阿联酋、卡塔尔、塞浦路斯、埃及的西奈半岛（12/17）
南亚（8 国）	印度、巴基斯坦、孟加拉国、阿富汗、斯里兰卡、马尔代夫、尼泊尔和不丹	印度、孟加拉国、阿富汗、斯里兰卡（4/8）
中亚（5 国）	哈萨克斯坦、乌兹别克斯坦、土库曼斯坦、塔吉克斯坦和吉尔吉斯斯坦	（0/5）
独联体（6 国）	俄罗斯、白俄罗斯、格鲁吉亚、阿塞拜疆、亚美尼亚和摩尔多瓦	俄罗斯、格鲁吉亚、阿塞拜疆（3/6）
欧洲（18 国）	希腊、乌克兰、波兰、立陶宛、爱沙尼亚、拉脱维亚、捷克、斯洛伐克、匈牙利、斯洛文尼亚、克罗地亚、波黑、黑山、塞尔维亚、阿尔巴尼亚、罗马尼亚、保加利亚和马其顿	希腊、乌克兰、波兰、立陶宛、爱沙尼亚、拉脱维亚、捷克、斯洛伐克、匈牙利、斯洛文尼亚、克罗地亚、黑山、塞尔维亚、阿尔巴尼亚、罗马尼亚、保加利亚、马其顿（17/18）

作为一个合作平台，"一带一路"可提供网络空间区域合作的新模式。这种合作超越传统的地缘政治模式，有益于构建多层次、多维度的复合型网络空间合作。全球化时代下，虽然以地缘为基础的区域经济或政治共同体日渐成为趋势，但民族国家仍然是主导的政治、经济和文化单元。这意味着中国在推动网络空间合作的进程中，需要处理好"超国家体"和国家两个尺度。从宏观层面上讲，一方面需要对区域整体情况进行检视；另一方面需要对区域内的各国特性及国家间异同点进行深入探讨。

由于各个国家和地区在政治制度、信息技术发展水平、文化和法律等方面存在不同，各个国家和地区在网络空间治理和主张方面也存在着一定的差异（程乐，裴佳敏，2018）。因此，从各个国家所发布的网络空间有关国家战略有助于探讨网络空间"一带一路"区域合作的可行性路径。数据表明，包括中国在内的29个国家发布了英文版的网络空间国家战略。本报告以"cooperation"、"collaboration"和"合作"为关键词对各国网络空间国家战略进行检索，确定各个国家所主张的网络空间合作的优先事项，从而探讨"一带一路"网络空间国际合作机制和"一带一路"建设与网络空间合作，数据分析结果见附件。

由附件可看出，国内层面上，各国大多强调有关利益攸关者之间的合作，包括公私部门、民间社会、学术界、高等教育机构和科研机构、执法机构。国际层面上，网络空间合作主要从以下方面开展：数字经济合作、电子商务合作；网络文化合作；在打击网络犯罪、网络恐怖主义方面的警务合作、执法机构合作、跨境合作；各国关于关键信息基础设施保护的措施与立法合作；信息共享、经验交流、最佳实践共享，数据跨境流动；各国计算机应急响应小组（Computer Emergency Response Teams，以下简称CERTs）/网络安全紧急事件响应团队（Computer Security Incient Response Team，以下简称CSIRT）之间的合作；技术交流与合作、研发和创新；标准制定、立法；与国际组织的对话与合作；国际网络演习和培训；缔结国际合作协定。

"一带一路"网络空间国际合作机制应本着互联互通、创新发展、开放合作、和谐包容、互利共赢的原则，建立全方位、多层次的合作机制。从我国的《国家网络空间安全战略》和《网络空间合作国际战略》可看出，我国的网络空间国际合作对上述大多数领域皆有涉及。但结合其他"一带一路"沿线国家的网络空间国家战略，我国可着重考量以下方面，以推动构建和完善我国"一带一路"网络空间国际合作机制：

第一，推动打造"一带一路"网络空间数字经济合作机制。2017年

12月3日，第四届世界互联网大会在乌镇拉开帷幕，大会主题是"发展数字经济，促进开放共享"。此次大会上，中国、埃及、老挝、沙特阿拉伯、塞尔维亚、泰国、土耳其和阿联酋等国家代表共同发起《"一带一路"数字经济国际合作倡议》（以下简称《倡议》）。在《倡议》中，各国提出在以下15个方面加强数字经济合作：扩大宽带接入，提高宽带质量；促进数字化转型；促进电子商务合作；支持互联网创业创新；促进中小微企业发展；加强数字化技能培训；促进信息通信技术领域的投资；推动城市间的数字经济合作；提高数字包容性；鼓励培育透明的数字经济政策；推进国际标准化合作；增强信心和信任；鼓励促进合作并尊重自主发展道路；鼓励共建和平、安全、开放、合作、有序的网络空间；鼓励建立多层次交流机制。① 习近平总书记在致大会开幕式的贺信中指出，中国数字经济发展将进入快车道，中国希望通过自己的努力推动世界各国共同搭乘互联网和数字经济发展的快车。数字经济是网络赋能的重要途径，可为"一带一路"沿线国家深化合作提供更多平台与机遇，是推进网络空间人类命运共同体建设的重要契机。近年来，我国各大城市也在积极发力、推动构建"一带一路"，如浙江省所采取的一系列措施：围绕数字经济"一号工程"，加强与欧洲国家在数字技术领域的交流和合作；加快推进世界电子贸易平台（eWTP）建设，探索数字贸易新模式新规则新标准；全域推进跨境电子商务综合试验区联动发展，建设以数字贸易为特色的新型贸易中心；打造数字经济合作高地，建设杭州"数字丝绸之路"合作示范区、联合国德清地理信息知识和创新中心；建设"一带一路"金融云服务平台，推动智能移动支付等金融科技应用场景向"一带一路"沿线辐射和推广；建设"一带一路"数字枢纽港，推动大数据、工业互联网、5G等新基建互联互通，创新推进杭州国家互联网新型交换中心、海上丝路大数据中心建设，支持"城市大脑"等走向"一带一路"。②

总体来看，目前"一带一路"数字经济在合作领域和合作地域方面尚未建立系统性的全面推动以及统一性的政策框架。此外，数字经济的发展重构了世界政治经济格局，"美国、欧盟等纷纷提出自身的数字经济治理理念与主张，并力推转化为国际规则，以在全球数字经济治理中抢占规则

---

① 参见中华人民共和国国家互联网信息办公室，《"一带一路"数字经济国际合作倡议》发布，http://www.cac.gov.cn/2018-05/11/c_1122775756.htm（访问于2020年9月10日）。

② 参见浙江日报，打造"一带一路"重要枢纽，浙江从数字、物流等六个方面发力，https://baijiahao.baidu.com/s? id=1671639912530292436&wfr=spider&for=pc（访问于2020年9月10日）。

制定权与博弈主动权"（中国信通院，2019：4）。因此，一方面，应注重推动"一带一路"数字经济在合作领域和合作地域方面实现由点到面、由面到片、片片相连的联动发展；另一方面，应抓住机遇，以"一带一路"数字经济为重要契机，牵头推动制定"一带一路"数字经济战略行动计划以及特定领域的规则、标准，为全球数字经济发展提供中国方案，以提升我国在全球数字经济领域的国际话语权和规则制定权。

第二，成立"一带一路"网络安全应急响应联盟。从附件所列各个国家的网络空间战略合作可以看出，计算机应急响应小组（CERTs）/网络安全紧急事件响应团队（CSIRT）得到了多个"一带一路"沿线国家的关注，如新加坡、菲律宾、塞浦路斯、格鲁吉亚、捷克、波兰、斯洛伐克、黑山等。我国国家计算机网络应急技术处理协调中心成立于2001年8月，为非政府非盈利的网络安全技术中心，是中国计算机网络应急处理体系中的牵头单位，是中国非政府层面开展网络安全事件跨境处置协助的重要窗口，积极开展网络安全国际合作，致力于构建跨境网络安全事件的快速响应和协调处置机制。[①]

目前，国际性和区域性的网络安全应急响应组织主要有两个：国际网络安全应急论坛组织（Forum of Incident Response and Security Teams，以下简称FIRST）和亚太计算机应急联盟组织（Asia Pacific Computer Emergency Response Team，以下简称APCERT）。前者成立于1990年，是全球网络安全应急响应领域公认的领导性联盟组织，致力于制定并发布网络安全领域的最佳实践、鼓励和促进优质的安全产品与服务的开发及安全政策的制定，并通过鼓励会员单位沟通和合作，以应对网络安全事件，提升对网络安全事件的有效防范和处置能力。截至2020年7月22日，现有成员535个，来自美国、俄罗斯、英国、德国、澳大利亚、中国、巴西等96个经济体，我国的国家计算机网络应急技术处理协调中心、阿里巴巴安全响应中心、中国移动和奇安信等皆为其成员。[②]2019年9月19日，华为被FIRST暂停了会员资格，其理由是美国对华为实施了出口禁令。后者成立于2003年，其致力于通过国际合作帮助建立亚太地区安全、干净、可信的网络空间。截至2020年7月22日，现有成员32个，来自中国、澳大利亚、日

---

① 参见中国国家计算机网络应急技术处理协调中心官方网站，https：//www.cert.org.cn/publish/main/34/index.Html（访问于2020年10月10日）。

② 参见Forum of Incident Response and Security Teams官方网站，https：//www.first.org/members/map（访问于2020年10月10日）。

本、马来西亚等 22 个经济体①，我国国家计算机网络应急技术处理协调中心为主要发起者之一。

目前，"一带一路" 区域性层面上，尚缺乏计算机网络应急响应有关的区域性组织。因此，建议由我国作为重要发起者之一，推动成立 "一带一路" 网络安全应急响应联盟，预防、发现、预警和协调处置其联盟成员的网络安全事件，向成员提供可信的联系渠道、分享最佳实践和工具，以促进成员间对网络安全事件的快速响应，进行网络安全技术交流和培训等。此联盟的设立可增强 "一带一路" 国家网络空间的开放共享和互信共治，推动构建 "一带一路" 网络空间命运共同体。

第三，打造关于网络犯罪国际规则的网络空间利益共同体。以美国为代表的西方发达国家和以中国为代表的发展中国家在网络犯罪国际规则方面有着较大的分歧。2001 年美国与欧盟成员国以及加拿大、日本和南非等 30 个国家签署了《网络犯罪公约》，以此作为规制网络犯罪的国际标准。而以中国、俄罗斯等发展中国家认为《网络犯罪公约》不符合目前网络犯罪的趋势，也不能反映发展中国家的利益，因此应当在联合国框架下制定新的国际性公约。"一带一路" 沿线国家中，菲律宾除外的东盟 10 国、蒙古国、东南亚的大部分国家，以及西亚和独联体的部分国家大多尚未成为《网络犯罪公约》的缔约国或观察国。因此，在 "一带一路" 网络空间国际合作中，我国应争取与这些地区的国家形成关于网络犯罪国际性规则的利益共同体，以巩固网络空间治理理念的共识、增强互信。

第二节　"一带一路" 沿线国家网络安全合作：区域和国家视角

一、东盟地区

东盟国家位于 "一带一路" 的陆海交汇地带，是我国推进 "一带一路" 建设的优先方向和重要战略合作伙伴。中国与东盟合作起步较早并一直致力于积极寻求网络安全领域合作向纵深发展，国家间的政治互信也不断加强。2005 年，中国与东盟联合发布了《中国—东盟建立面向共同发展的信息通信领域伙伴关系的北京宣言》。2007 年，中国国家互联网应急中心每年召

---

① 参见 Asia Pacific Computer Emergency Response Team 官方网站，https://www.apcert.org/about/structure/members.html（访问于 2020 年 12 月 20 日）。

开一次中国—东盟网络安全研讨会。2009 年，中国与东盟签订《中国—东盟电信监管理事会关于网络安全问题的合作框架》，此后多次举行网络安全领域论坛和培训，如中国信通院定期主办的中国—东盟网络安全交流与合作发展培训会。2014 年，首届中国—东盟网络空间论坛在广西南宁举办，旨在增进中国与东盟在网络安全和信息化领域的交流与合作，主要围绕互联网基础设施建设与数字鸿沟缩小、网络经济发展与国际合作、网络空间安全与网络治理、网络信息技术在防灾减灾领域的应用等四个议题。2016 年 4 月国务院批准了《中国—东盟信息港建设方案》，2019 年 2 月批复了《中国—东盟信息港建设总体规划》，中国—东盟信息港进入全面建设阶段。2019 年第 35 届东盟峰会及东亚合作领导人系列会议上，双方发表《中国—东盟智慧城市合作倡议领导人声明》，加强网络安全及打造智慧城市合作，推动政策交流和标准、技术等方面合作。2019 年 10 月 29 日，中国—东盟网络安全交流培训中心启用，将打造中国—东盟网络安全综合技能实训平台、中国—东盟网络安全考试认证平台及中国—东盟网络安全攻防演习平台，用以开展网络安全人才培训、网络安全认证等培训。[①]

根据中国信通院发布的《中国—东盟网络安全合作与发展研究报告（2020 年）》（中国信通院，2020），中国与东盟之间的网络安全合作主要体现在以下三个方面：第一，逐步优化网络安全领域政策协作，深化网络安全共识。第二，积极开展网络安全技术优势互补，尤其是 5G 网络、智慧城市、人工智能和物联网等新兴领域，推进构建新兴国家网络安全行业标准体系。第三，利用地缘优势促进市场和供应商多样化发展，推进信息产业工业链安全。2020 年 11 月 15 日，由东盟发起的《区域全面经济伙伴关系协定》（RCEP）正式签署，此举将有力推动东盟区域经济一体化，促进国际抗疫合作，稳定区域产业链供应链，助推区域和世界经济恢复发展。[②] 从中国与东盟国家网络安全合作与发展现状来看，双方之间的合作内容和合作方式不断扩大、丰富，合作内容涉及人才培训、标准规则制定、能力建设、网络安全技术和数字经济等，合作方式不仅包括开展东盟地区论坛、研讨会和培训会等形式（郑怡君，薛志华，2017；王高阳，2021），也包括建设一系列人才培训和技能培训等平台。

---

① 参见中国—东盟信息港网站，http://dmxxg.gxzf.gov.cn/xmjs/xxgx/t5234908.shtml（访问于 2020 年 9 月 10 日）。

② 参见中华人民共和国商务部官网，http://fta.mofcom.gov.cn/article/rcep/rcepnews/202011/43458_1.html（访问于 2021 年 2 月 1 日）。

二、独联体地区

整体而言，中国与大多数独联体国家在网络空间治理理念方面具有共同的利益基础和价值观，网络空间主权被普遍接受成为共识。2011 年，中国、俄罗斯、塔吉克斯坦和乌兹别克斯坦向联合国大会第六十六届会议联合提交了《信息安全国际行为准则》；后来，吉尔吉斯斯坦和哈萨克斯坦加入成为共同提案国。此准则作为大会文件（A/66/359）分发；国际社会予以高度重视，反响热烈。2015 年 1 月，中国、俄罗斯、乌兹别克斯坦、吉尔吉斯斯坦、塔吉克斯坦、哈萨克斯坦向联合国大会共同提交了新版《信息安全国际行为准则》。

除了东盟国家外，俄罗斯是我国网络安全合作程度最高的周边国家（王高阳，2021）。俄罗斯地处连接中亚和欧洲的枢纽地带，在"一带一路"沿线具有重要的地缘战略意义，对于遏制网络犯罪和网络恐怖主义的跨国流动至关重要。俄罗斯同中国一样，是网络主权理念的坚定支持者。2015 年 5 月 8 日，中俄签订了《中华人民共和国政府和俄罗斯联邦政府关于在保障国际信息安全领域合作协定》，此协定强调，国家主权原则适用于信息空间，中俄将致力于构建和平、安全开放合作的国际信息环境，建设多边、民主、透明的国际互联网治理体系，保障各国参与国际互联网治理的平等权利。2019 年 2 月 12 日，俄罗斯国家杜马一读通过了一项关于"互联网主权"的法律草案。2019 年 4 月 22 日，俄罗斯联邦委员会正式批准《主权互联网法》（Sovereignty Internet Law），也被称为《稳定俄网法案》（Stable Runet Act），该法确立了俄罗斯"自主可控"的网络主权。

此外，中俄双方对国际网络空间治理中的互联网管理问题持相同立场，强调国际电信联盟在互联网治理中的作用，强调在联合国框架下加强国际网络安全治理、制定网络空间规则。2016 年 6 月，中国国家主席习近平与俄罗斯总统普京共同发表了《中俄关于协作推进信息网络空间发展的联合声明》，两国将共同致力于维护全球网络空间安全环境，探索在联合国框架内制定普遍接受的负责任行为网络安全国际准则。[①]中国和俄罗斯作为"一带一路"沿线区域内两个全球网络信息大国，有能力也有义务携手开展网络安全合作、打击网络犯罪和网络恐怖主义活动，推进国际网络安全合作和区域内网络治理。2020 年 7 月，中国外交部发言人、新闻司司长

---

① 参见新华网，http://www.xinhuanet.com/politics/2016-06/26/c_1119111901.htm（访问于 2021 年 2 月 5 日）。

华春莹同俄罗斯外交部发言人、新闻局局长扎哈罗娃举行视频磋商,中俄双方表示将携手打击谣言、诽谤等虚假信息①,这体现出中俄双方在网络安全领域合作的进一步加深。

三、中亚地区

中亚地区位于连接欧亚大陆和中东地区的腹心地带,是"一带一路"网络安全合作的枢纽地区。近年来,上海合作组织在推动我国与中亚、东亚和俄罗斯等国的网络安全合作方面发挥了重要作用。维护网络安全一直是上海合作组织的重要议题,成员国之间也达成了诸多安全合作协议。例如,关于网络恐怖主义,早在 2001 年签署的《打击恐怖主义、分裂主义和极端主义上海公约》中,就明确将通过网络策划和煽动破坏公共安全、恐吓民众以及造成直接物质损失等行为纳入恐怖主义活动的范畴。② 2018年 1 月,上海合作组织成员国信息安全合作专家工作组会议中,来自哈萨克斯坦、中国、吉尔吉斯斯坦、俄罗斯、塔吉克斯坦、乌兹别克斯坦、巴基斯坦、印度等 8 个国家的 50 多位信息安全合作专家共同探讨网络安全合作话题,寻求区域网络治理更有效的管理方式,这也是我国网络安全基地推进的重要一步。

2019 年 11 月,中国与上海合作组织成员国网络安全培训班到数字化技术服务商通付盾公司进行交流和学习,为国家有效应对黑客、盗取数据等网络攻击和网络犯罪行为提供技术保障。③ 2020 年 11 月 10 日,上海合作组织发布了《上海合作组织成员国元首理事会关于保障国际信息安全领域合作的声明》,其中"成员国呼吁国际社会在信息领域紧密协作,共同构建网络空间命运共同体""支持联合国就制定信息空间负责任行为规则、准则和原则开展工作,愿继续在联合国相关重要谈判机制内开展协作",强调"就防止信息通信技术用于恐怖主义、分裂主义、极端主义和其他犯罪目的开展多边合作十分重要"。④

---

① 参见 https://baijiahao.baidu.com/s? id = 1673365622975479645&wfr = spider&for = pc(访问于 2021 年 2 月 5 日)。

② 参见新华网,http://www.xinhuanet.com/globe/2018-06/19/c_137256112.htm(访问于2021 年 2 月 5 日)。

③ 参见 Donews,https://www.donews.com/news/detail/4/3071823.html(访问于 2021 年 2月 5 日)。

④ 参见中华人民共和国中央人民政府官网,http://www.gov.cn/xinwen/2020-11/11/content_5560424.htm(访问于 2021 年 2 月 5 日)。

四、欧洲地区

从表2.2可以看出，"一带一路"沿线国家中，发布网络空间安全国家战略较多的区域为欧洲，欧洲18个国家中12个皆为欧盟成员国。就欧盟而言，这些国家的网络空间合作区域性特征尤为明显，欧盟成员国大多强调与美国以及中东欧国家之间的网络空间合作，强调与欧盟和北约等组织之间的合作。但在美国总统特朗普执政期间，美国与欧洲关系的裂痕越来越大，导致欧洲国家对美国的信任度逐步下降。因此，在欧洲地缘政治环境日益复杂的当下，中国和欧洲之间的合作有巨大的潜力空间，应不断向深度和广度持续迈进，尤其是与中东欧国家之间的合作。

中国与中东欧国家已建立起了合作机制且朋友圈不断扩容，2012年中国—中东欧国家（"16 + 1"）合作机制正式启动，2019年随着希腊作为正式成员的加入，"16 + 1"合作机制升级为"17 + 1"合作机制，此平台是中欧全面战略伙伴关系的重要组成部分。该平台中的中东欧17国包括波兰、匈牙利、捷克、斯洛伐克、罗马尼亚、保加利亚、阿尔巴尼亚、斯洛文尼亚、克罗地亚、塞尔维亚、波黑、马其顿、黑山、希腊、立陶宛、拉脱维亚和爱沙尼亚。

近年来，中国与中东欧国家已经建立了良好的合作关系，中国积极参与了中东欧国家的能源转型和数字化转型，包括经贸合作、基础设施合作、绿色产业与清洁能源的合作，林业生物经济合作等。2015年发布了《中国—中东欧国家合作中期规划》，旨在明确2015年至2020年的工作方向和重点，为未来中国与中东欧可持续合作提供机制保障，涉及经济合作，互联互通合作，产能和装备制造合作，金融合作，农林与质检合作，科技、研究、创新与环保合作，文化、教育、青年、体育和旅游合作，卫生合作，以及地方合作九大领域。根据2021年2月9日的中国—中东欧国家领导人峰会发布的《中国—中东欧国家领导人峰会成果清单》，中东欧签署了共计约90项政府间协议和商业合作文件，涉及检验检疫、教育、科技、交通和能源基础设施、金融、投资、电子商务、旅游、文化、体育、环保等各个领域。①此次峰会发布的《2021年中国—中东欧国家合作北京活动计划》，也明确了贸易与投资，抗疫和卫生合作，

---

① 参见中国—中东欧国家合作官方网站，http://www.china-ceec.org/chn/zdogjhz/t1857125.htm（访问于2021年3月20日）。

互联互通、创新科技和能源，环境保护、农业、食品产业与林业，人文交流，以及教育、体育、青年与地方合作六大方面的一系列重要合作倡议和举措。①

中国与中东欧国家的网络空间领域合作属于新兴领域之间的合作，仍处于起步阶段。双方皆认为，应该在深化传统产业合作的同时，拓展新兴领域的合作以不断优化结构，如数字经济、电子商务、智慧城市、人工智能、5G 和大数据等。2015 年《中国—中东欧国家合作中期规划》第 38 项指出，"考虑到中欧之间现有网络空间合作，欢迎和支持在物联网、大数据、下一代互联网方面开展合作"。根据 Gizchina②2019 年 12 月 15 日消息，欧洲已有 21 个国家或地区表态将使用华为 5G 设备，包括英国、法国、德国、挪威、意大利、摩纳哥、西班牙、瑞士、爱尔兰、葡萄牙、荷兰、芬兰、希腊、塞浦路斯、奥地利、罗马尼亚、匈牙利、土耳其、瑞典、俄罗斯和塞尔维亚。2019 年 6 月 25 日，深兰科技与希腊知名高等学府塞萨洛尼基亚里士多德大学签署了战略合作协议，致力于推动中国 AI（人工智能）在希腊的合作优化升级，为希腊智能城市建设提供综合解决方案，加速希腊的数字化进程。③

目前，中国与欧洲国家和地区在传统产业领域的合作内容和形式已经不断丰富与成熟，在长期规划中不断扩大、深化在数字经济、电子商务、智慧城市、人工智能、5G 和大数据等方面的网络空间合作，以及打击网络犯罪等方面的合作。2014 年中国政府发布的《深化互利共赢的中欧全面战略伙伴关系——中国对欧盟政策文件》中指出，"加强网络安全对话与合作，推动构建和平、安全、开放、合作的网络空间。通过中欧网络工作小组等平台，促进中欧在打击网络犯罪、网络安全事件应急响应和网络能力建设等领域务实合作，共同推动在联合国框架下制定网络空间国家行为规范"。此外，建议充分利用中国—中东欧国家"17 + 1 合作"机制，秉持"17 + 1 > 18"的合作理念，促进此机制成为促进中国—中东欧国家网络空间领域互信合作的平台。

---

① 参见中国外交部官方网站，http：//switzerlandemb. fmprc. gov. cn/web/ziliao_ 674904/1179_ 674909/t1853007. shtml（访问于 2021 年 3 月 20 日）。

② 参见 Gizchina，https：//www. gizchina. com/2019/12/15/over-20-european-countries-have-cho- sen-huaweis-5g/（访问于 2021 年 3 月 20 日）。

③ 参见中国日报网，https：//baijiahao. baidu. com/s？ id = 1637461502397886148&wfr = spider &for = pc（访问于 2021 年 3 月 20 日）。

第三节 "一带一路"沿线国家网络安全合作：领域视角

一、数字经济

"数字丝绸之路"是 2017 年 5 月 14 日中国国家主席习近平在第一届"一带一路"国际合作高峰论坛开幕式上发表的主旨演讲中提出来的，即"我们要坚持创新驱动发展，加强在数字经济、人工智能、纳米技术、量子计算机等前沿领域合作，推动大数据、云计算、智慧城市建设，连接成 21 世纪的数字丝绸之路"[①]。2015 年 3 月，国家发展改革委、外交部、商务部联合发布的《推动共建丝绸之路经济带和 21 世纪海上丝绸之路的愿景与行动》中明确提出，要"建设畅通信息丝绸之路，扩大信息交流与合作"。在 2015 年 12 月 16 日举办的第二届世界互联网大会"数字丝路 合作共赢"分论坛上，各国政府领导、企业代表和行业协会负责人等围绕信息基础设施共建和资源整合模式创新两个议题展开了交流，并与 16 个"一带一路"沿线国家签署了"数字丝绸之路"建设的合作谅解备忘录，还联合阿联酋等 7 个国家发起了"一带一路"数字经济合作倡议[②]。在 2018 年 6 月举行的第三次中国—中东欧国家经贸促进部长级会议上，中国与中东欧 16 个国家一致通过了《中国—中东欧国家电子商务合作倡议》。2019 年 4 月第二届"一带一路"国际合作高峰论坛开幕式上，习近平主席再次强调，"我们要顺应第四次工业革命发展趋势，共同把握数字化、网络化、智能化发展机遇，共同探索新技术、新业态、新模式，探寻新的增长动能和发展路径，建设数字丝绸之路、创新丝绸之路"[③]。

根据《全球信息社会发展报告（2019~2020）》中的全球智慧社会测评结果（丁波涛，2020），"一带一路"国家智慧社会发展水平参差不齐，总体水平在全球中等偏下，其中智慧社会发展水平排名前十位的分别是新加坡、韩国、日本、阿联酋、爱沙尼亚、以色列、斯洛文尼亚、卡塔尔、

---

① 参见中共中央网络安全和信息化委员会办公室官网，http://www.cac.gov.cn/2017-05/14/c_ 1120969688.htm（访问于 2021 年 3 月 20 日）。

② 参见中国新闻网，https://baijiahao.baidu.com/s? id = 1631795771640577688&wfr = spider&for = pc（访问于 2021 年 3 月 20 日）。

③ 参见中华人民共和国中央人民政府官网，http://www.gov.cn/xinwen/2019-04/26/content_ 5386544.htm（访问于 2021 年 3 月 20 日）。

立陶宛、马来西亚,主要位于东亚、中东和东欧区域;排名后十位的分别是蒙古国、吉尔吉斯斯坦、波黑、塔吉克斯坦、伊拉克、尼泊尔、孟加拉国、巴基斯坦、老挝、缅甸,主要集中在中亚和南亚区域。但是,"一带一路"各国都十分重视信息化社会建设和数字经济的发展,发布了一系列数字战略来指导数字经济的发展,如表2.3所示。

表2.3 部分"一带一路"国家的数字战略

国家	发布时间	数字战略名称
新加坡	2017	AI新加坡
	2018	智慧国家:前进之路
	2018	数字经济行动框架
	2018	服务与数字经济蓝图
	2018	数字政府蓝图计划
	2020	《数字经济合作协议》(与新西兰、智利签署)
	2020	《数字经济协议》(与澳大利亚签署)
日本	2017	人工智能技术战略
	2018	综合创新战略、集成创新战略
	2019	人工智能战略
	2019	美日数字互联互通与网络安全伙伴关系
韩国	2018	人工智能研发战略
	2019	人工智能国家战略
	2020	韩国新政:国家转型战略
俄罗斯	2017	2025年之前俄罗斯数字经济发展规划
	2018	数字经济行动计划
	2019	俄罗斯2030年前国家人工智能发展战略
印度	2015	数字印度计划
	2018	国家人工智能战略
柬埔寨	2021	数字经济和数字社会政策框架(2021—2025)
缅甸	2019	数字经济规划
越南	2018	2025人工智能研究与开发计划
	2020	国家数字化转型规划
	2021	至2030年人工智能研发、应用的国家战略
文莱	2020	数字经济总体规划2025
孟加拉国	2020	国家人工智能战略
巴基斯坦	2018	人工智能总统倡议
印度尼西亚	2017	电子商务发展路线图
	2018	印尼制造4.0

续表

国家	发布时间	数字战略名称
马来西亚	2017	国家大数据分析框架
	2018	马来西亚沙捞越州数字经济战略（2018—2022）
菲律宾	2019	人工智能战略工作框架
土耳其	2015	信息社会战略和行动计划（2015—2018）
哈萨克斯坦	2017	数字哈萨克斯坦计划
白俄罗斯	2017	关于发展数字经济的法令

表 2.3 可见，即使部分智慧社会水平落后的一些东南亚国家，也在近几年开始制定数字战略，推动数字化转型、数字经济和人工智能的发展。此外，数字经济联盟式发展也逐步兴起，如新加坡与新西兰、智利签署的《数字经济合作协议》，与澳大利亚签署的《数字经济协议》，以及美日数字互联互通与网络安全伙伴关系的建立。有学者（赵明昊，2020）将美日数字互联互通与网络安全伙伴关系视为应对中国"数字丝绸之路"、压制中国数字影响力的一种行为。无论如何，目前，数字化转型已经成为"一带一路"沿线国家的共识，加强数字经济和实体经济融合发展，推动产业结构优化升级，以及打造新产业、新业态和新模式是各国数字经济发展所面临的共同任务，这也为数字丝绸之路的建设提供了良好的发展空间和市场。

近年来，在打造数字丝绸之路方面，中国与"一带一路"沿线国家各项合作都在不断深化：技术合作方面，中国与"一带一路"沿线国家建立技术交流合作机制，建设双边技术转移中心，数字经济、人工智能等前沿领域合作持续深入；贸易服务方面，"一带一路"沿线 17 个国家与中国建立了双边的电商合作机制，共建跨境电商大平台，增强了"一带一路"国家的商品融通能力；人文交流方面，"一带一路"国家的网络文化、在线教育等往来密切，"中国—东盟媒体交流年""中阿广播电视合作论坛""中俄新媒体合作计划"酝酿推进；设施联通方面，中国与"一带一路"沿线国家已建成超过 30 条跨境陆缆、10 余条国际海缆；信息惠民方面，中国在 50 多个国家探索远程医疗合作，与 40 多个国家的相关企业合作开发移动支付等新应用。[①]

国际层面上，涉及国际数字经济议题谈判的国际组织主要包括世界

---

① 参见中国新闻网，https://baijiahao.baidu.com/s? id = 1631795771640577688&wfr = spider&for = pc（访问于 2021 年 3 月 20 日）。

贸易组织（WTO）、亚太经济合作组织（APEC）、二十国集团（G20）、经济合作与发展组织（OECD）等。目前，全球范围内，以WTO为代表的多边数字经济规则谈判受到多方因素制约，尚未形成实质性进展，因而无法满足数字经济快速发展的需要。虽然多边层面尚未达成统一意见，各国转向区域层面寻求有效解决方案。通过分析上述组织涉及数字经济的规则文本以及历届系列部长会议讲话发现，其主要关注的数字经济谈判的核心议题包括：（1）WTO主要包括知识产权保护、市场准入壁垒、数字贸易规则；（2）APEC主要包括跨境数据隐私保护、跨境贸易便利化、数字APEC建设；（3）G20主要包括AI及治理创新、数字经济测度、数据跨境流动、利用数字技术应对新冠肺炎疫情；（4）OECD主要包括数字税、数字经济测度。上述关键议题仍由发达国家主导，我国的处境较为被动，尚未发挥其数字经济优势而把握数字经济议题设置的主动权。

二、通信基础设施

"一带一路"基础设施合作是"一带一路"合作和国际基础设施合作的重要内容之一，也被作为落实"一带一路"倡议的优先领域得以迅速发展，尤其是能源、通信和公共卫生等行业。2015年3月，我国发布了《推动共建丝绸之路经济带和21世纪海上丝绸之路的愿景与行动》，提出要"共同推进跨境光缆等通信干线网络建设，提高国际通信互联互通水平，畅通信息丝绸之路"。2016年7月颁布的《国家信息化发展战略纲要》明确提出要"围绕'一带一路'建设，加强网络互联、促进信息互通，加快构建网络空间命运共同体"，"推进'一带一路'建设信息化发展，统筹规划海底光缆和跨境陆地光缆建设，提高国际互联互通水平，打造网上丝绸之路"。2019年4月，第二届"一带一路"国际合作高峰论坛在北京举行，论坛会发布的联合公报提出：要建设高质量基础设施，即建设高质量、可靠、抗风险、可持续的基础设施，同时强调各国要借鉴国际良好实践，加强包括跨境高速光缆在内的数字基础设施建设，发展电子商务和智慧城市，缩小数字鸿沟。①由此可见，通信基础设施是"一带一路"基础设施合作的重要组成部分。

自2017年起，已连续四年推出《"一带一路"国家基础设施发展指

---

① 参见中华人民共和国中央人民政府官网，http://www.gov.cn/xinwen/2019-04/27/content_5386929.htm（访问于2021年3月20日）。

数》，详细总结了"一带一路"沿线各国基础设施建设现状、发展中面临的挑战以及合作现状等。根据《"一带一路"国家基础设施发展指数（2020年）》，2020年以来，中国大力推进"新型基础设施"建设，5G网络、区块链、人工智能等新技术与基础设施建设深度融合，以智慧交通、智慧城市为代表的"新基建"项目相继落地，技术赋能的基础设施项目将为"一带一路"国家发展注入全新动力。《"一带一路"国家基础设施发展指数（2020年）》[①]指出，"一带一路"国家通信基础设施发展需求仍然保持较高水平，独联体七国和蒙古地区稳居第一，俄罗斯强势带动区域发展需求上涨，东南亚发展需求有所上升，印度尼西亚排名第一。

"新基建"是指发力于科技端的新型基础设施建设，主要包括5G基站建设、特高压、城际高速铁路和城际轨道交通、新能源汽车充电桩、大数据中心、人工智能和工业互联网七大领域。其中，与网络安全密切相关的包括5G基站建设、大数据中心、人工智能和工业互联网四大领域。中国"一带一路"新基建合作面临以下三个方面的问题（郭朝先，徐枫，2020）：第一，海外新基建应用场景受多重因素制约，包括国内技术短板、人才供给不足、投融资市场问题和东道国政府管制等。第二，国内外新基建的参与主体出现结构性失衡，国内外新基建的发展水平不协调。第三，受美欧等国对中国5G诋毁和打压的影响，"一带一路"沿线国家对通信基础设施合作的积极性和信任度可能会受影响。尽管"一带一路"通信基础设施合作存在各种问题，但近年来也取得了较好的进展。本书基于前人（郭朝先，徐枫，2020）的研究，对中国"一带一路"网络安全相关的海外基建项目情况进行了总结和梳理，见表2.4。

表2.4　中国"一带一路"网络安全相关的海外基建项目情况

新基建领域	建设概况	具体说明
5G基站建设	华为5G基站遍布"一带一路"沿线地区	俄罗斯、韩国、泰国、马来西亚、菲律宾、中东等国家和地区
	5G网络基础设施二期扩容	沙特综合电信公司与华为合作的5G网络基础设施二期扩容
	5G基站建设	2018年，意大利TIM与Fastweb携手华为，正式上电开通首个符合3GPP标准的5G基站并投入商用

① 参见贸易投资网，http://www.tradeinvest.cn/information/7474/detail（访问于2021年3月20日）。

新基建领域	建设概况	具体说明
大数据中心	阿里巴巴海外大数据中心	建有"一带一路"的新加坡、澳大利亚悉尼、印度孟买、日本东京、印尼雅加达、中国香港、马来西亚、阿联酋迪拜以及欧洲、美国硅谷等多个大数据中心
	腾讯海外大数据中心	建有中国香港、新加坡、俄罗斯莫斯科、韩国首尔、印度孟买,以及欧洲、加拿大多伦多、硅谷等大数据中心,扩展腾讯云服务和人工智能业务
	联合建设新加坡大数据中心	北京德利讯达科技有限公司、中国电信国际有限公司和 GlobalSwitch 公司三家联合建设海外大数据中心
人工智能	深圳赛为智能股份有限公司的吉尔吉斯斯坦智慧城市海外项目	双方共同建设吉尔吉斯斯坦智慧城市项目安全城市(第二阶段)
	北京旷世科技有限公司海外 AI 项目	为巴基斯坦卡洛特水电站提供 AI 安全管理
	深圳英威腾电气股份有限公司缅甸 AI 项目	英威腾电源就将"新基建"领域中的"微模块数据中心解决方案"在缅甸成功落成,旨在为缅甸友邦助力公共安全智能化布局贡献科技力量
	合作建设马来西亚人工智能产业园	将由中国港湾提供产业园基础设施建设以及产业园管理、维护和服务,商汤科技提供在人工智能基础技术、产品研发、人才培养等方面的全力支持
工业互联网	海尔工业互联网平台 COS-MOPlat 的东北亚房车智慧园区项目	依托此平台,与韩国中心株式会社、康派斯房车三方在韩国建设"中韩东北亚房车生态智慧产业园"
	以工业互联网为载体建设的中国—白俄罗斯工业园	利用互联网大数据技术实现设计、制造、运营管理

资料来源:改编自郭朝先,徐枫.新基建推进"一带一路"建设高质量发展研究[J].西安交通大学学报(社会科学版),2020,40(5):1-10.

三、打击网络犯罪和网络恐怖主义

"一带一路"沿线地缘环境复杂,覆盖网络犯罪和网络恐怖主义活动活跃的国家和地区,以及网络威胁较严重的国家和地区。根据经济与和平研究所（Institute for Economics and Peace）发布的《2020 年全球恐怖主义指数报告》①，受恐怖主义影响最严重的国家包括阿富汗、伊拉克、尼日利亚、叙利亚、索马里、也门、巴基斯坦、印度、刚果民主共和国和菲律宾，可见"一带一路"沿线国家是恐怖主义高发区。国内学者（汪晓风，2016；秦冠英，2020）相关研究指出，"一带一路"沿线诸多国家是恐怖主义势力聚集和恐怖主义活动活跃的地区。网络犯罪和网络恐怖主义具有跨国性、有组织性、隐蔽性和虚拟性等特点，加之各国不同的地理人文环境和执法能力水平，这就对执法部门的调查、取证、追赃、打击和防范等环节造成了许多困难。因此沿线各国应加强网络安全合作，对包括网络犯罪和网络恐怖主义在内的网络威胁进行"联合防范"和"合力打击"。

2017 年 12 月的第四届互联网大会②期间举办的"打击网络犯罪和网络恐怖主义国际合作"论坛中，来自联合国、亚洲—非洲法律协商组织、上海合作组织等国际组织以及中国、俄罗斯、南非、印度尼西亚、马来西亚、土耳其、伊朗、以色列等国的代表就打击网络犯罪达成共识，呼吁各国携手打击全球网络犯罪和网络恐怖主义。③

目前，"一带一路"沿线各国开展打击网络犯罪和网络恐怖主义，乃至整个网络安全合作，存在以下问题：第一，目前，"一带一路"沿线国家众多，且各国在信息化发展水平、经济发展阶段、基础设施建设、历史文化和风俗习惯等方面有着较大的差异，这影响了各国在网络安全合作方面达成广泛的共识。第二，"一带一路"沿线国家大多属于新兴经济体，存在"地缘政治碎片化、民族种族矛盾常态化、武装内乱暴动升级、国内政权更迭、政治权力内斗尖锐"（秦冠英，2020：24）等突出问题，致使其无暇顾及网络治理和经济发展等事项。第三，"一带一路"沿线各国在网络安全立法、司法和执法层面存在认识和执行程度上的差异，此种规则缺失会成为影响建立网络安全合作机制的一大障碍。

近年来，中国与东盟国家通过中国—东盟信息港论坛、东盟地区论坛

① 参见 2020 Global Terrorism Index. https：//www. economicsandpeace. org/wp-content/uploads/2020/11/GTI-2020-web-2. pdf（访问于 2021 年 4 月 20 日）。

② 世界互联网大会（World Internet Conference，简称 WIC），由中华人民共和国国家互联网信息办公室和浙江省人民政府共同主办，旨在搭建中国与世界互联互通的国际平台和国际互联网共享共治的中国平台。参见 http：//www. wicwuzhen. cn/（访问于 2021 年 4 月 20 日）。

③ 参见人民网，http：//world. people. cn/n1/2017/1206/c1002-29687965. html（访问于2021 年 4 月 20 日）。

等平台在合作打击网络犯罪和网络恐怖主义方面开展了良好的沟通与对话。2002 年，中国与东盟共同发表《关于非传统安全领域合作联合宣言》，随后双方逐渐建立了完善的合作机制，包括 "10 + 1" "10 + 3" 打击跨国犯罪部长级会议、高官会议以及东盟国家警察首长会议等。基于上述合作机制，中国与东盟国家就网络犯罪和网络恐怖主义等议题定期进行交流合作，并多次联合开展打击电信诈骗、网络赌博和贩毒等活动。2011 年 10 月 31 日，中国、老挝、缅甸和泰国在四国湄公河流域执法安全合作会议上通过了《中国老挝缅甸泰国关于湄公河流域执法安全合作的联合声明》，旨在加强四国执法部门在湄公河流域的执法安全合作，并采取有效措施打击危害本流域安全的跨国犯罪活动。① 2017 年 12 月 28 日，澜沧江—湄公河综合执法安全合作中心（LM-LECC）正式启动运行，它是澜湄流域第一个综合性执法安全合作类政府间国际组织，澜湄流域各国通过此平台进行了多次交流，例如，澜湄流域综合执法安全合作论坛、2019 年中国—越南警务执法合作智库论坛、2020 年澜湄流域打击网络犯罪论坛。②

除了开展会议交流合作、联合培训以及联合打击的实践活动，中国也积极寻求与东盟各国建立相关国际规则和机制。2021 年 4 月，在首届东盟地区论坛 "打击将信息通信技术用于犯罪目的" 专题线上研讨会上，中国表示，愿与东盟地区论坛各成员国一道，推动在联合国框架下尽早达成广泛参与、普遍接受、务实有效的打击网络犯罪国际公约。可见，中国与东盟各国已经建立了较好的网络安全合作平台，有学者（杨新民，曾范敬，2021：70）建议基于已有平台，建立专门性的中国—东盟打击网络犯罪合作机制，合作范围包括 "网络犯罪信息共享、情报研判与预警、人才队伍建设与培训、案件的处置和法律适用" 等。

四、网络规则、标准

随着网络安全威胁的日益凸显和恶化，"一带一路" 沿线各国也以法律的形式规定和规范网络安全工作。表 2.5 列举了部分 "一带一路" 沿线国家的网络安全法律规则，包括俄罗斯、新加坡、印度、印度尼西亚、菲律宾、马来西亚、泰国、越南、塞尔维亚、巴基斯坦和孟加拉国。

---

① 参见中华人民共和国中央人民政府官网，http：//www.gov.cn/gzdt/2011-10/31/content_1982676.htm（访问于 2021 年 4 月 20 日）。

② 参见澜沧江—湄公河综合执法安全合作中心官方网站，http：//www.lm-lesc-center.org/pages_75_180.aspx（访问于 2021 年 4 月 20 日）。

表 2.5 部分"一带一路"沿线国家的网络安全法律规则

国家	法律规则
俄罗斯	《俄罗斯联邦网络主权法》（Sovereign Internet Law）、《俄罗斯联邦通讯法》（On Communications）、《有关信息、信息技术与信息保护法》（On Information, Information Technologies and Information Protection）、《俄罗斯联邦关键信息基础设施安全法》（On the Security of the Critical Information Infrastructure of the Russian Federation）、《俄罗斯联邦信息安全学说》（The Doctrine of information security of Russian Federation）、《联邦通信、信息技术和大众传媒监督服务条例》（Regulation Governing the Federal Service for Communications, Information Technologies and Mass Communications Oversight）等
新加坡	《个人数据保护法》（The Personal Data Protection Act）、《网络安全法案》（Cybersecurity Act）、《计算机滥用法》（The Computer Misuse Act）、《垃圾邮件控制法》（The Spam Control Act）、《广播法》（Broadcasting Act）、《互联网操作规则》（Internet Code of Practice）
印度	《个人数据保护法案》（Personal Information Protection Act）、《信息技术法》（Information Technology Act）、《印度刑法典》（Indian Penal Code）
印度尼西亚	《刑法典》（Criminal Code）、《电子信息与交易法》（Electronic Information and Transactions Law）
菲律宾	《2012 网络犯罪预防法案》（Cybercrime Prevention Act of 2012）、《2012 数据隐私法案》（Data Privacy Act of 2012）、《网络犯罪搜查令规定》（Rule on Cybercrime Warrants）、《2000 电子商务法案》（Electronic Commerce Act of 2000）、《1998 接入设备管理法案》（Access Devices Regulation Act of 1998）
马来西亚	《1987 版权法案》（Copyright Act 1987）、《1997 计算机犯罪法案》（Computer Crimes Act 1997）、《1997 电子签名法案》（Digital Signatures Act 1997）、《1998 通讯和多媒体法案》（Communications and Multimedia Act 1998）、《2006 电子商务法》（Electronic Commerce Act 2006）、《电子政府行动法令》（Electronic Government Activities Act 2007）、《2020 个人信息保护法案》（Personal Data Protection Act 2020）、《刑法典》（Penal Code）、《2018 反假新闻法案》（The Anti-Fake News Act 2018）
泰国	《网络安全法案》（Cybersecurity Act）、《个人数据保护法》（Personal Data Protection Act）
越南	《网络安全法》（Cybersecurity Law）、《网络信息安全法》（Law on Cyber Information Security）
塞尔维亚	《信息安全法》（Law on Information Security）、《个人数据保护法》（Law on Personal Data Protection）、《刑法》（Criminal Act）
巴基斯坦	《2002 电子商务条例》（Electronic Transactions Ordinance, 2002）、《2016 电子犯罪预防法》（Prevention of Electronic Crimes Act, 2016）
孟加拉国	《数字安全法》（Digital Security Act）、《个人隐私法》（Individual Privacy Act）

表 2.5 可见,"一带一路"沿线国家网络安全立法主要围绕信息保护、隐私和网络犯罪等内容。各国网络安全立法体系成熟度不一样,例如,俄罗斯非常重视网络信息安全领域的立法,建立了较为完善的立法体系。目前,"一带一路"在网络安全规则方面的合作较少,存在以下两个方面的挑战:第一,各国对网络安全关键性术语的界定存在差异。"一带一路"各国之间地理状况、经济社会和文化社会发展差异较大,因此各国对同一网络安全概念存在着不同的政策法律阐释和解读。例如,对于网络犯罪而言,依照穆斯林的传统,任何出现女性身体裸露的图片或者描述此类信息的内容皆不许在网络上存在或传播,但此禁忌并不为所有国家的法律所禁止(杨新民,曾范敬,2021)。第二,各国的互联网和数字经济发展水平不同,因此所认定的犯罪行为存在范围上的差异,导致双重犯罪原则难以适用。我国信息通信技术和数字经济产业发展水平较为发达,所以网络犯罪存在形式多样化和复杂化的特点。例如,网络赌博在我国为违法犯罪行为,而在缅甸和越南等东南亚国家,针对外国人的网络赌博是合法的。因此,仍需要不断加强"一带一路"沿线国家在网络安全法律规则方面的合作,促进各国在网络安全制度机制方面的沟通交流,推动各国就联合国框架下的网络空间规则制定达成广泛共识,例如,与"一带一路"各国共同推进联合国框架下的网络犯罪公约的制定。

标准是世界通用语言。在"一带一路"建设中,标准与政策、规则相辅相成、共同推进,为互联互通提供重要的机制保障。近年来,我国与"一带一路"各国在标准化合作方面已经取得了长足的发展。2017 年 12 月,国家标准委发布《标准联通共建"一带一路"行动计划(2018—2020 年)》(以下简称行动计划)。行动计划强调,针对重点国家和区域,开展基础设施、产能合作、贸易金融、能源环境、减贫实践等标准化全领域合作,促进标准化战略、政策、措施、项目的全方位对接,推动标准研究、制定、互换、互译、互认、转化、推广等全过程融通,努力实现各国标准体系相互兼容,树立共建"一带一路"倡议中国标准新形象。[1] 2019 年 4 月 23 日,由中国标准化研究院主办的"一带一路"共建国家标准信息平台上线启动,这是我国首次从标准化领域对"一带一路"沿线国家有关标准信息进行分类和翻译,为标准联通共建"一带

---

[1] 参见 http://www.sac.gov.cn/zt/ydyl/bzhyw/201801/t20180119_341413.htm(访问于 2021 年 4 月 20 日)。

一路"提供了重要的语言支撑。①我国标准已在"一带一路"项目中被广泛采用。2016 年，与阿尔巴尼亚、波黑、柬埔寨、黑山、俄罗斯、塞尔维亚、斯洛伐克、马其顿及土耳其 9 个"一带一路"沿线国家签署了标准化合作协议，我国已与 21 个"一带一路"沿线国家签署了标准化合作协议。②2017 年 5 月正式开通的蒙内铁路正是"中国标准"走出去的典范。这条连接肯尼亚东部港口蒙巴萨和首都内罗毕的铁路，全线采用"中国标准"。

总体来看，中国与"一带一路"沿线各国在工业通信业标准化工作和电子信息产业标准合作方面仍处于起步阶段。2018 年 11 月 12 日，工信部发布了《关于工业通信业标准化工作服务于"一带一路"建设的实施意见》，明确指出要推进信息通信领域标准化合作，主要包括新一代信息技术领域、智慧城市领域、北斗卫星导航领域、通信工程建设领域、网络互联互通领域和电信业务服务领域，并且要深化"互联网 + 先进制造业"领域标准化合作，主要包括两化融合管理体系领域、智能制造领域、工业互联网领域和车联网领域。③

我国可从以下方面着手加强与"一带一路"各国网络安全领域的标准化合作。第一，联合"一带一路"国家及其企业共同推进网络安全领域的国际标准制定，例如工业互联网国际标准、车联网行业国际标准等，也要积极融入"一带一路"各国、区域组织和国际组织的标准制定与实施应用。第二，中国标准与国际和各国标准体系兼容水平已不断提高，因此要积极推动 5G、智慧城市等国家标准在"一带一路"国家得以应用实施，与各国签署标准化合作协议，加快推进标准互认工作。第三，加强"标准化 +"紧缺急需的复合型专业人才培养和培训，加大标准化专业技术人才之间的交流，完善学科建设，健全标准化人才培养机制（庄媛媛，等，2018）。第四，利用"一带一路"共建国家标准信息平台，加强网络安全领域和工信领域的标准翻译工作，以保证标准信息资源有效交换，深化与"一带一路"各国的标准化合作交流。

---

① 参见中共中央网络安全和信息化委员会办公室官网，http：//www. cac. gov. cn/2019-04/23/c_ 1124406032. htm（访问于 2021 年 4 月 20 日）。

② 参见中国一带一路官网，https：//www. yidaiyilu. gov. cn/wtfz/zcgt/119. htm（访问于 2021年 4 月 20 日）。

③ 参见中共中央网络安全和信息化委员会办公室官网，http：//www. cac. gov. cn/2018-11/12/c_ 1123700725. htm（访问于 2021 年 4 月 20 日）。

参考文献：

International Telecommunication Union（ITU）. 2021. Global Cybersecurity Index 2020 ［R］. Geneva：International Telecommunication Union. https：//www. itu. int/en/myitu/Publications/2021/06/28/13/22/Global-Cybersecurity-Index-2020（accessed 30 December 2021）.

程乐，裴佳敏. 2018. 网络安全法律的符号学阐释［J］. 浙江大学学报（人文社会科学版），48（6）：125-139.

丁波涛. 2020. "一带一路"国家信息化发展与数字丝绸之路建设//丁波涛. 全球信息社会发展报告（2019~2020）［M］. 北京：社会科学文献出版社，37-63.

郭朝先，徐枫. 2020. 新基建推进"一带一路"建设高质量发展研究［J］. 西安交通大学学报（社会科学版），40（5）：1-10.

秦冠英. 2020. "一带一路"倡议视野下的网络恐怖主义威胁与应对［J］. 中国刑警学院学报，5：22-31.

汪晓风. 2016. 网络恐怖主义与"一带一路"网络安全合作［J］. 国际展望，4：116-132＋157.

王高阳. 2021. 中国与周边国家网络安全合作：周边外交新议程［J］. 社会主义研究，2：156-162.

杨新民，曾范敬. 2021. 中国东盟网络犯罪治理国际合作研究［J］. 湖南警察学院学报，33（1）：63-71.

赵明昊. 2020. 美国对"数字丝绸之路"的认知与应对［J］. 国际问题研究，4：42-61.

郑怡君，薛志华. 2017. 中国—东盟网络安全合作及其布局［J］. 东南亚南亚研究，2：17-23.

中国信息通信研究院. 2019. 数字经济治理白皮书（2019年）［EB/OL］. http：//www. cbdio. com/image/site2/20200107/f42853157e261f7e69a143. pdf（访问于2021年8月5日）.

中国信息通信研究院安全研究所. 2020. 中国—东盟网络安全合作与发展研究报告（2020年）［EB/OL］. http：//www. caict. ac. cn/kxyj/qwfb/ztbg/202012/P020201215526843022520. pdf（访问于2021年8月5日）.

庄媛媛，郭琼琼，常汞. 2018. "一带一路"倡议下中国与南亚标准化合作探析［J］. 南亚研究季刊，4：29-37.

附件　"一带一路"沿线国家网络空间国家战略中涉及的合作事项

中国	2016	《国家网络空间安全战略》（National Cyberspace Security Strategy）	技术交流、打击网络恐怖和网络犯罪等领域的合作；积极参与全球和区域组织网络安全合作；深化在政策法律、技术创新、标准规范、应急响应、关键信息基础设施保护等领域的国际合作。
	2017	《网络空间国际合作战略》（International Strategy of Cooperation on Cyberspace）	深化打击网络恐怖主义和网络犯罪国际合作；促进开放与合作，共同构建网络空间命运共同体；实现互联网资源共享、责任共担、合作共治；促进数字经济合作；加强中国同其他国家和地区在网络安全和信息技术方面的交流与合作；加强合作，共同肩负起运用互联网传承优秀文化的重任，培育和发展积极向上的网络文化，发挥文化滋养人类、涵养社会、促进经济发展的重要作用，共同推动网络文明建设和网络文化繁荣发展；积极参与网络领域相关国际进程，加强双边、地区及国际对话与合作，增进国际互信，谋求共同发展，携手应对威胁，以期最终达成各方普遍接受的网络空间国际规则，构建公正合理的全球网络空间治理体系；中国致力于与国际社会各方建立广泛的合作伙伴关系，积极拓展与其他国家的网络事务对话机制，广泛开展双边网络外交政策交流和务实合作；推动深化上合组织、金砖国家网络安全务实合作，促进东盟地区论坛网络安全进程平衡发展，积极推动和支持亚信会议、中非合作论坛、中阿合作论坛、中拉论坛、亚非法律协商组织等区域组织开展网络安全合作，推进亚太经合组织、二十国集团等组织在互联网和数字经济等领域合作的倡议，探讨与其他地区组织在网络领域的交流对话；加强与各国打击网络犯罪和网络恐怖主义的政策交流与执法等务实合作，积极探索建立打击网络恐怖主义机制化对话交流平台，与其他国家警方建立双边警务合作机制，健全打击网络犯罪司法协助机制，加强打击网络犯罪技术经验交流；推动政府和企业加强合作，共同保护网络空间个人隐私；开展电子商务国际合作；加强互联网技术合作共享，推动各国在网络通信、移动互联网、云计算、物联网、大数据等领域的技术合作；推动各国就关键信息基础设施保护达成共识，制定关键信息基础设施保护的合作措施，加强关键信息基础设施保护的立法、经验和技术交流；推动加强各国在预警防范、应急响应、技术创新、标准规范、信息共享等方面合作，提高网络风险的防范和应对能力；推动各国开展网络文化合作，让互联网充分展示各国各民族的文明成果，成为文化交流、文化互鉴的平台，增进各国人民情感交流、心灵沟通，以动漫游戏产业为重点领域之一，务实开展与"一带一路"沿线国家的文化合作，鼓励中国企业充分依托当地文化资源，提供差异化网络文化产品和服务。

国家	年份	文件	内容
菲律宾	2016	《国家网络安全计划（2022年）》（National Cybersecurity Plan 2022）	促进多重利益攸关方之间的国际合作以推动信息共享，包括民众、企业和组织、教育机构、政府和整个社会；菲律宾网络犯罪调查和协调中心推动多重利益攸关方和国际机构之间网络安全相关活动方面的合作；推动计算机应急响应小组（CERTs）、执法机构、学术群体和行业之间的合作。
新加坡	2018	《国家网络安全总体规划（2018年）》（National Cyber Security Masterplan 2018）	东盟电信和信息技术（IT）部长级会议（TELMIN）成立于2001年，是讨论和加强东盟成员国之间合作与协作的主要区域平台。会议每年举办一次，主要讨论区域合作的重点和方向，TELMIN还旨在加强与中国、日本和韩国等东盟对话伙伴的合作；加强与东盟成员国和对话伙伴的计算机应急响应小组（CERTs）之间的合作。
马来西亚	2019	《国家网络安全政策》（The National Cyber Security Policy）	—
希腊	2017	《国家网络安全战略（3.0版本）》（National Cyber Security Strategy Version 3.0）	经验交流和最佳实践分享方面的国际合作；公私合作。
卡塔尔	2014	《卡塔尔国家网络安全战略》（Qatar National Cyber Security Strategy）	多重利益攸关者在信息共享和提高网络安全意识等方面的合作；网络犯罪方面的国际合作。
沙特阿拉伯		《沙特阿拉伯信息安全国家战略》（Developing National Information Security Strategy for the Kingdom of Saudi Arabia）	国际和国内层面的信息共享合作；信息安全研究和创新方面的国际合作与共享；网络犯罪方面的国际合作；欧洲委员会于2001年制定了《网络犯罪公约》，该公约已由近50个国家签署，是国际网络犯罪合作的事实上的标准。但是，许多发展中国家现在希望通过制定更广泛的国际发展政策或条约来重新展开对国际网络犯罪的讨论、重新制定标准。沙特王国必须继续在国际舞台上介入这个问题，并评估它是否应与《网络犯罪公约》保持一致并批准该公约，或者等待制定新的国际网络犯罪文件。

续表

以色列	2017	《以色列国家网络安全战略》（Israel National Cyber Security StrategyIn Brief）	国际合作，分享知识、创新。
约旦	2012	《国家信息安全和网络安全战略》（National Information Assurance and Cyber Security Strategy）	与国际社会一起致力于增强意识、推动制定安全标准和最佳实践，调查和起诉跨境恶意用户，谈判和缔结双边和多边协定。具体包括如下事项：共享和分析有关漏洞、威胁和事件的信息；参与、利用并从当前的国际努力中受益，例如：网络战争演习和国际网络警报倡议；根据法律和协议的要求，与国际伙伴协调调查网络攻击和其他潜在的计算机相关犯罪；促进研发，鼓励应用国际认证的安全技术；确保国家信息系统和网络的安全。
土耳其	2016	《2016—2019 年国家网络安全战略》（2016-2019 National Cyber Security Strategy）	国际网络安全运营中心（International Cyber Security Operation Centres）之间的高级网络事件管理合作；有关利益攸关者的合作，包括公共部门、私营部门、高等教育机构、非政府组织和个人；国际合作、信息共享和信任建立。
印度	2013	《国家网络安全政策（2013 年）》（National Cyber Security Policy 2013）	公私伙伴关系，技术和业务合作；通过增进共识和建立联系来加强全球合作以保障网络空间安全；建立信息共享机制、识别和响应网络安全事件机制以及合作恢复机制。
孟加拉国	2014	《孟加拉国国家网络安全战略》（National Cybersecurity Strategy of Bangladesh）	推动在打击网络威胁方面的国际合作、对话和协调；促进其网络犯罪立法与国际电信联盟的网络犯罪立法（ITU Toolkit for Cybercrime Legislation）协调一致，以促进国际合作；参与国际计划，如打击网络威胁的国际多边伙伴关系（IMPACT），以实现警告、早期预警与合作。
阿富汗	2014	《阿富汗国家网络安全战略》[National Cyber Security Strategy of Afghanistan（NCSA）]	打击网络犯罪的国际合作；与 IMPACT、ITU、ICANN、APT 等国内和国际组织合作以打击网络犯罪；通过技术和运营合作以发展和促进公私伙伴关系、增强该国网络空间的弹性。

续表

斯里兰卡	2018	《2018—2023年斯里兰卡信息和网络安全战略》（Information and Cyber Security Strategy of Sri Lanka 2018-2023）	公私合作；当地—国际合作；网络犯罪方面的合作；2015年，斯里兰卡是南亚第一个批准《网络犯罪公约》的国家。
乌克兰	2016	《乌克兰网络安全战略》（Cyber Security Strategy of Ukraine）	加强在打击军事网络威胁、网络间谍、网络恐怖主义和网络犯罪方面的国际合作；公私合作；与民间社会的合作；国际合作以在网络安全领域建立自信和互信，从而防范网络威胁、调查和预防网络犯罪、防止网络空间被用于非法和军事目的；促进国家机构、当地政府、军事部门、执法机构、研究机构、教育机构、非政府组织以及关键信息基础设施持有者之间的合作；与北约就保障网络空间安全和共同防范网络威胁而开展军事合作；深化与欧盟、北约之间的合作，以加强乌克兰的网络安全能力。
格鲁吉亚	2012/2017	《格鲁吉亚国家网络安全战略（2017—2018年）》［National Cyber Security Strategy 2017-2018（2017）］《格鲁吉亚网络安全战略（2012—2015年）》（Cyber Security Strategy of Georgia 2012-2015）	全政府范围合作：各国家机构之间构建合作形式以保障网络安全；公私合作：鉴于格鲁吉亚的关键信息系统大多由私营企业掌握，因此加强与其之间的合作不可或缺；国际合作：加强与OECD、EU、OSCE、NATO、UN、ITU等网络安全相关的国际组织以及有关国家部门之间的合作；积极参与与网络安全有关的国际活动，并在区域范围内支持相关举措；在网络安全领域与各国计算机应急响应小组（CERTs）发起双边和多边合作。格鲁吉亚面临的主要网络空间威胁包括网络战、网络恐怖主义和网络犯罪等。
爱沙尼亚	2019	《2019—2022年网络安全战略》（Cybersecurity Strategy 2019-2022）	2011年，成立关键信息基础设施委员会（CIIP commission）以促进公私合作；塔林工业大学（TUT）与塔尔图大学（University of Tartu）合作，于2009年开设了网络安全国际硕士课程；促进保护关键信息基础设施方面的国际合作；促进打击网络犯罪的国际合作；强调与NATO和欧盟之间的合作，包括网络安全防御能力构建、标准和培训等；为加强与盟国及伙伴国之间的合作关系，与其共享网络安全相关的专业知识和经验。

塞浦路斯	2012	《塞浦路斯网络安全战略》（Cybersecurity Strategy of the Republic of Cyprus）	高层次合作，包括整个社会、公私部门、国家层面、欧洲层面和国际层面；与欧洲其他成员国之间的国际合作；研究和创新合作；各成员国计算机应急响应小组（CERTs）/网络安全紧急事件响应团队（CSIRT）之间的合作；与国际组织和工作组之间的合作以及信息和经验共享。
希腊	2017	《国家网络安全战略3.0版本》（National Cyber Security Strategy Version 3.0）	经验交流和最佳实践分享方面的国际合作；公私合作。
拉脱维亚	2014	《2014—2018年拉脱维亚网络安全战略》（Cyber Security Strategy of Latvia 2014-2018）	加强与波罗的海和北欧国家的合作，并加强与北约、欧盟、欧安组织和联合国的合作，以期提高信息通信技术的安全性、可及性和自由度；支持国际社会在增进相互信任与合作方面的努力，强调国际法律规范对物理空间和虚拟空间的同等适用；公私合作、与非政府间组织之间的合作；加强与高等教育机构和科研机构在网络安全和网络犯罪领域的合作；跨境合作、多边和双边合作，包括打击网络犯罪等方面；开展区域和国际合作，以确保定期培训，从而为危机态势感知提供支持。
立陶宛	2018	《立陶宛政府关于批准国家网络安全战略的决议》（Government of the Republic of Lithuania: Resolution on the Approval of the National Cyber Security Strategy）	促进跨境合作和信息共享，以打击网络犯罪；网络犯罪方面的国际合作；推动执法机构、教育机构、公私部门和民众之间的有效合作；重视与北约、欧盟和其他在网络防御领域坚持民主原则的国家之间的合作；加强与美国在政治和技术上的双边合作；通过参加欧盟、北约、联合国、欧洲安全与合作组织、波罗的海地区组织和其他国际组织的活动，推动波罗的海地区国家之间在网络安全领域的跨境合作；进一步推动与美国在网络防御领域的对话，以争取美国参与立陶宛的网络安全项目，从而实现立陶宛和美国在政治和技术层面的双边合作。

续表

波兰	2017	《2017—2022 年波兰网络安全政策国家框架》（National Framework of Cybersecurity Policy of the Republic of Poland for 2017-2022）	加强与 EU、NATO、UN 和 OSCE 等国际组织之间的合作，有利于打击由网络空间非法活动引起的、造成物质性损害和名誉损害的事件；推动业务合作，包括负责国家安全的有关部门之间的信息交流和共享；国家和国际层面的网络安全演习和培训；国际层面上，波兰将积极参加由其国家机构以及 EU 和 NATO 等国际组织进行的网络安全演习和训练；推动国家和国际私营部门之间的合作，尤其是电信、银行和保险等私营部门；国际和国内层面上，有必要加强与警察局等执法机构之间的合作，以就威胁和漏洞进行信息共享；推动执法机构和实体的跨境合作以打击网络犯罪；推动与科研和学术团体之间的研究合作；推动业务和技术层面的国际合作，例如，与欧盟网络安全紧急事件响应团队（CSIRT）、国际事件响应组织论坛（FIRST）、欧盟的事件响应组织工作组（TF—CSIRT）以及恶意软件信息共享平台（MISP）进行合作，以进行信息交流和共享。
捷克	2015	《2015—2020 年捷克国家网络安全战略》（National Cyber Security Strategy of the Czech Republic for the Period from 2015 to 2020）	通过其在国际组织中的成员身份，积极促进捷克与中欧国家之间的网络安全与防御方面的合作与对话；构建多重利益攸关者之间的合作和信任机制，包括公私部门、民间社会、学术界；积极参与 EU、NATO、UN、欧洲安全与合作组织、ITU 和其他国际组织的论坛、项目和倡议；促进中欧地区的网络安全和国家间对话；深化与其他国家之间的双边合作；参加、组织国际演习和培训；参与构建与各国计算机应急响应小组（CERTs）、欧盟网络安全紧急事件响应团队（CSIRT）、国际组织和学术界之间的有效合作模式和信任建立；在网络犯罪领域，加强相关国家机构之间的直接和及时合作；推动有关网络犯罪的信息共享和训练方面的国际合作。

斯洛伐克	2015	《2015—2020年斯洛伐克国家安全概念》（Cyber Security Concept of the Slovak Republic for 2015-2020）	北约和欧盟成员国之一。将参与起草国际战略和概念性文件、国际政策和标准，同时将建立实现与各国计算机应急响应小组（CERTs）和网络安全紧急事件响应团队（CSIRT）之间的合作、交流和信息共享的有效范式。除了在国际组织和机构中积极开展国际合作外，其还将与具有相同价值观的国家建立和发展双边合作；斯洛伐克共和国将组织和参加国际网络培训和演习；研究和创新项目的合作。
斯洛文尼亚	2016	《网络安全战略》（Cyber Security Strategy）	网络犯罪和信息共享方面的国际合作，尤其是警务合作；独立地或以与其他欧盟和北约国家合作的方式，发展网络防御能力，以保护国防ICT系统并为军事行动和危机规划提供支持；将独立发展其网络防御能力，并与欧盟和北约合作伙伴合作，同时还将与行业和学术机构合作。
匈牙利	2012	《匈牙利国家安全战略（2012年）》（Hungary's National Security Strategy 2012）	与美国保持密切关系与合作，不仅源于共同的价值观，也符合匈牙利的战略利益；开展双边合作和地区合作，以及在北约和欧盟框架内合作；与盟国和欧盟其他成员国合作，以努力提高信息系统的安全性，并参与适当水平的网络防御的发展。
罗马尼亚	2013	《罗马尼亚网络安全战略》（Cyber Security Strategy of Romania）	加强有关打击网络犯罪的部门、其他当局和欧盟专家之间的合作与协调；国际和国内层面上，加强公私合作，主要包括有关网络威胁、漏洞和风险以及网络事件和攻击方面的信息共享；国际合作：缔结国际合作协定，以在发生重大网络攻击时提高响应能力，参加网络安全领域的国际项目，促进罗马尼亚所加入的国家网络安全合作范式的利益。

克罗地亚	2015	《克罗地亚国家网络安全战略》（The National Cyber Security Strategy of the Republic of Croatia）	不同国家政府当局之间的有效知识传递和信息共享；加强公共部门、学术群体和经济部门之间的合作，网络安全利益攸关者的国际合作，以打击网络犯罪和网络恐怖主义；加强欧洲关键基础设施风险管理方面的合作。 提升与鼓励国际合作，从而促进有效的信息共享。网络犯罪的全球化是这样一种现象：犯罪者不仅无视实际的国家边界，也无视不同国家的立法差异与语言障碍。因此，应当要求欧盟和北约成员国密切合作，并与第三方国家进行国际合作，以便及时查明每一种新形式的威胁及来源，并尽快对威胁作出反应。因此，有必要通过已有的国际合作模式建立联络点，并通过欧洲刑警组织、欧洲检察官组织和其他国际组织的渠道迅速分享信息。 进行良好的机构间合作，以便在国家层面上进行有效的信息交流，特别是在计算机安全事件中：计算机安全事件需要迅速和充分的处理，因此有必要与对在特定情况下能够作出贡献的所有机构建立高质量的协调。这些永久性"接触点"的存在将有助于进行直接有效的沟通，从而也有助于预防和更有效地处理这些安全事件。 鼓励并不断加强与经济部门的合作：鼓励和不断发展同经济部门（特别是同公共电子通信部门和电子金融服务部门的国家监管机构和法律实体）的合作，并分享关于已登记的所有新出现的计算机安全事件的资料，使经济部门能够识别可能构成刑事犯罪的潜在事件，并及时更新其自身的安全系统，并使国家行政机构能够对可能的网络刑事犯罪作出迅速反应。此外，应利用与经济部门的良好合作来促进交流，这将直接有助于预防特定的网络犯罪的发生。
黑山	2018	《2018—2021年黑山国家网络安全战略》（National Cyber Security Strategy for Montenegro 2018-2021）	网络犯罪方面的国际合作；公私合作，尤其是关键基础设施安全系统方面的合作与协调；加强与FIRST、Trusted Introducer、ITU-IMPACT以及各国计算机应急响应小组（CERTs）之间的合作；加强与黑山教育部和高等教育机构之间的合作，以培养具有网络安全专门性知识的人才。

第三章 "一带一路"国家网络安全国家战略

本章主要介绍部分"一带一路"国家发布的网络安全国家战略,主要包括以下国家:《"一带一路"数字经济国际合作倡议》国家、与我国在国际电信规则上利益一致的国家、东盟国家以及其他以欧盟为主的欧洲国家。这些国家的选取主要考量以下三个因素:(1)与我国网络安全保持着密切的交往合作或有良好的合作前景;(2)以"一带一路"建设沿线国家为主;(3)发布了网络安全国家战略。因此,本部分主要关注以下12个国家发布的网络安全国家战略,即新加坡、马来西亚、俄罗斯、土耳其、埃及、爱沙尼亚、捷克、克罗地亚、波兰、孟加拉国、印度和韩国。鉴于大多数发展中国家和最不发达国家尚缺乏明确和详细的国家网络安全战略,本章能够为这些国家设计、制定国家网络安全框架和战略提供参考和借鉴。

第一节 新加坡:国家网络安全战略

一、总理前言

新加坡是国际交流与商业中心。我们必须始终对新技术和专业知识持开放态度,以便将世界各地的思想、经济和文化联系起来。

在数字方面,新加坡是世界上高度互联的国家之一。长期以来,我们一直将信息通信技术用于经济和社会发展。现在,我们的电话线比人多;几乎所有家庭都能高速宽带上网。

然而,对信息通信技术的依赖也使我们易受到攻击。网络威胁和攻击日益复杂,造成的后果也日益严重。我们不能理所当然地认为网络是安全的。

网络安全战略概述了新加坡的愿景、目标和优先事项。我们决心保护基本服务免受网络威胁,并为企业和社区创建安全的网络空间。新加坡网络安全局将发挥带头作用,与其他机构及私营部门合作伙伴共同实现这一目标。

政府无法单独实现这一目标。企业有责任保护客户的个人数据。个人需要养成良好的网络卫生习惯,以确保个人设备和数据的安全。如果我们每个人都尽职尽责地使用我们的系统和设备,那么我们就可以共同帮助保护新加坡的网络空间。

网络攻击者并不遵守司法管辖。所有国家,特别是像新加坡这样的高度互联的国家,都得益于确保全球信息通信基础设施安全和应对网络威胁的国际合作。新加坡将与其他国家密切合作,在网络规范方面建立共识、增强能力、应对网络威胁与犯罪。

网络安全作为一个产业,为新加坡人提供了很多机会与良好的工作。政府将为希望从事网络安全事业的新加坡人提供教育和培训机会。

我们将共同为新加坡建立一个有弹性和可信赖的网络环境,利用科技的优势改善新加坡人民的生活。

——李显龙

二、新加坡网络安全战略一览

"网络安全,人人有责,人人应尽责。政府将发挥带头作用,加强新加坡网络安全立场;我们还需要所有人的配合,为网络生态系统获取长期利益。我们的目标是建设一个智能的国家,一个有可信的基础设施和技术支持的国家。"

——网络安全局雅国博士,于 2015 新加坡政府年会

新加坡网络安全战略旨在创造一个有弹性、可信赖的网络环境,这将使我们认识到科技的优势,从而为新加坡人争取更美好的未来。

新加坡的战略由四大支柱支撑。我们将加强建设关键信息基础设施的弹性;动员企业和社会各界,打击网络威胁、打击网络犯罪和保护个人数据,使网络空间更加安全。

新加坡将建立一个充满活力的网络安全生态系统,包括技术熟练的员工队伍、技术先进的公司和强有力的研究合作,使之能支持新加坡的网络安全需求,并成为新的经济增长点。最后,鉴于网络威胁不分国界,我们将加紧努力、建立强有力的国际伙伴关系。

(一)建设有弹性的基础设施

为了确保国家数字经济和社会的安全,政府将与主要利益相关方——私营部门运营商和网络安全社区合作,以加强关键信息基础设施的弹性。

第一，强化关键信息基础设施保护计划，在所有关键部门内建立健全系统的网络风险管理流程。第二，完善各部门在受网络攻击后的应对和修复方案。新加坡将开展多部门网络安全演习，测试跨部门合作，以解决重大网络攻击中的相互依存的问题，还将扩大并强化国家资源的投入，包括国家网络事件响应小组（NCIRT）、国家网络安全中心（NCSC）等。第三，出台《网络安全法案》，赋予新加坡网络安全局（CSA）更多权限以保护我们的关键信息基础设施。第四，由于对政府网络的威胁将持续增长，新加坡将加大力度保护政府系统及网络，保护公民和政府的数据安全。

（二）打造更安全的网络空间

安全可靠的网络技术可以使企业和社会受益并对其赋权。打造更安全的网络空间是政府、企业、个人和社区的共同责任。

首先，为了有效应对网络犯罪的威胁，政府将实施国家网络犯罪行动计划。其次，我们将通过建立一个可信的数据生态系统，提升新加坡作为可信的区域枢纽的地位。我们将与全球机构、他国政府、行业合作伙伴、互联网服务提供商合作，快速识别并减少互联网基础设施上的恶意交易。最后，社区和商业协会也应发挥其作用，促进民众对网络安全问题的理解，并推动良好实践的应用。

（三）构建活跃的网络安全生态系统

网络安全既是国家势在必行的要务，也是国家发展的机遇。新加坡拥有先进的基础设施和高技能的信息技术人员，完全有能力构建一个充满活力的网络安全生态系统。

第一，政府将与行业伙伴及高等院校（IHLs）合作，以发展网络安全从事人员，同时鼓励网络安全专业从业人员提升自身技能。第二，扶持优秀的公司，培育本地初创企业，确保一流方案的落地。网络安全公司也有机会利用新加坡在金融和信息通信服务等领域的传统优势，开发可输出的解决方案。第三，加强学术界与产业界间更紧密的合作，利用网络安全研发更有针对性的有效解决方案。凭借熟练的专业人员、技术先进的公司和强大的科研合作，新加坡可以走在全球网络安全创新的前沿，为新加坡人和该行业创造经济机会。

（四）强化国际合作

网络安全是一个全球性的议题。网络威胁不分国界；实际上，管辖权的漏洞会被网络攻击者利用。由于贸易和全球金融市场将世界各国紧密地联系在了一起，网络攻击对一个国家的扰乱可能会严重影响其他国家。

新加坡致力于加强网络安全领域的国际合作，以保障全球的共同安全。新加坡将积极与国际社会，特别是东盟合作，解决跨国网络安全和网络犯罪问题。我们将支持网络能力建设，推动网络规范与立法交流。通过国际共识、协定与合作，让整体网络空间更加安全。

三、序言

"新加坡高度依赖信息技术和互联网，因此网络安全对新加坡十分重要，与此同时，网络犯罪也在日益增加。网络攻击形式多样，来源众多。攻击行为包括网站破坏、数据盗窃、系统性威胁等，其通常是那些躲在匿名的网络空间背后之人所为。"

——新加坡副总理张志贤，2013 年 3 月 6 日

网络攻击日益频繁、复杂、影响深远。全球范围内，我们看到了网络事件数量的激增，包括勒索软件、网络盗窃、银行欺诈、网络间谍、互联网服务中断等。对公用企业、运输网络、医院和其他基本服务系统的攻击更为频繁。成功的网络攻击会导致经济破坏，甚至危及生命。

物联网的出现将进一步增加攻击面。若不加以控制，恶意的实体可以找到更多的方式发起攻击，窃取数据，使网络空间对所有人都构成威胁，这将导致一个充满敌意的网络空间，使基本的互动和交易变得不可信。

新加坡一贯重视网络威胁，并制定了及时的应对措施。十年前我们开始了网络安全方面的工作，2005 年我们出台了第一个信息通信安全总体规划。这项总体规划是为了保护新加坡的数字环境和强化公共部门的网络安全能力而进行的协调努力。此后，新加坡的网络安全能力不断增强。随着2009 年成立的新加坡资讯通信科技安全局（SITSA），新加坡发展了协调国家层面应对大规模网络攻击，特别是针对关键信息基础设施的能力。

2015 年，新加坡网络安全局（CSA）成立，作为监督和协调国家网络安全各方面的中央机构。网络安全局有权制定和执行网络安全法规、政策和实践。

虽然目前新加坡已经取得了很多成就，但网络威胁也日益复杂。新加坡更加依赖数字技术，特别是其在建设一个拥有数字化商业和生活的智能国家。网络安全不仅需要维护与保护，也是其未来经济和社会的动力。

这项战略代表了新加坡网络安全的愿景和重点。它旨在促进所有利益攸关方的参与，包括政府机构、网络行业、专业人员及学生、学术界及研

究人员，以及基本服务提供方。我们将共同确保国家基础设施的弹性、打造更安全的网络空间、构建充满活力的网络安全生态系统，以为新加坡人提供良好的就业和经济机会。并由一个为新加坡人提供良好就业和经济机会的充满活力的生态系统提供支持。同时表明了新加坡愿与国际社会一道，建立牢固的伙伴关系，打击跨国的网络威胁。

（一）智慧国家的道路

新加坡正在向智能国家转型：新加坡人凭借科技的力量过上了有意义、有价值的生活；数字联通成为连接社区的牢固纽带；网络、数据和信息通信技术的力量创造了大量经济机会。

智能国家对全国的号召，呼吁公民、公司和政府机构携手合作，探求数字技术的多样可能性。新加坡正在设立必要的基础设施和政策，以提升能力，并构建一个有益的生态系统，使民众和公司可以共同提出创新的解决方案，提高公民的生活质量。

（二）新加坡网络安全行动

1. 2005 年信息通信安全总体规划（ISMP）（2005—2007）

资讯通信发展管理局（IDA）启动了新加坡第一个信息通信安全总体规划，以协调政府的网络安全工作。其关键点是在提升公共部门的基本能力，以减轻和应对网络威胁。

2. 2008 年信息通信安全总体规划（2008—2012）

第二个总体规划尤其关注新加坡关键信息基础设施的安全，其目标是使新加坡成为一个"安全可靠的枢纽"。

3. 2009 年新加坡资讯通信科技安全局（SITSA）

资讯通信科技安全局隶属于新加坡内政部，旨在保护新加坡免受网络攻击和网络间谍活动。作为一个国家权威机构，资讯通信科技安全局的职责包括监督准备工作、保护关键信息基础设施免受网络威胁。

4. 2013 年国家网络安全总体规划（NCSM2013）

不同于先前的总体规划将关键信息基础设施视为重点，第三个总体规划将重点扩大到更广泛的信息通信生态系统（包括企业和个人），试图将新加坡打造成一个"可靠且强大的信息通信枢纽"。

5. 2013 年全国网络安全研发计划（NCR）

全国网络安全研发计划发起于 2013 年 10 月，旨在为新加坡发挥网络安全方面的研发专长。它旨在提高网络基础设施的可信度，强调其安全性、可靠性、弹性和可用性。它现在由新加坡国家研究基金会和新加坡网络安全局共同管理。

6. 2014 年国家网络安全中心（NCSC）

国家网络安全中心是资讯通信科技安全局的一部分，旨在跟进网络态势、跨部门关联网络安全事件，并与相关领导机构协调，为大规模、跨部门网络事件提供国家级响应。

7. 2015 年新加坡网络安全局（CSA）

新加坡网络安全局由总理办公室（PMO）设立，由通讯及新闻部（MCI）进行行政管理。其成立后，所有与网络安全相关的机构和举措，包括新加坡电脑紧急反应组（SingCERT）、国际开发协会（IDA）和资讯通信科技安全局的国家网络安全总体规划和发展职能，都由此机构负责。

网络安全局致力于发展网络安全，保护关键信息基础设施和基本服务，协调国内对大规模网络事件的应对，制定和执行网络安全法规、政策和实践。它将协调政府、工业、学术界、企业和民间部门及国际社会在网络安全上的努力。

8. 2015 年网络犯罪指挥部

新加坡内政部（MHA）设立了网络犯罪指挥部，作为新加坡警察署（SPF）刑事侦查局（CID）的一个单位。该指挥部与其他执法机构和行业利益攸关方密切合作，包括设在新加坡的国际刑警组织全球创新综合体（IGCI），以调查网络犯罪。

9. 2016 年国家网络犯罪行动计划（NCAP）

国家网络犯罪行动计划由内政部于 2016 年 7 月启动。该计划阐明了打击网络犯罪所需的重点工作，包括：（1）对公众进行网络空间安全教育；（2）发展打击网络犯罪的能力；（3）加强网络犯罪法律；（4）建立地方及国际伙伴关系。

四、有弹性的基础设施

在幕后，每一个城市（新加坡也不例外）都需要一系列的基本服务和基础设施来保证现代化大都市的平稳运行。能源、银行、医疗和交通等基本服务都由信息通信技术支持。对这些关键信息基础设施的网络攻击会干扰这些基本服务。其造成的最好的情况是给社会带来扰乱；而最坏的情况会对我们的经济和社会造成严重的破坏。

网络攻击对新加坡的影响极有可能会波及海外。新加坡是一个开放的经济体，与世界其他地区互联互通。它是一个主要的国际贸易、金融和物流中心。对新加坡的网络攻击可能会影响更广泛的地区和全球经济。

新加坡必须确保其关键信息基础设施，不仅能抵御物理威胁，还能抵御网络威胁。有弹性的网络基础设施会让新加坡人的生活更为安心，也将增强人们对新加坡作为一个有弹性、可信赖的全球贸易和商业中心的信心。

政府将在四个主要领域与关键利益攸关方（关键信息基础设施运营商和网络安全社区）进行合作。我们将：

（1）增强基本服务保护。我们将实施关键信息基础设施保护计划，该计划强调健全、系统的网络风险管理程序，以及各级关键信息基础设施组织建立网络风险意识的重要性。我们将增加安全设计（Security-by-Design）实践的应用，以解决供应链上游和沿线网络安全问题。

（2）提高果断应对网络威胁的能力。我们将跟进网络态势，定期开展跨领域、多场景、多领域网络安全演习。我们将建立更多的国家网络事件响应小组（NCIRT）、加强关键部门的灾难恢复计划（DRP）和业务连续性政策（BCP）。

（3）强化网络安全治理和立法框架。我们将出台一项新的网络安全法案，要求关键信息基础设施所有者和运营商承担起保护其系统和网络安全的责任。该法还将促进与网络安全局及网络安全局间的网络安全信息共享，并授权网络安全局及行业监管机构，与相关方密切合作，及时解决网络安全事件。

（4）帮助政府系统更加安全。政府将努力增强其系统和网络的安全性。相关举措包括将政府信息和通信技术支出的 8% 用于网络安全、减少政府系统攻击面、增强政府部门对网络态势的意识、加强网络事件管理。

新加坡关键信息基础设施部门：

基本服务的可靠供应取决于新加坡关键信息基础设施部门的计算机和网络基础设施的安全性。现在我们已经确定了 11 个关键信息基础设施部门，它们横跨公用事业、运输和服务行业。

对新加坡关键信息基础设施的网络攻击可能会在区域和全球范围内产生溢出效应。作为一个国际金融、航运和航空枢纽，新加坡还拥有重要的跨国系统，如全球支付系统、港口运营系统和空中交通管制系统。对这些跨国关键信息基础设施的成功攻击，可能会对新加坡境外的贸易和银行系统造成巨大的影响。

新加坡政府正与关键信息基础设施的运营商合作，以确保他们在面对网络攻击时保持弹性。

服务：新加坡是一个主要的金融中心，每秒处理大量的交易。我们当地的银行间支付系统每年处理数百万笔交易，总额达数万亿美元。我们的许多公共服务，包括政府交易、医疗保健、紧急服务，越来越依赖复杂的计算机系统，每年为数百万用户提供服务。政府技术局（GovTech）、内政部（MHA）、卫生部控股公司（新加坡公共医疗实体的控股公司）、信息通信媒体发展管理局（IMDA）和新加坡金融管理局（MAS）致力于加强提供政府和紧急服务、医疗保健、媒体及银行和金融服务的系统的网络安全。

公用事业：电力、水力和通信是现代城市的生命线。电力和电信服务的故障可能会导致其他服务陷入瘫痪。能源市场管理局（EMA）、公共事业局（PUB）和信息通信媒体发展管理局将与提供这些服务的私营运营商密切合作，以提高他们的网络安全意识，确保服务的可靠性。

运输：新加坡是一个国际物流枢纽。新加坡港和樟宜机场是全球最繁忙的运输枢纽之一。该港是一个主要的转运枢纽，每年靠港超过 13 万艘船只和 3000 万个集装箱。该机场每年有超过 34 万次航班，5500 万旅客和 180 万吨货物。公共交通系统每天有 750 万人次的客运量。新加坡陆路交通管理局（LTA）、海事及港务管理局（MPA）和民航局（CAAS）已建立治理框架，且正在加强网络安全能力建设，以确保运输和物流系统的安全。

资料来源：

统计局——"新加坡数据 2016"

www.changiairport.com 航空运输统计

www.mpa.gov.s 港口统计

www.mas.gov.sg 新加坡金管局电子支付系统（MEPS＋）统计

（一）保护基本服务

运营商越来越依赖计算机网络和互联网来维持基本服务、为其企业和消费者服务。对关键信息基础设施运营商来说，效率和生产率提升显著，但基本服务面临网络破坏的脆弱性也在增加。

为确保基本服务的持续供应，关键信息基础设施运营商需要同时具备物理和网络的弹性。网络弹性是关键信息基础设施抵御网络攻击的能力，使其能够在最艰难的条件下继续运行，并在中断后迅速恢复。我们必须提高基本服务的网络弹性，只有在政府、关键信息基础设施运营商和网络安全社区等利益攸关方的共同信任和参与下，才能实现这一目标。

新加坡将在所有关键部门实施关键信息基础设施保护计划，并建立健全的、系统的网络风险管理流程。关键信息基础设施保护计划的一个重点部分，是培养关键信息基础设施组织的各层人员的网络风险意识。从首席执行官到员工，所有人必须将网络安全视为一个商业关切，而非仅是信息技术部门需要关心的问题。

通过管理供应链上游和推动安全设计（Security-by-Design）实践，提前防范网络漏洞。借此，网络安全将不再是马后炮，而是在技术系统的整个生命周期中被有意识地实施。

1. 实施关键信息基础设施保护项目

政府将为其下属机构与关键信息基础设施运营商出台一个全面的关键信息基础设施保护计划。它将以 2012 年实施的网络安全成熟度评估项目为基础，该项目帮助各机构和运营商定位需要提升的领域。

第一，关键信息基础设施保护计划将透过明确的政策和准则，为关键信息基础设施运营商之间的信息交流奠定基础；第二，透过更清晰地衡量治理成熟度和网络的安全卫生状况，实现有针对性和系统性的改进；第三，要求运营商在组织各层培养网络风险知识，积极应对网络风险，确保实践与政策一致。随着对网络风险的深入理解，为了实施有效的关键信息基础设施保护计划，使之能适应每个部门的独特情况，各部门掌握所有权并提供管理重点。

我们的目标是让所有关键部门能够建立健全的、系统的网络风险管理流程和能力，以应对不断演变的网络威胁。

2. 系统的网络风险管理

系统的网络风险管理框架包括：通过风险评估、脆弱性评估和系统审查，彻底识别网络风险和关键信息基础设施，并确定其优先级；由适当资历的管理层决定，在安全性、成本和功能性方面进行信息充分且有意识的协调；健全的系统和程序以减轻和管理这些风险，如灾难恢复计划和业务连续性政策；通过对整个组织的意识培养和培训，有效地实施网络风险管理；通过过程审计和网络安全演习来持续衡量效果。

3. 网络安全成熟度评估

政府始终通过准备成熟度指数（RMI）框架来评估关键信息基础设施部门风险缓解能力、早期发现威胁能力和应对措施的稳健性。准备成熟度指数是一种"健康检查"，它指导关键信息基础设施部门管理网络风险，推动其制定行动计划以改进治理和程序。

4. 推动安全设计

安全设计是系统开发生命周期过程中的一种方法，以确保安全地构建、部署、维护、升级和处置我们的应用程序和系统。

政府将通过以下几种方式推动安全设计应用：（1）逐步将安全设计纳入关键信息基础设施保护的治理框架；（2）推动渗透测试的实践，在设计阶段及早发现漏洞进行补救；（3）根据已确立的国际标准（如通用标准认证），建立一个强大的产品和系统测试实践团体；（4）持续改进方法并开发新的安全验证工具，以提高安全设计的效力。

5. 新加坡理工学院开设用于渗透性测试认证的 CREST（注册道德安全测试人员理事会）检测机构

安全设计的实现必须辅之以能够严格和熟练执行安全验证过程的高技能专业人员。在新加坡引入 CREST 渗透性测试认证是提高国家专业能力标准的一种手段。

6. 安全设计的重要性

安全的设计是确保系统在开发前期和整个生命周期中都重视安全性的最佳实践。通过将风险评估纳入系统开发生命周期中，在安全性、成本和功能性之间进行权衡。权衡决策应该由信息充分的、处在适当决策层的管理人员作出。这样可以确保系统在使用条件下得到优化。

安全设计将减少操作碎片化，及昂贵而时常无效的改造。当网络安全在系统设计阶段，就能得到深切的考量和整合，即可形成一个有机的、强劲的系统设计，使之能够更好地抵御网络威胁。

7. 将网络安全融入金融科技

新加坡金管局（MAS）自 2015 年 8 月成立了金融科技和创新团队，以推动智能金融中心的举措。该团队负责制定管制性政策及发展战略，以促进科技及创新的应用，提高金融机构的效率及风险管理能力。金管局管理金融科技相关风险的举措包括：（1）设立金融科技创新实验室，允许利益攸关方试验金融科技解决方案，包括安全方案；（2）设立"监管沙盒"，以便为试验金融科技解决方案开辟一个安全而有益的空间，并可控制试验失败的后果；（3）通过金融部门技术与创新计划为提升新加坡网络安全生态系统的项目提供财政支持。

"在我们迈向智能金融中心的征程中，首要任务是不断加强该行业的网络安全。"

——新加坡金管局局长孟文能，2015 年 6 月于全球技术法会议

（二）果断应对网络威胁

对可能会成功发生的网络攻击的预设是有效的网络防御的前提。当此类攻击发生时，网络防御者必须有能力作出强有力的反应，并实施可靠的恢复计划。只有在一个全面的防范框架下，才能实现这一点。

新加坡制定了一项国家网络安全响应计划，以便在地方一级作出及时反应和基础举措，并辅之以部门和国家级的有效协调和战略支持。该计划预设了三级响应机制：第一级针对威胁国家安全的网络活动，第二级针对对部门的网络攻击，第三级针对对特定运营商的网络攻击。该计划要求网络安全局与关键信息基础设施运营商和网络安全界密切合作，确保有效应对。

国家对网络攻击的响应将由机构间网络安全危机管理小组（CMG，Cyber）牵头。它由通讯及新闻部常务秘书领导，在网络安全局的支持下，由政府机构的高级决策者组成，负责监督不同的关键部门。网络安全危机管理小组具有双重职能：（1）制定网络安全政策和标准，监督关键部门网络安全保护措施的实施；（2）在遇到网络危机时，调动必要的资源，指导应对举措，发挥协调作用。

新加坡将：（1）通过整合威胁发现、分析和事件响应，增强国家网络态势认识。（2）定期开展场景更为复杂、涉及领域更多的多部门网络安全演习。通过演习，我们旨在识别因跨部门依赖、跨部门压力测试协调与沟通而产生的漏洞。（3）建立更多的国家网络事件响应小组（NCIRT），可以动员其在某个部门或关键信息基础设施运营商面临不断升级的网络事件时，提供支持。（4）加强基本服务，特别是针对网络攻击的灾难恢复计划（DRP）和业务连续性政策（BCP）。

1. "网络之星"演习

过去的几年，政府进行了部门级的演习，以演练个别关键部门的准备情况和网络攻击发生后的反应计划。最终，网络安全局于2016年3月开展的多部门"网络之星"演习。演习召集了来自信息通信、政府、能源、银行和金融等领域的行业和政府代表，对全国性的袭击作出应对。这次演习是建设网络安全准备能力和考验跨部门合作有效性的里程碑。

2. 整合威胁发现、分析和事件响应

国家网络安全中心（NCSC）监测和分析网络威胁情况，以保持网络态势认知并预测未来可能会发生的威胁。在发生涉及多部门的大规模网络事件时，国家网络安全中心同部门监管机构协调，提供国家级响应，促进跨部门威胁的快速警报。

政府正在进行技术和系统的投资,以加强并整合国家网络安全中心的三大关键功能——威胁发现、威胁分析和事件响应。这将加快跨部门网络事件的威胁发现和实践应对。

3. 更加全面的网络安全演习

网络安全演习是提高各部门准备能力、建立事件响应计划和能力、改善关键信息基础设施运营商与政府机构间沟通与协调的重要途径。政府将在部门和国家层面进行网络安全演习。

部门级的演习将采用更复杂的场景、更精细的攻击方法。这将提高部门网络响应小组的能力,提高关键信息基础设施运营商的首席决策者的事件管理质量。

国家级的演习将涵盖更多的部门,将重点放在基本服务的相互依赖性上。这将有助于发现和减轻各部门之间的相互依赖,并对国家级的协调和沟通能力进行压力测试。

4. 扩充国家网络事件响应小组(NCIRT)

国家网络事件响应小组目前由网络安全局、政府技术局(GovTech)、内政部(MHA)和国防部(MINDEF)的事件响应小组组成。它们是属于国家网络响应计划第一级和第二级响应。

政府将进一步增强国家网络事件响应小组应对更复杂、更具挑战性的攻击情境的能力。政府还将通过升级某些部门的网络事件响应小组,扩充国家网络事件响应小组,并考虑从业界和学界增加额外的国家网络事件响应小组。

5. 恢复、还原与修复

基本服务中的弹性尤其适用于关键信息基础设施,因为网络入侵实际上并非总是可预防的。一个有弹性的系统需要有预防活动,这些活动必须与应急事件响应计划和全面恢复战略相结合,以减轻网络事件的影响。因此,网络攻击后的一个重要方面是,能够尽快使受影响的关键信息基础设施恢复正常运行,或促进其在长时间的攻击下,保持次优条件继续运行。政府将与各部门合作,确保在其关键信息基础设施保护计划中建立健全的灾难恢复计划(DRP)和业务连续性政策(BCP)。

"我们将制定独立的网络安全法案,以赋予更强大、更自主的权力。"

——网络安全局雅国博士,2015 年

(三)强化治理和立法框架

1. 《网络安全法案》

政府将出台新版《网络安全法案》。这项新立法将赋予网络安全局必要的权力，以有效应对日益复杂的国家网络安全威胁。新版《网络安全法案》将为网络事件的预防和管理建立一个全面的框架，并对现有的《计算机滥用和网络安全法》（CMCA）作出补充，《计算机滥用和网络安全法》将继续管辖对网络犯罪的调查。新版《网络安全法案》将：（1）要求关键信息基础设施所有者和运营商负责其系统和网络的安全，包括遵守政策和标准、进行审计和风险评估、报告网络安全事件。要求关键信息基础设施所有者和运营商参与网络安全演习，以确保他们已做好管理网络事件的准备。（2）促进与网络安全局及网络安全局间的网络安全信息共享。我们需要认识到即使尽了最大努力，网络安全漏洞仍可能会发生。此法案将赋予网络安全局和行业监管机构权力，帮助其与受影响方密切合作，迅速解决网络安全事件，从中断中恢复。

网络安全局始终并将继续与行业监管机构、关键信息基础设施利益攸关方和行业参与者紧密合作，为新法案制定详细的提案。一项关键原则是针对网络安全采取基于风险的方法，并保证足够的灵活性，以考虑到每个部门独特的情况和条例。

2. 加强网络安全法律的必要性

2013 年，新加坡政府修订了当时的《计算机滥用法》，以加强新加坡应对国家级网络威胁的能力。这就是后来的《计算机滥用和网络安全法》（CMCA）。当存在实际或可疑的网络威胁时，《计算机滥用和网络安全法》授权内政部部长指挥受影响方共享重要信息，并采取必要举措减轻威胁的影响。此外，一些部门监管机构还拥有其他立法权力，可以对许可证持有人提出网络安全要求。然而，这些权力因部门而异，这取决于每个部门的工作环境和技术采用水平。

如今，网络安全威胁日益复杂。包括新加坡在内的全球基本服务面临着更大的中断的风险。最近，网络犯罪者已经对一系列基本服务展开了攻击，包括电网和关键银行系统。实施更强有力的法律是必要的，其便于对国家网络安全采取更积极的应对措施。过去几年，许多国家也纷纷加强了网络安全立法，以基本服务提供商标准、信息共享和网络危机管理等内容为重点。

（四）保护政府网络

政府系统是网络攻击的主要目标之一。政府系统包含敏感数据，包括和国家公民相关的数据；政府系统可能与关键信息基础设施运营商提供的基本服务相连；政府系统被用来支持各种公共服务，包括维护国家安全和维持国家经济。

因此，政府将不遗余力地保护其系统和网络。在本任期内，政府承诺将信息和通信技术支出的 8% 用于网络安全。

政府部门已被国家网络响应计划确定为 11 个关键信息基础设施部门之一。

作为关键信息基础设施部门的领导者，政府的计划包含了国家计划的许多元素。它们涉及：（1）减少政府系统的攻击面，根据漏洞和需求设置多层安全控制和网络分割；（2）利用自动化和其他技术，扩大我们探测、关联和分析威胁的能力；（3）通过更复杂、实际的攻击情境，提高事件响应人员的能力，并对系统进行压力测试。

1. 减少攻击面

政府已采取长期措施，包括对信息与通信技术的运行环境进行持续且主动的审查，以确保安全控制跟得上迅速演变的网络威胁。例如，鉴于针对政府网络的攻击频率不断增加，行政部门会根据漏洞、暴露程度和需要，将普通的网络冲浪与持有机密数据的网络分开。

与此同时，政府将继续采用新技术来提供安全、有弹性的数字服务。

政府仍在研究降低风险的措施，以最大限度地减少公民数据丢失的潜在损失或数字服务长期中断的可能性。

2. 通过科技增强态势认知

监察与运作控制中心（MOCC）、网络监控中心（CWC）和威胁分析中心（TAC）为政府提供网络态势认知。

我们将继续投资分析自动化、人工智能和其他最先进的安全技术。这将维持各中心的运营管理水平，以便及时发现和应对网络事件。

3. 为网络攻击做准备

政府已在建立一支高技术的安全事故应急队伍上作出了相当大的努力。然而，我们认识到，没有一个系统是百分之百安全的，即使我们尽了最大努力，网络攻击仍可能发生。

新加坡将继续定期举行网络安全演习，对其程序和应对能力进行压力测试，以评估我们的实际水平，还将通过红队测试验证我们系统的安全性。

政府将与各部门合作，确保关键信息基础设施保护计划的落实，以方便补救、恢复基本服务。

4. 网络监控中心

网络监控中心是由新加坡资讯通信发展管理局（IDA）于 2007 年成立的，旨在监控政府网络面临的网络威胁，并对即将发生的网络攻击提供预警。为了提高对可能影响在线公共服务访问的恶意活动的检测能力，网络监控中心在 2015 年进行了升级，增强了检测和关联能力。

这个例子体现了主动的、深度防御的安全措施，其可减轻日益复杂的网络攻击的危险，并增强信息通信基础设施的安全性。

五、更安全的网络空间

数字互联对企业和个人来说利弊共生。它开辟了新的社会和商业机会，也把公民暴露在世界各地的犯罪集团之下。通过强占计算机设备，这些恶意的犯罪分子可以窃取数据、勒索钱财、攻击网络、对他人造成伤害。网络空间只有保持安全和可信，企业和个人才能从中受益。

维护网络空间安全需要采取一系列从国际层面到个人层面的行动。各国必须合作打击跨境犯罪分子；同时，企业和个人可以采取预防措施，以确保其系统和设备的安全。网络安全是包括政府、企业、个人和社区在内的每一个人的集体责任。

新加坡政府将：

（1）通过国家网络犯罪行动计划（NCAP）打击网络犯罪。国家网络犯罪行动计划于 2016 年 7 月启动，旨在建立应对网络犯罪的全国协调行动。首先，新加坡将教育并帮助公众在网络空间中保持安全，因为从源头预防网络犯罪是更有效的。其次，根据网络犯罪的跨国性质、速度和规模，增强政府打击网络犯罪的能力。再次，加强立法和刑事司法框架，这将有助于调查网络犯罪、起诉网络罪犯。最后，加强伙伴关系与国际合作，以管控迅速演变的网络犯罪、解决跨境问题。

（2）提升新加坡作为可信赖枢纽的地位。通过培养组织和用户之间对数据使用的信任，建立一个可信的数据生态系统。下一步，新加坡会发展数据保护专员，作为专业的职业，以支持数据保护措施的有效实施。我们还将通过促进跨境数据流动、出台数据保护信任标志，加强新加坡作为数据枢纽的地位。最后，我们将与国际化机构、他国政府、行业合作伙伴和互联网服务提供商合作，通过定期评估互联网的健康状况、快速识别网络威胁、减少恶意流量，打造一个更清洁的互联网。

（3）推动网络安全集体责任。每个企业和个人的行为都会影响我们在网络空间的集体安全。企业和个人需要保持信息灵通，并采取预防措施，确保其电脑系统和数码设备的安全，特别需要防范恶意行为人劫持其系统和设备，对他人造成伤害。社区和商业协会可以率先将网络安全列为优先事项，利用政府的网络安全专业知识，提高公民对网络安全的理解，并鼓励采取良好的实践。有了正确、专业的知识和态度，我们都可以从技术中收获益处与机遇。

网络犯罪——新的犯罪领域：

互联网的发展创造了无数的商业和社会机会。然而，哪里有机会，哪里就有风险。在国内与国际上，互联网已被用于诈骗、黑客和盗窃等网络犯罪活动。

对企业而言，恶意的网络活动可能会造成服务中断，以及客户、员工和商业实体的数据丢失，这可能会导致大量的收入损失、客户信誉的流失和声誉的丧失。不可避免的，个人生活也会受到影响。

对于个人而言，不良的个人网络安全习惯可能会为网络犯罪和恶意活动打开大门。当个人的电脑和移动设备受到损害、个人数据被盗时，个人及其家庭都可能面临勒索、欺诈、不良信用评级等有害后果。

（1）勒索软件

2016 年 5 月，勒索软件在一次会议前夕对卡尔加里大学的计算机系统进行了加密。会议组织者必须手动重新创建流程和会议数据，以使活动继续进行。为了防止勒索软件扩散到其他系统，该校不得不关闭其他信息技术服务，这造成了长达一周的全校范围内的服务中断。

这起事件背后的恶意行为人要求用相当于 2 万加元的比特币来解密数据。该校最终作出了让步，支付了赎金以恢复研究数据。

（2）供应链恶意软件攻击

2013 年，美国零售商塔吉特（Target）的销售点系统被植入恶意软件，超过 4000 万个信用卡号码被盗。尽管塔吉特已有多种网络安全方案，恶意软件还是通过塔吉特的一家供应商侵入系统。由于被盗数据被发送到海外，进一步的调查受到阻碍。

塔吉特公司为此承担了 2.52 亿美元的违约相关费用，并面临多项诉讼。塔吉特公司首席执行官引咎辞职。

（3）分布式拒绝服务攻击（DDoS）

2016 年 1 月，汇丰银行（HSBC）数百万英国客户的网上银行服务，因分布式拒绝服务攻击离线。这次骚乱发生在一个对个人财务来说很重要的日子：这是一年中的第一个发薪日，离个人纳税申报截止日期还有两天。许多汇丰银行的客户在社交媒体上发泄他们的愤怒。

分布式拒绝服务攻击的原理是通过大量的网络流量来压制网站。在全球范围内，此类针对小企业的攻击日趋频繁。其攻击动机各有不同，或是为了抗议某一公司，或是为了暂时扳倒某一竞争对手，或是勒索威胁的一部分。

（4）恶意软件抢劫

2016 年 2 月，在一次精心策划的黑客攻击中，孟加拉国银行被盗 8100 万美元。在使用被盗凭证发起欺诈性的银行转账后，黑客使用恶意软件隐藏交易痕迹，阻碍了补救行动。

（5）智能手机黑客

2015 年，50 名新加坡用户的智能手机被一种恶意软件感染，该恶意软件伪装成银行应用程序，窃取信用卡信息和其他用户凭证。

今天的智能手机在本质上是一个执行高度私人任务的电脑，同时因其始终与互联网连接，这使得它们成为网络犯罪的诱人目标。

（6）网络诈骗

传统犯罪正越来越多地被转移到新加坡人花费大量时间的地方：网络。新加坡的电子商务和网络诈骗案件从 2014 年的 1929 起翻番到 2015 年的 3759 起，造成了 1670 万新元的损失。

（一）打击网络犯罪

1. 网络犯罪行动计划（NCAP）

互联网为犯罪分子提供了快速、轻松、大规模的网络犯罪机会。犯罪分子利用互联网的匿名性和网络犯罪的跨国性，逃避侦查与起诉。网络犯罪的这些特点给世界各地的执法机构带来了重大挑战。

随着互联网在新加坡的普及，网络犯罪案件数量急剧上升。认识到国家需要协调一致地有效应对网络犯罪，内政部（MHA）于 2016 年 7 月出台了《国家网络犯罪行动计划》。

《国家网络犯罪行动计划》规定了政府在打击网络犯罪方面的主要原则和优先事项。该计划还详细说明了政府正在进行的工作及未来打击网络犯罪的计划。该计划的愿景是为新加坡打造一个安全可靠的网络环境。

2.《国家网络犯罪行动计划》的四个重点领域

（1）教育并帮助公众在网络空间中保持安全

预防是打击网络犯罪的最佳途径；如果企业和个人接受网络犯罪风险教育，并采取简单的网络犯罪预防措施来保护自己，那么大多数的网络犯罪都是可预防的。

① 公众宣传

为了教育并帮助公众在网络空间中保持安全，新加坡警察署（SPF）定期通过各种媒体平台，如电视、报纸、社交媒体、短信、公共交通枢纽和公共住宅区的电梯的海报，与公众分享预防网络犯罪的讯息。在地方社区一级，警察署的邻里警察中心经常通过社区安全及安全计划与路演吸引居民参与。通过公共网络推广及应变计划（PCORP），警察署通过利用行为洞察，促进公众养成良好的网络卫生习惯。

② 弱势群体的社会参与

警察署还根据社会上不同弱势群体的情况，制定了预防网络罪行的推广活动，以确保有效地向社会各阶层传递预防网络犯罪的讯息。透过合作社计划（CoSP），警察署将与学校及非政府组织合作，以提高弱势社群的网络犯罪预防意识。

③ 提供一站式自助门户防范网络诈骗

警察署与国家预防犯罪委员会（NCPC）合作，将诈骗警报网站（www. scamalert. sg）转变为一站式自助门户，以打击诈骗。该门户网站将向公众提供不同类型的诈骗资料，并帮助公众采取防范诈骗的措施。

（2）增强政府打击网络犯罪的能力

网络犯罪的跨国性、实施速度和规模，给传统执法方法带来巨大挑战。为了有效地打击网络犯罪，政府将：设立警察署网络犯罪指挥部；提高网络犯罪调查能力；培养公职人员打击网络犯罪的相关技能；加强警察署与政府机构间的协调。

① 设立警察署网络犯罪指挥部

警察署网络犯罪指挥部旨在通过将警察署网络相关的调查、取证、情报和犯罪预防能力整合在一个指挥部内，提高警察署应对网络犯罪的敏捷性和有效性。

② 提高网络犯罪调查能力

警察署还启动了若干技术举措，以提高其网络犯罪调查能力。

透过这些工作，警察署能够有效地调查日益增多的网络犯罪案件，并迅速处理大量数字信息，筛选所需证据，以便检控成功。

其中一项举措是数字证据搜索工具（DIGEST），它能自动处理海量数据。这将减轻调查人员的工作量，使他们能够集中精力从事更专业的调查工作。它还能缩短数字证据的处理时间，确保调查人员能够迅速跟踪线索，在更短的时间内破案。

③ 培养公职人员处理敏感数据、打击网络犯罪的相关技能

鉴于日益增长的网络安全和网络犯罪威胁，网络安全研究中心（CCSS）于2014年在内政团队学院（HTA）内成立。网络安全研究中心促进了内政团队部门，和负责公共部门信息通信系统保护和运行的主要利益攸关方的能力发展。网络安全研究中心的一项核心职能，是为了培养内政

团队职员所需的技能，以应对网络罪行。为此，网络安全研究中心设立了网络安全实验室（CSL），作为现代化的实践设施，让学员学习减轻网络威胁和调查网络事件的方法。网络安全研究中心将扩展其课程，提供各式包括网络安全基础、网络防御、事件响应、数字取证、恶意软件分析在内的以技能为基础的课程。这些课程根据职员的专业角色和能力要求，为他们量身定制。

④ 加强警察署与政府机构间的协调

警察署还通过与伙伴机构的密切合作，确保对网络犯罪的协同反应。

近年来，新加坡律政司（AGC）和警察署在敏感、引人注目的网络犯罪案件上，从调查开始展开了密切合作。律政司的专业知识帮助警察署在早期阶段保护关键证据，并确保警方的调查无懈可击。

鉴于网络安全与网络犯罪紧密相关，警察署和网络安全局将携手合作，确保对网络相关事件实施有效应对，并对现有工作流程、协调安排和程序进行压力测试。

（3）加强立法和刑事司法框架

对网络犯罪的调查和对网络罪犯的起诉必须得到强有力的刑事司法框架的支持。法律需要更新，以应对新的网络犯罪和以网络的形式进行的传统犯罪。监管框架必须不断加强，以防止犯罪分子钻法律的空子。

① 修订《计算机滥用和网络安全法》

内政部拟修订《计算机滥用和网络安全法》（CMCA），以确保该法案能够继续有效应对网络犯罪的跨国性和网络犯罪分子不断演变的战术。

② 审查其他法律

除了修订《计算机滥用和网络安全法》外，内政部还将审查其他相关法律，如《刑事诉讼法》，以确保这些法律在处理网络空间中的传统犯罪时仍然适用。

③ 加强监管框架

除公众教育和推广外，预防网络犯罪的一个关键办法，是堵住数字平台和程序中潜在的漏洞，增加实施此类犯罪的难度。内政部将定期审查监管框架，以确保网络罪犯无法利用技术漏洞。

（4）加强伙伴关系和国际参与

工业与学术伙伴关系：

应对网络犯罪的专业知识不仅需要政府，也需要私营部门和学术界。鉴于网络犯罪的迅速进化，政府将与行业伙伴与高等院校（IHLs）密切合作，以便无缝共享应对最新网络犯罪威胁所需的信息和专业知识。

① 提高私营部门对网络犯罪的认识

内政部与行业伙伴与高等院校合作，以提高私营部门对网络犯罪的认识。警察署定期与主要私营机构的利益攸关方接触，如资讯通讯科技和银行业的利益攸关方，以加强网络犯罪预防工作，提高其对网络犯罪的认识，并鼓励其养成良好的网络卫生习惯。

② 发展打击网络犯罪的能力

政府还与私营部门合作，共同发展应对最新网络威胁的能力。例如，警察署与本地研究机构合作，发展新的网络犯罪调查和取证能力。内政部还与高等院校合作，为网络相关创新的发展打造有利的环境。例如，内政部和淡马锡理工学院联合设立了淡马锡高级学习、培育和测试实验室（TALENT 实验室），该实验室为高等院校的学生提供了一个设计与验证创新的平台，检验他们是否能有效地应对网络威胁。

国际参与：

强有力的国际伙伴关系使各国能够更有效地应对网络犯罪。新加坡将积极促进区域和全球合作，与国际刑警组织和其他国家一道开展能力建设合作，将全球的专家和思想领袖聚集在一起，讨论网络领域的最新威胁、趋势和解决方案，分享最佳实践和解决办法。

① 促进区域和全球合作

新加坡在与国外加强打击网络犯罪的合作方面走在前列。在区域层面，新加坡是东南亚国家联盟（ASEAN）在打击网络犯罪方面的主动领导者。这为东盟成员国（AMS）提供了一个协调打击网络犯罪区域办法、共建建设、培训和信息共享的平台。在国际层面，国际刑警组织的全球创新综合体（IGCI）设在新加坡，它是国际刑警组织打击网络犯罪的全球枢纽。新加坡领导了全球创新综合体工作组和国际刑警组织网络犯罪行动专家组，与其他国际刑警组织成员国合作，确定了国际刑警组织的网络犯罪应对方案。新加坡将利用国际刑警组织的资源，加强我们的全球行动网络，并发展应对网络犯罪的新能力。

② 通过区域和全球合作开展能力建设

新加坡已与伙伴国和国际刑警组织推出了若干方案，包括由日本出资、由国际刑警组织实施的为期两年（2016—2018 年）的东盟网络能力计划；新加坡—美国第三国培训计划；东盟＋3（中日韩）网络犯罪研讨会。

亚洲主要伙伴、东盟成员国及国际刑警组织的参与，有助于在网络犯罪问题上开展合作，分享最佳实践，并在国家和地区间建立有效的行动联系。

③ 会集全球专家和思想领袖

自 2013 年来，新加坡一直支持思想领袖平台，将公共部门和行业伙伴聚集在一起，共同打击网络犯罪。例如，每年在新加坡举办的 RSA 亚太及日本会议（RSAC APJ）是亚太地区领先的信息安全会议。

预防是打击网络犯罪的关键：

网络罪行的规模和复杂程度将持续上升，其跨国性质亦会给执法机构带来法律和行动上的困难。因此，预防仍是应对网络犯罪威胁的主要战略。网络犯罪行动计划将首先教育并帮助公众在网络空间中保持安全。透过网络犯罪行动计划的各项举措，政府将与业界、高等院校和公众建立紧密的伙伴关系，并在打击网络犯罪方面树立共同责任感。

（二）提升新加坡作为可信赖枢纽的地位

1. 构建可信的数据生态系统

个人资料的泄露可能会对受影响的个人和企业造成不利的干扰。随着越来越多的数据迁移到计算机系统和电子设备，我们有必要保护这些系统，并保护个人数据免遭盗窃和滥用。与此同时，企业可以利用良好的个人数据管理，加深对客户的了解，提高业务效率和效益，增强客户信心。

信任对于数据驱动的经济和社会至关重要。为了构建一个可信的数据生态系统，我们的组织必须从合规转向问责。

新加坡将：（1）与各机构合作，将数据保护纳入企业文化；（2）提升数据保护专员的专业能力，以协助数据保护措施的有效实施；（3）通过引入数据保护信任标志，并与外国数据保护机构合作，促进跨境数据流动，提高新加坡作为可信数据枢纽的地位。

2. 持续致力保护个人资料

根据《个人资料保护法令》（PDPA），各组织应采取合理的措施管理和保护其持有的个人资料。如今，个人资料保护委员会（PDPC）采取多管齐下的方式支援组织机构，特别是中小型企业（SMEs）。通过行业简报、在线培训资源和咨询指引，中小企业获取了有关《个人资料保护法令》要求的信息和可应用的良好数据管理办法。

（1）建立信任关系

可靠且强大的数据生态系统可促进信任和创新。为了协助组织建立信任和问责意识，个人资料保护委员会将制定一项资料保护管理计划，帮助组织将数据保护纳入企业文化。组织需要强大的数据保护程序，来更好地利用数据。要做到这一点，组织应采用从设计保护数据（Data-Protectionby-Design)的方法,这种方法将数据保护作为任何产品或服务开发早期阶段的关键考虑因素。该框架的严谨性还要求企业进行数据保护影响评估,作为系统、应用程序和业务流程设计、推出和审查的一部分。尽管各组织已尽最大努力保护个人资料,数据泄露的情况仍会发生,个人资料保护委员会正在研究一项针对严重数据泄露的强制性的数据泄露通知制度。

(2)提升数据保护专员的专业能力

如今,数据保护专员(DPOs)来自不同的职业。个人资料保护委员会将开发一个数据保护能力框架(DPCF),将数据保护专员发展为专门负责监督机构数据保护要求的职业。这将确保数据保护专员具备工作所需的相关技能、能力和证书。

(3)提升新加坡作为可信数据枢纽的地位

个人资料保护委员会目前正在开发一套数据保护信任标志系统,以对组织机构的数据保护程序提供证明。通过帮助组织在涉及个人信息的交易中获得互信,信任标志将提高其合规性,并增强新加坡作为可信数据枢纽的地位。

另一个重点领域是促进跨境数据流动。个人资料保护委员会将确定与成熟的外国数据保护机构合作的领域。该委员会将参与全球多边网络,以相互承认各经济体数据保护法律的充分性,从而实现跨司法管辖区的数据传输。

3. 更清洁的互联网

互联网具有允许任何人向另一个用户发送大量任何形式的信息(数据、语音、视频)的能力,使之成为世界上最主要的通信平台。然而,这种设计将终端用户的机器暴露给了恶意软件,恶意软件可以劫持这些设备,来发送钓鱼电子邮件,甚至发动网络攻击。

越来越多的被感染的机器向互联网发送恶意流量,使得网络空间对每个人来说都变得不那么安全。正如我们阻止人们将污水排入干净的水管中一样,我们也要阻止那些可能无意中污染互联网的用户,并提醒他们采取措施清理他们的机器。

作为管理互联网门户和实现互联网信息流动的"守门人",本地互联网服务提供商(ISPs)在实现更安全的互联网空间方面发挥着至关重要的作用。

2011年,政府向指定的互联网服务提供商发布了首份安全且有弹性的互联网基础设施实践守则,以确保建立健全的安全机制,以应对当前和新出现的网络威胁。信息通信媒体发展管理局(IMDA)将继续与互联网服务提供商合作，为企业和个人提供安全的互联网基础设施。

新加坡将加入国际社会来衡量和改善网络空间的健康状况；网络安全局将在这方面与国际组织合作。为了给这些措施作补充，新加坡电脑紧急反应组（SingCERT）将继续获取网络威胁的早期预警，并提醒用户适用的预防措施。

（三）促进集体责任

信息通信技术和互联网的普及改变了我们工作、娱乐、生活、学习和联系的方式。就像我们在现实生活中要锁好门、保管好钥匙一样，在网络空间中，我们同样的责任是保证其安全。现在，人们在个人设备上保存的朋友和家人的个人数据比以往任何时候都多。对企业来说，风险更高，因为它们所保管的存入电脑的数据，不仅对其运营至关重要，还与客户的生活息息相关。网络安全是一项集体责任，也是采取全面防御行动以保障新加坡安全的一种方式。无论是个人还是企业，每个人都可以在创建更安全的网络空间中发挥作用。

1. 保持知情

政府在认识到企业和个人可以通过采取基本措施减少网络事故后，自2005年推出首个信息通信安全总体规划以来，采取了许多措施向公众普及网络安全知识。

随着"老"技术升级为智能技术，这是一个长期的过程。如今，八成的新加坡居民在电脑上安装了杀毒软件，但只有三成的人在智能手机上也进行了安装。[①]

网络安全局将持续向公众提供最新的网络安全措施，以跟上技术变革的步伐。我们会继续推行现有的推广计划，例如自2011年开始的网络安全意识活动。我们还将向不同年龄段的人及个人和企业推广网络安全措施。我们将利用国家安全意识建设平台，如"全面防卫"[②]和"让我们站在一起"，帮助人们意识到网络安全对一个强大有准备的国家的重要性。我们将扩大GoSafeOnline门户网站和其他重要社交媒体平台的资源范围。

跨政府、行业和社区的合作项目使公共教育更加有效。部际网络健康指导委员会向青年传递网络健康信息，自2009年以来，通过25个受支持

---

① 资讯通信发展管理局（IDA）2014年家庭和个人信息通信使用情况调查。

② 新加坡政府于1984年提出"全面防卫"的概念，让每一个新加坡人都能或个体或集体地参与到建设一个强大、安全和团结的新加坡中。其涉及五个方面：军事防御、民防、经济防御、心理防御和社会防御。

的项目，已惠及超过 24.5 万名参与者。① 另如，网络安全意识联盟将政府机构、私营企业和专业协会聚集在一起，推广基本的网络安全办法。自 2008 年成立以来，该联盟通过展览、培训和会谈接触到了各行各业的观众。

2. 将网络安全作为商业重点

为了持续和可持续地重视网络安全，网络风险应被视为重要的商业风险。商会与商团（TACs）在联系企业方面发挥着重要作用。

商会与商团在改善其成员企业运营的网络安全方面发挥着重要作用。政府将继续与商会与商团接洽，帮助其成员利用拨款和资源，采取网络安全措施，发展网络安全能力。我们还将与商会与商团合作，倡导安全设计（Security-by-Design）的方法，并将网络安全全面纳入商业风险管理。

3. 利用政府网络安全专业知识

企业可能在不断认识新的网络威胁上存在困难。新加坡电脑紧急反应组成立于 1997 年，旨在促进网络安全相关事件的检测、解决和预防。反应组将进一步增强其发现、分析威胁的能力，以应对不断演变的本土网络威胁环境。电脑紧急反应组将扩大其职能，促进与商界共享网络安全信息，同时确保敏感的企业和个人数据得到保护。反应组还将与行业伙伴和高等院校（IHLs）合作，为企业和个人提供网络安全资源中心。

"拥有强大的安全技术是不够的……培训员工在网络安全方面是至关重要的。"

——新加坡工商联合总会主席张松声先生，2015 年

六、活跃的网络安全生态系统

新加坡拥有先进的基础设施和精通技术的队伍，完全有能力发展一个充满活力的网络安全生态系统，由高技能专业人员、具有深厚网络安全能力的公司和强有力的转化研发（R&D）组成。

该生态系统将成为持续提供专业知识和解决方案的源泉，以支持我们的计划，使国家基础设施更具弹性，网络空间更加安全。它也将给新加坡人和新加坡公司带来经济机会。新加坡的网络安全产业充满活力、发展迅速，到 2020 年，其价值可能会翻番。此外，将网络安全服务与新加坡传统优势行业整合，将增强我们在这些领域的竞争优势。

---

① 教育部（MOE）7 日发布新闻稿征求对网络健康项目的建议。

政府将在三个主要领域与行业合作伙伴、专业协会、高等院校和研究机构合作。新加坡将：

（1）组建一支专业的队伍

我们将通过确定更清晰的职业道路、推广国际认可的认证、建立强大的实践社区，鼓励现在的网络安全专业人士发展他们的职业生涯。我们将通过奖学金和资助计划，吸引有潜质的学生，以扩充专业队伍。我们还会为新入职的学生提供行业课程、为处于职业生涯中期的专业人士提供技能提升和再培训的机会。

（2）通过强大的本土企业扩大新加坡的网络安全优势

我们将通过吸引和稳固实力雄厚的企业来建设新加坡网络安全产业。我们还将培育初创企业，以促进利基和先进解决方案的发展；扶持本地领军企业，以维持战略领域的利益；开发市场机会，将新加坡方案引入全球市场。

（3）通过创新加快行业发展

2013年至2020年，国家网络安全研发计划拨出1.9亿新元，用于支持网络安全的技术和人文科学研究。我们将以世界一流的研发设施和重点的人才培养计划，持续这项工作。我们将推动政府、学术界和产业界的研发合作，以更快地转化更具市场针对性的研发成果。

（一）组建专业的网络安全队伍

网络空间的良好的安全需要具有深厚专业知识的高技能从业人员。如今，全球网络安全人力短缺。随着企业越来越重视网络风险，对合格专业人才的需求也越来越大。鉴于网络威胁发生的频率和后果将持续增长，这种需求只会不断增加。为了确保新加坡拥有足够多的训练有素的网络安全人员，新加坡将：（1）鼓励现有的专业人士继续留在业内并进一步发展，规划明确的职业道路、推进行业认证、建立强大的实践社区；（2）与行业伙伴、高等院校合作，吸引新的毕业生，并转化现有的相关领域的专业人员。高等院校将根据行业的需要更新课程，以协助新入职人员过渡到工作岗位。我们将提供网络安全奖学金和资助，吸引有潜力的学生。还将为处于职业生涯中期的专业人士提供技能提升和再培训的交叉培训机会，帮助他们拥有更好的工作前景。

网络安全行业是快节奏、多样化的。对不同领域专攻都有机会，包括技术导向的事件响应、数字取证和渗透测试，为核心分析员提供威胁和情报分析，以及对系统的变革驱动因素的风险管理和治理。无论专业程度如何，在许多行业的公司都寻求系统和数据安全保护的情况下，从入门级到高管级的网络安全专业人士都非常受欢迎。政府致力于发展网络安全产业，为新加坡人提供良好的就业机会。

1. 网络安全工作队伍的新成员将获得以下方面的支持：

（1）行业导向课程

我们的大学和理工学院已经为那些热衷于网络安全教育的人提供了网络安全课程。例如，新加坡理工大学（SIT）提供信息和通信技术（信息安全）荣誉工学学士学位；新加坡科技设计大学（SUTD）提供网络安全硕士学位。政府将与高等院校（IHLs）和行业伙伴合作，确保这些课程始终与行业相关，让学生学习并掌握实用技能。

特别值得一提的是，教育部（MOE）正在推出一个合作学位项目，学生可以在学校和公司之间轮流学习一学期。该项目通过工作与学习的结合，使学生对自己的研究领域有更深入和实际的认识。学生甚至可能从一开始就被公司雇用。网络安全局将是参与该项目的机构之一，它也将与合作大学共同开发网络安全学位课程，并为成功申请者提供在职培训。

（2）奖学金和资助项目

为了加强网络安全的品牌，政府将在现有的奖学金和资助项目的基础上再接再厉，向有潜力的学生提供海外网络安全奖学金，并给予在高等院校表现突出的学生继续深造的机会。

（3）技能提升和再培训机会

我们将在现有的网络安全技术及伙伴计划（CSAT）的基础上，帮助相关领域专业人员转向网络安全领域。与"未来技能"一道，这些专业人员将能够获得技能提升和再培训的机会，在网络安全方面接受交叉培训，获得更好的工作前景。

2. 目前的专业人士可以期待

（1）明确的职业发展轨迹

有吸引力的职业前景和受人尊敬的职业地位，是维持有能力、有技能、称职的专业人员队伍增长的条件。政府将与业界合作，为网络安全专业人士确定一个能力框架，并将其纳入即将于 2017 年推出的"未来技能"框架[①]。这将使专业人员和雇主能够确定不同网络安全工作所需的技能和能力类型，并据此设立相关的培训方案和更清晰的职业道路。

---

① 技能框架是"未来技能"计划的一部分，这是新加坡政府于 2015 年发起的一项全国性运动，旨在帮助新加坡人发展和掌握未来新兴技能。

鼓励公司与政府合作，帮助网络安全专业人员发展风险管理和沟通等互补技能。这将有助于专业人士将网络安全问题转化为企业风险考量，并将网络安全讨论引入董事会。更大的公司也可以在网络安全领域设立最高管理层。

为了进一步提高网络安全专业人士的地位，新加坡网络安全局（CSA）将与业界伙伴合作，接触更多的公司，特别是中小型企业，提高他们对网络安全专业人士所做的工作和贡献的认识。

政府将率先推出一项面向公共部门的网络安全服务计划，该计划将提供有竞争力的薪酬和发展前景；还将培训并培养公共部门的网络安全专家。

（2）国际认可的认证

网络安全专业人士应提高技能，跟上不断发展的技术和最佳操作方法。一种途径是在数字取证、恶意软件分析和事件响应等领域采用国际认可的认证。例如，CREST Singapore（新加坡注册道德安全测试人员理事会）为在新加坡执业的渗透性测试人员提供认证。

（3）强大的实践社区

为了在业内建立认同感和信任，政府将与信息安全专业人士协会（AISP）等行业协会合作，为新加坡的网络安全专业人士引进并建立强大的实践社区。

（二）扩大新加坡的网络安全优势

新加坡拥有许多领先的全球网络安全公司和新兴的本地初创企业集群。根据普华永道（PwC）的估计，目前新加坡的网络安全市场价值约为5.7亿新元。到2020年，随着身份访问管理、基础设施保护和服务等领域的增长，它的价值可能会翻一番。新加坡拥有6.25亿人口，在东盟内部处于有利地位，能够满足对网络安全产品和服务日益增长的需求。

政府致力于打造新加坡的网络安全产业。除了确保新加坡政府和企业能够获得一流的网络安全解决方案外，一个充满活力的网络安全产业将增强新加坡在金融和信息通信服务等领域的传统优势。这些发展将为新加坡的网络安全专业人士带来更好的工作机会。

为了建立一个充满活力的网络安全产业，新加坡将：（1）吸引并巩固新加坡能力先进的公司，为本地网络安全群体注入专业知识和活力；（2）支持初创企业，推动利基和先进解决方案的发展；（3）与具有战略网络安全能力的本地企业合作，为新加坡开发先进的解决方案；（4）在全球市场发展推广新加坡方案的机会,并帮助网络安全公司进入新的细分市场。

1. 吸引和巩固先进能力的公司

新加坡政府将利用新加坡的经济中心地位,吸引世界一流的网络安全公司在新加坡开展先进的运营、工程和研发活动。这将增加我们接触尖端网络安全能力的机会,并为新加坡人创造良好的就业机会。新加坡政府还将与这些顶级公司和本地领军企业合作,加强我们关键部门的网络安全,促进知识交流,以培养本地专业技能。

2. 支持初创企业

新加坡的网络安全生态系统将受益于更多的初创企业,这些初创企业促进了行业的多样化,推动了利基和先进解决方案的开发。政府和业界将共同支持一个由风险投资家、加速器和企业家构成的强大网络,帮助新加坡的网络安全初创企业发展壮大。这将有助于将创意轻松快速地推向市场。

3. 扶持本地领军企业

政府将扶持那些能够在战略利益领域发展全球竞争能力,并维持有能力的专业劳动力队伍长期增长的本地网络安全领军企业。

网络安全局于2016年发起的"促进网络安全生态系统发展伙伴关系"(PACE)计划是一个有意义的公私伙伴关系的例子,它与行业伙伴共同开发定制解决方案,以提高我们的网络安全态势,支持员工技能发展。

4. 开发市场机会

我们将帮助我们的网络安全公司进入新的细分市场,并推广新加坡方案。政府和业界将合作建立一个网络安全资源中心,供用户探索和应用创新的解决方案。我们的共同目标是将新加坡的网络安全能力推向全球市场。

(三) 创新增速

新加坡要走在网络安全的前沿,强大的研发能力、机构和伙伴关系必不可少。这些都有助于建设有弹性的基础设施和产生新的经济活动。

作为开发过程的一部分,新的网络安全方案必须在现实中测试。新加坡是一个理想的试验田,是一个小而灵活的、有着强大的法治的城邦。试验方案可以在新加坡迅速实施和推广。企业和研究实验室可以利用新加坡在金融和物流等领域的全球地位,开发具有国际意义的解决方案。由于这些发达行业将寻求行业创新,它们也可以成为测试新的网络安全产品和方案的现成市场。

新加坡将：（1）通过 1.9 亿新元的全国网络安全研发计划（NCR），支持网络安全的技术和人文科学方面的研究；（2）在专业研究领域建立世界一流的设施，并培养本地人才以维持社区的发展；（3）在全国网络安全研发计划下与学界和网络安全业界展开更紧密的合作，以发展创新理念、提高转化能力。更强大的公私伙伴关系将确保研发能够以更有针对性的方式解决现实的问题，并更快地将研究产品从实验室推向市场。

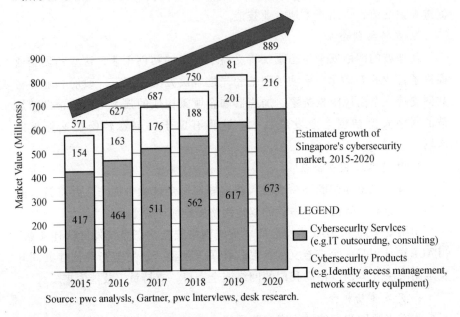

2015—2020 年新加坡网络安全市场的预计增长

1. 国家网络安全研发计划

新加坡的网络安全研发之旅已经开始，目的是将新加坡的研发能力转化为运营优势。国家研究基金会（NRF）于 2013 年启动了 1.3 亿新元的全国网络安全研发计划。作为《研究、创新与企业计划 2020》（RIE，2020）的一部分，2016 年又追加了 6000 万新元。全国网络安全研发计划已经覆盖了涉及网络物理系统安全和取证等研究领域的 13 个项目。

2. 世界一流的研发设施和重点的人才培养

新加坡将继续在专业研究领域建立世界一流的研发设施，以吸引顶尖的研究人员和国际合作者，并将推动这些设施的共享使用。新加坡政府向新加坡国立大学（NUS）的国家网络安全实验室投资 800 万新元，以支持其成为学界、业界和政府网络安全研究人员的共享资源。我们还将制定计划培养本地人才，以建立一个可持续发展的、充满活力的研发社区。

3. 新的研发设施

我们的大学在研发方面发挥着核心作用。每所大学都将成为卓越的网络安全中心，我们看到每所大学都在发展自己的专业领域。例如，新加坡科技设计大学（SUTD）专注于网络物理系统，新加坡管理大学（SMU）专注于移动安全。

2016年，我们还启动了一些公私合作项目，如新科电子——新加坡科技设计大学的网络安全实验室，该实验室是在国家研究基金会（NRF）管理的企业实验室@大学计划下开发的。其将业界和学界聚集在一起，进行前沿的网络安全研究。

新加坡科技设计大学的安全水处理系统（SWaT）由国防部和国家研究基金会资助。它将成为新加坡和国外研究安全网络物理系统设计的研究人员的重要资产。

4. 政府、学界和业界的研发合作

公共和私营部门机构可以着手启动新的研发项目，研究和解决阻碍网络安全行业发展的复杂问题。一个例子是关于网络风险保险的网络风险管理（CyRiM）项目，该项目于2016年由南洋理工大学（NTU）在新加坡金融管理局（MAS）和保险业行业代表委员会的赞助支持下启动。该项目汇集了学术专业知识、行业知识和政策知识，以解决一个成熟的网络风险保险市场所需的数据和标准差距。

政府将发起一个网络安全联盟，从2016年起，在三年内提供150万新元的资金。该联盟将聚集政府、行业和学界进行研究合作，寻求具有商业化潜力的可行的解决方案。

七、强大的国际伙伴关系

网络威胁不分国界，网络攻击几乎可以来自世界任何地方。恶意的行为人故意利用国家间的管辖权差距为自己谋利。此外，随着各国间的联系因贸易、全球物流和金融市场日益紧密，扰乱一国的网络攻击能够且确实会对其他国家产生严重的溢出效应。因此，网络安全领域的国际合作对我们的集体安全至关重要。

新加坡始终是网络安全国际平台的积极参与者。作为东盟成员国，我们支持并促进了区域网络安全能力建设。通过共识、协议和合作，网络空间将变得越来越安全。为此，新加坡将：（1）加强与国际社会、东盟的合作，打击网络威胁和网络犯罪。我们将继续与国际社会及东盟伙伴密切合作，强化网络事件报告和应对的平台和程序。我们将与东盟成员国合作，协调打击网络犯罪的区域办法。我们还将利用国际刑警组织的资源，利用全球行动能力和网络，打击网络犯罪。（2）在操作、技术、立法、网络政策和外交领域支持国际和东盟网络能力建设倡议。我们将与国际社会、对话伙伴和东盟成员国一道，举办各类工作坊、研讨会和会议，推动在这些领域的合作和能力建设。（3）促进网络规范和立法的交流。我们将继续参与有关网络规范、网络政策和立法、网络威慑和网络犯罪合作的全球和区域讨论。从 2016 年 10 月起，我们举办一年一度的新加坡国际网络周（SICW），以促进有关网络安全和网络犯罪问题的交流。

（一）加强与国际社会、东盟的合作，打击网络威胁和网络犯罪

网络攻击闪电般速度，需要国家和国际层面的快速协调行动。新加坡将与国际社会和东盟伙伴密切合作，加强网络事件报告、信息共享和可能入侵应对的平台和程序。

新加坡还将与国际组织展开密切合作：与国际刑警组织合作，打击网络犯罪；与亚太计算机应急联盟组织合作，加强网络事件报告和应对的联动。

例如，设在新加坡的国际刑警组织全球创新综合体（IGCI）为所有成员国提供全球培训、协调打击网络犯罪的国际行动。新加坡处于有利位置，并致力于通过国际刑警组织，与全球创新综合体和其他国家合作，开展打击网络犯罪的跨境联合行动。[①]

东盟地区论坛（ARF）成立于1994年，旨在促进共同关心的政治安全问题的建设性对话和协商，并为亚太地区建立信任和推进预防性外交作出重大贡献。

作为多方利益攸关方，东盟网络安全行动理事会（ANSAC）成立于2012年，旨在促进计算机应急响应小组合作与专业知识共享。

东盟计算机应急响应小组事故演习（ACID）是一项年度演习，旨在加强东盟与其对话伙伴计算机应急响应小组间的合作。演习测试了事故响应小组之间的协调能力及其事件处理程序。新加坡自2006年起召集举办东盟计算机应急响应小组事故演习。

（二）支持国际和东盟网络能力建设倡议

网络威胁是无国界的，没有一个国家能够单独应对迅速演变的网络威

---

① 关于更多新加坡在打击网络犯罪方面国际合作的信息，参见内政部于 2016 年 7 月发起的"国家网络犯罪行动计划"（NCAP）。见：www.mha.gov.sg。

胁形势。新加坡将继续致力于在东盟内部建立操作、技术、立法、网络政策和外交领域的网络安全能力。新加坡将着重在这些领域加强理解、提高认识，并开展培训和演习以提高能力。

为此，新加坡将与国际社会、对话伙伴和东盟成员国（AMS）合作，举办工作坊、研讨会和会议，推动这些领域的国际和区域合作。我们还将支持东盟地区论坛国家，在加强网络信任和能力建设措施方面，发挥积极的作用。

（三）促进国际与区域的网络规范和立法交流

国家间的共识和认同是确保网络安全合作成功的关键。新加坡致力于积极参与这一领域，并将促进网络规范建设和行为准则、网络政策和立法、网络威慑和网络犯罪合作方面的全球和区域对话。

例如，每年的 RSA 亚太及日本会议就涵盖了公共部门，如东盟高级官员应对网络犯罪圆桌会议（SORC）。东盟高级官员应对网络犯罪圆桌会议为东盟和对话伙伴国及相关国际组织的行业领袖和高级政府官员，提供了一个独特的高级别讨论平台。新加坡将举办一年一度的新加坡国际网络周（SICW），以促进有关网络空间当前和正在出现的问题的交流。

首届新加坡国际网络周于 2016 年 10 月举行，启动了首届东盟网络安全部长级会议和国际网络领导人研讨会，作为讨论决策者面临的关键网络安全问题的首要区域平台。作为国际网络周的一部分，东盟网络犯罪检察官圆桌会议首次会集来自东盟各国的专业网络犯罪检察官。该会议为网络犯罪检察官和执法机构提供了评估东盟法律能力的机会。其还致力于消除差距，提高该地区的整体能力。最后，国际网络周还整合了政府软件大会，该会议在过去的 25 年里，将思想领袖和实干家聚集在一起讨论切实的网络安全问题。

此战略是新加坡网络安全局（CSA）的一项倡议。网络安全局隶属于总理办公室（PMO），由通讯及新闻部（MCI）管理。

一年来，新加坡咨询了来自 50 多个政府机构、商业和专业协会、私营公司和学术机构的代表。我们非常感谢这些协会的成员，以及许多慷慨地提供指导和建议的杰出人士。他们的宝贵反馈是此战略的基础。

第二节 马来西亚：国家网络安全战略

国家安全愿景：

马来西亚的国家信息关键基础设施将是安全、有弹性、自主的。

在安全观的熏陶下，它将促进国家稳定、社会福祉和财富创造。

一、背景

全球范围内对相互依存的网络和信息系统造成潜在灾难性影响的有预谋的攻击惊人增长，对给予关键信息基础设施保护举措重大关注提出要求。

多年来，各国政府一直在保护具有战略重要性的关键基础设施，但近期信息革命为生活的方方面面带来了改变。商业交易、政府运作和国防开展的方式都发生了变化。这些活动依赖于一个相互依存的信息技术基础设施网络，这增加了我们面对国家关键基础设施的一系列新型漏洞和威胁的风险。这些新型网络威胁在许多方面都与政府已经习惯应对的传统风险有着显著的不同。现在利用安全漏洞似乎比以往任何时候都更容易、更低成本、更匿名。信息技术的日益普及、互联互通和全球化，加上网络威胁的迅速变化和动态性，以及我们对利用信息和通信技术促进社会经济发展的承诺，使我们迫切需要保护关键信息基础设施，以给予更好的控制。这意味着，包括马来西亚政府在内的各国政府，必须采取综合措施，保护这些基础设施免受网络威胁。

二、国家网络安全政策

此项国家网络安全政策旨在促进马来西亚向知识型经济（k 经济）发展。该政策是基于国家网络安全框架制定的，框架包括立法与监管、技术、公私合作、制度与国际方面。

国家网络安全政策旨在解决关键国家信息基础设施（CNII）面临的风险，包含 10 个关键部门的网络信息系统。关键国家信息基础设施部门包括：

- 国防与安全
- 银行与金融
- 信息与通信
- 能源

- 运输
- 水
- 卫生服务
- 政府
- 紧急服务
- 粮食与农业

该政策认识到关键国家信息基础设施的重要性及高度依存性，旨在制定和建立一个全面的方案及一系列框架，以确保对重要资产实施有效的网络安全控制。它的制定是为了确保关键国家信息基础设施所受到的保护，与所面临的风险相称。

三、八大政策重点

重点1：有效治理

集中协调国家网络安全举措；

促进公营和私营部门之间的有效合作；

建立正式的信息共享交流、鼓励非正式的信息共享交流。

重点2：立法与监管框架

审查并加强马来西亚的网络法，以应对动态的网络安全威胁；

为国家执法机构制定循序渐进的能力建设方案；

确保所有适用的地方立法均与国际法律、条约和公约相辅相成并协调一致。

重点3：网络安全技术框架

制定国家网络安全技术框架，为关键国家信息基础设施部门规定网络安全需求控制与基线；

实施网络安全产品和系统的评估/认证计划。

重点4：安全观与能力建设

发展、培育和维护国家安全观；

标准化、协调关键国家信息基础设施所有部门的网络安全意识和教育项目；

建立国家级网络安全知识传播有效机制；

确定信息安全专业人员的最低要求与资格。

重点5：自主研发

正式化网络安全研究和开发活动的协调和优先次序；

扩大并加强网络安全研究群体；

通过重点研究和开发，促进知识产权、技术和创新的发展与商业化；
培育网络安全产业的发展。

重点6：遵守与执行

标准化关键国家信息基础设施所有部门的网络安全系统；

加强对标准的监督与执行；

制定标准的网络安全风险评估框架。

要点7：网络安全应急准备

加强国家计算机应急响应队伍建设（CERTs）；

建立有效的网络安全事件报告机制；

鼓励关键国家信息基础设施所有部门监控网络安全事件；

制定标准的业务连续性管理框架；

及时发布漏洞和威胁警告；

鼓励关键国家信息基础设施所有部门定期实施漏洞评估计划 。

重点8：国际合作

鼓励积极参与所有相关国际网络安全机构、小组与跨国机构；

通过举办年度国际网络安全会议，促进相关国际网络安全的积极
参与。

四、实施办法

第一阶段（0至1年）：解决迫在眉睫的问题

采取权宜之计解决关键国家信息基础设施网络安全基础漏洞；

创建安全机制的集中平台；

提高对网络安全及其意义的认识。

第二阶段（0至3年）：建设基础设施

建立必要的制度、程序、标准及制度安排（机制）；

加强研究与信息安全专业人员的能力建设。

第三阶段（0至5年及以上）：自主发展

在技术与专业人员方面实现自主发展；

监控合规机制；

机制评估与改进；

打造网络安全观。

国家网络安全八项政策要点的成功实施，有赖于采取协调一致、重点
突出的实施办法。政策实施的主要特点是：

建立马来西亚网络安全中心。

马来西亚网络安全中心旨在通过采取协调一致、重点突出的办法，成为国家网络安全举措的一站式协调中心，以实现增强该国的网络安全领域的主要目标。

该中心由马来西亚科技与创新部（MOSTI）管辖，由国家信息技术委员会监督政策方向，在国家危机时期由国家安全委员会监督。

马来西亚网络安全中心的主要职能为：

• 国家网络安全政策实施

向所有关键国家信息基础设施部门规定、传达和更新（必要时）国家网络安全规划。

• 国家协调

密切协调马来西亚各主要机构和组织的网络安全举措。

• 外延

促进所有关键国家信息基础设施部门的正式、非正式信息共享机制，包括促进网络安全意识、通过培训及教育计划提高信息安全专业人员与整个行业的能力。

• 合规性监测

在关键国家信息基础设施部门内实施网络安全政策与标准的合规监控。

• 风险评估

评估并识别利用关键国家信息基础设施漏洞和风险的网络安全威胁。

五、结论

当今，以信息技术为中心的基础设施面临着日益复杂的相互依赖性、日益频繁的网络攻击和动态风险，这要求各国政府重新审视传统的保护机制。21 世纪的基础设施保护计划将需要考虑大量虚拟与实际的威胁。

任何保护方案成功的关键都是有效的治理和协调。国家网络安全政策特别关注这一领域。单一协调机构的设立将有助于提高额外的组织层次、透明度和问责制。它将强化现有组织的运作，这些组织将继续履行其职责，并强化关键国家信息基础设施的安全。

除明确有效的治理外，国家网络安全政策为增进公共和私营部门之间的信任与合作、提高网络安全技能和能力提供了各种机制；并着重加强研究和开发计划和实践，以实现自主化目标。其还制定了应急准备计划，并规定了所有关键国家信息基础设施部门的合规和保证方案。

国家网络安全政策还与马来西亚的国际合作伙伴接触，描述了马来西亚与区域及世界分享网络安全知识的方法。它推动马来西亚在这一领域获得更高的国际认可。

总体而言，国家网络安全政策旨在增强国内外关键国家信息基础设施的信任与合作，以造福马来西亚人民。

第三节　俄罗斯：俄罗斯联邦信息安全准则

《俄罗斯联邦信息安全准则》（以下简称《准则》）是关于确保俄罗斯联邦信息安全的目标、宗旨、准则和基本准则的一整套官方意见。

这一《准则》是下列各项的基础：

● 制定俄罗斯联邦关于信息安全的政府政策；

● 为改进确保俄罗斯联邦信息安全的法律、程序、科学技术和组织框架提出建议；

● 制定有针对性的国家信息安全计划。

本《准则》阐述了俄罗斯联邦国家安全概念在信息领域的应用。

一、俄罗斯联邦信息安全

（一）俄罗斯联邦在信息领域的国家利益以及如何确保这些利益

目前阶段社会发展的特点是信息领域的作用日益增加，它代表了一系列信息、信息基础设施、从事搜集/形成/传播及使用信息的实体，以及由这些条件产生的管理公共关系的制度。信息领域作为社会生活的系统构成因素，积极影响着俄罗斯联邦安全的政治、经济、国防和其他组成部分的状况。俄罗斯联邦的国家安全在很大程度上依赖于信息安全的水平，随着技术的进步，这种依赖必然会增加。

俄罗斯联邦的信息安全是指在信息领域保护其国家利益的状态，这是由个人、社会和国家层面的总体平衡利益所决定的。

个人在信息领域的利益包括：行使个人和公民获得信息的宪法权利；为了从事法律不禁止的活动而使用信息；为了身体、精神和智力发展的利益而使用信息；以及保护保障个人安全的信息。

社会在信息领域的利益包括：确保个人在这一领域的利益；加强民主；建立法治社会国家；实现和维持公众和谐以及俄罗斯的精神复兴（spiritual renewal）。国家在信息领域的利益包括：为俄罗斯信息基础设施的和谐发展创造条件；行使个人和公民在接收和使用信息方面的宪法权利和自由，以确保宪法制度的不可侵犯性；俄罗斯的主权和领土完整；在政治、经济和社会稳定方面为行使宪法规定的个人和公民的权利和自由创造条件；国家的利益还包括无条件地维护法律和秩序以及促进平等和互利的国际合作。

国家根据俄罗斯联邦在信息领域的国家利益，制定确保信息安全的战略和当前的国内外政策目标。

俄罗斯联邦国家利益的四个构成要素在信息领域最为突出。

俄罗斯在信息领域的国家利益的第一个构成要素包括遵守宪法规定的个人和公民接受和使用信息的权利和自由；保证俄罗斯的精神复兴；维护和加强社会的道德价值、爱国主义和人文主义传统以及国家的文化和科学潜力。

实现这一目标需要：

• 提高信息基础设施的利用效率，以促进社会发展、俄罗斯社会的巩固和俄罗斯联邦多民族人民的精神复兴；

• 精简构成俄罗斯联邦科学、技术和精神潜力基础的信息资源的形成、保存和合理利用制度；

• 保障个人和公民的宪法权利和自由，通过任何法律手段自由寻求、接收、传送、制作和传播信息，并获得关于环境状况的可靠信息；

• 保障个人和公民宪法权利和自由，使其享有个人和家庭隐私、邮政邮件、电报、电话和其他通信的保密，以及名誉和声誉的维护；

• 加强知识产权保护领域关系的法律治理机制，为遵守联邦规定的保密信息获取限制创造条件；

• 保证大众信息自由和禁止审查；

• 不允许进行煽动社会、种族、民族或宗教仇恨和冲突的宣传或运动；

• 禁止在未经个人同意的情况下收集、储存、使用和传播关于个人私生活的信息，以及禁止获取联邦法律限制的任何其他信息。

俄罗斯联邦在信息领域的国家利益的第二个构成要素包括对俄罗斯联邦国家政策的信息支持，包括向俄罗斯和国际公众传达关于俄罗斯联邦国家政策及其在俄罗斯和国际生活中对社会重大事件的官方立场的值得信赖的信息，并向公民提供公开政府信息资源的机会。

实现这一目标需要：

• 国家大众媒体，扩大它们向俄罗斯和外国公民迅速传达可靠信息的能力；

● 加强政府信息公开资源的建设，提高政府信息公开资源的使用效率。

俄罗斯联邦在信息领域的国家利益的第三个构成要素包括促进现代信息技术，促进国家信息产业（特别是信息化、电信和通信设施产业），确保其产品满足国内市场需求并进入世界市场，以及提供国家信息资源的积累、存储可靠性和有效利用。在当前条件下，只有在此基础上，才能解决发展高新技术、调整装备工业、实现国家科技成果成倍增长的问题。俄罗斯必须在世界微电子和计算机工业领域中占据有价值的地位。

实现这一目标需要：

● 发展和改善俄罗斯联邦统一信息空间的基础设施；

● 发展俄罗斯信息服务业，提高政府信息资源利用效率；

● 在俄罗斯联邦发展竞争性的信息化、电信、通信系统和手段的生产，并扩大俄罗斯参与这些系统和手段生产者的国际合作；

● 为俄罗斯的基础和应用研究以及信息化、电信和通信领域的发展提供政府支持。

俄罗斯联邦在信息领域的国家利益的第四个构成要素包括保护信息资源不受未经批准的访问，以及保护已经部署或正在俄罗斯领土上建立的信息和电信系统的安全。

出于这些目的，有必要：

● 加强信息系统（包括通信网络）的安全，主要是联邦权力机构中的主要通信网络和信息系统的安全、组成俄罗斯联邦实体的国家权力机构的安全、信贷和金融以及银行领域的安全、经济活动领域以及使武器和军事装备信息化的系统和手段的安全、部队和军备管制系统的安全以及对环境有害和具有经济重要性的企业的管理系统的安全；

● 加强国内生产的信息保护硬件和软件的开发，以及控制其效率的方法；

● 保护构成国家机密的数据；

● 扩大俄罗斯联邦在发展和安全利用信息资源方面的国际合作，并反击信息领域的竞争威胁。

（二）对俄罗斯联邦信息安全的威胁类型

根据其一般方向性，对俄罗斯联邦信息安全的威胁可细分为以下几类：

- 在精神生活和信息活动领域对个人和公民的宪法权利和自由的威胁，对个人、团体和公众意识的威胁，以及对俄罗斯精神复兴的威胁；
- 对俄罗斯联邦国家政策信息支持的威胁；
- 对俄罗斯信息产业（包括信息化、电信和通信设施）发展的威胁，对其产品满足国内市场需求并进入世界市场的威胁，对国家信息资源的积累、存储可靠性和有效利用的威胁；
- 对俄罗斯境内已经部署或正在部署的信息和电信系统及设施的安全构成威胁。

在精神生活和信息活动方面对个人和公民的宪法权利和自由的威胁，对个人、团体和公众意识以及对俄罗斯精神复兴的威胁如下：

- 联邦机关或组成俄罗斯联邦实体中的国家机关采取规范性法律行为，侵犯公民在其精神生活和信息活动领域的宪法权利和自由；
- 利用电信系统或其他方式在俄罗斯联邦建立垄断，垄断信息的形成、接收和传播；
- 特别是犯罪结构对公民行使宪法规定的个人和家庭隐私权以及邮政邮件、电话和其他通信保密权的反诉；
- 对获取社会必要信息施加不合理的过度限制；
- 非法使用特殊手段影响个人、群体和公众意识；
- 联邦国家权力机构、组成俄罗斯联邦实体中的国家权力机构、地方自治机构或组织和公民不遵守管理信息领域关系的联邦立法的要求；
- 非法限制公民公开联邦国家权力机构、组成俄罗斯联邦实体的国家权力机构或地方自治机构的信息资源、公开档案材料和其他公开的具有社会意义的信息；
- 文化财产（包括档案）积累和保存系统的解体或破坏；
- 在大众信息领域侵犯个人和公民的宪法权利和自由；
- 将俄罗斯新闻机构和媒体逐出国家信息市场，并增加俄罗斯公共生活的精神、经济和政治领域对外国信息实体的依赖；
- 贬低精神价值，宣传基于对暴力的崇拜或基于与俄罗斯社会所采用的价值观相反的精神和道德价值观的大众文化标本；
- 俄罗斯人口的精神、道德和创造潜力下降，这将使采用和使用最新（包括信息）技术的培训人力资源大为复杂化；
- 信息操纵（虚假信息、信息隐藏和扭曲）。

对俄罗斯联邦国家政策的信息支持的威胁可能如下：

- 国内和国外信息实体垄断个别部门或整个俄罗斯信息市场；

- 阻止国家媒体向俄罗斯和外国受众提供信息；
- 人才短缺，缺乏国家信息政策的形成和实施体系，导致国家政策信息支持有效性不高。

对国家信息产业的威胁（特别是对信息化、电信和通信设施等行业的威胁）、对满足国内市场需求的产品及其进入世界市场的威胁，以及对国家信息资源的积累、存储可靠性和有效利用的威胁如下：

- 反对俄罗斯联邦获得最新的信息技术，反对俄罗斯生产商在信息服务业、信息化手段、电信，以及通信和信息产品领域的世界分工中相互有利和平等地参与，以及为增加俄罗斯在现代信息技术领域的依赖性创造条件；
- 政府机构购买进口的信息化、电信、通信手段等产品，而实际上国内类似产品质量不低于国外同类产品；
- 俄罗斯生产商的信息化、电信和通信手段从国内市场被驱逐出去；
- 专家和知识产权所有者流失境外的数量增加。

在俄罗斯境内已经部署或正在部署的信息和电信系统及设施的安全所面临的威胁如下：

- 非法收集和使用信息；
- 违反信息处理技术；
- 将实现这些产品文件未经计划的功能的组件插入硬件或软件产品；
- 开发和分发扰乱信息和信息技术系统（包括信息安全系统）正常运行的程序；
- 对信息处理、电信和通信系统和手段的破坏、干扰或电子攻击；
- 针对自动信息处理和传输系统的口令密钥保护系统的攻击；
- 破坏加密信息保护密钥和方法的信誉；
- 技术渠道信息泄露；
- 将电子拦截设备通过通信渠道植入信息处理、存储和传输硬件，或植入任何形式所有权的政府机构、企业、机构或组织的办公场所；
- 机器可处理数据载体的破坏、损坏、干扰或盗窃；
- 在数据传输网络或通信线路上截取信息，解密该信息并强加虚假信息；
- 在建立和发展俄罗斯信息基础设施时使用未经认证的国内外信息技术、信息保护手段和信息化、电信和通信设施；
- 未经批准访问数据库或数据库中包含的信息；
- 违反对信息传播的合法限制。

（三）对俄罗斯联邦信息安全的威胁来源

俄罗斯联邦信息安全所受威胁的来源分为外部威胁和内部威胁。属于外部来源的有：

- 外国政治、经济、军事、情报和信息实体针对俄罗斯联邦在信息领域的利益开展的活动；
- 若干国家争取在世界信息空间中的支配地位和侵犯俄罗斯的利益，并将我们逐出国外和国内信息市场；
- 信息技术和资源的国际竞争的加强；
- 国际恐怖组织的活动；
- 世界领先大国的技术优势增强，阻碍俄罗斯创造具有竞争力的信息技术的能力增强；
- 外国的空间、空中、海洋和陆地技术及其他侦察活动手段（类型）；
- 一些国家发展了信息战（information war）的概念，为危险地攻击世界其他国家的信息领域创造了手段，扰乱了它们的信息和电信系统的正常运作，破坏了它们的信息资源的安全，并未经批准就获得了这些资源。

属于内部来源的有：

- 国家工业部门的状态十分糟糕；
- 不利的犯罪形势，伴随着信息领域国家与犯罪结构的合并趋势，犯罪结构获取机密信息的趋势，有组织犯罪对社会生活的更大影响的趋势，公民、社会和国家在信息领域的合法利益保护水平下降的趋势；
- 联邦国家权力机构和组成俄罗斯联邦实体的国家权力机构，在制定和执行国家信息安全领域的统一国家政策方面协调不足；
- 管理信息领域关系的法律和监管基础发展程度不足，执法实践不充分；
- 公民社会机构不成熟，国家对俄罗斯信息市场发展的控制不足；
- 为确保俄罗斯联邦信息安全的措施提供的资金不足；
- 国家经济实力不足；
- 教育和教养制度效率下降，信息安全领域合格人员数量不足；
- 联邦国家权力机构或组成俄罗斯联邦实体的国家权力机构，在向社会通报其活动、解释其决定、形成公开的政府资源和制定公民接触这些资源的制度方面缺乏灵活度；
- 俄罗斯在联邦权力机构、组成俄罗斯联邦实体的国家权力机构和地方自治政府机构、金融和信贷领域、工业、农业、教育、公共卫生和消费者服务的信息化水平方面落后于世界主要国家。

（四）俄罗斯联邦的信息安全状况及其保障方面面临的主要挑战

近年来，俄罗斯联邦采取了一系列措施来改善其信息安全。建立信息安全法律框架的工作已经开始。俄罗斯联邦通过了《国家保密法》（State Secrets Law）、《国家档案和记录基本法》（Fundamental National Archives）、《联邦信息、信息化和信息保护法》（Federal Laws on Information, Informatization and Information Protection）和《联邦参与国际信息交流法》（Federal Laws on Participation in International Information Exchange）等一系列法律，并启动了建立相关执行机制和制定信息领域公共关系法律的工作。

联邦的国家权力机关、组成俄罗斯联邦实体的国家权力机构以及任何形式所有权的企业、机构和组织都采取了信息安全措施。为了国家权力机构的利益，已经开展了建立受保护的专用信息技术系统的工作。

俄罗斯联邦成功地处理信息安全问题，得益于国家信息保护制度、国家机密保护制度、国家机密保护领域许可活动制度和信息保护工具认证制度。

然而，对俄罗斯联邦信息安全状况的分析表明，其水平并不完全符合社会和国家的要求。

当前我国政治和社会经济发展状况之间产生了尖锐的矛盾，要求社会在更大范围内信息的自由交流，以及对其传播保留个别管制限制的必要性。

信息领域社会关系法律治理的矛盾性和不成熟性导致了严重的消极后果。因此，在为了保护宪法制度的基础和公民的道德、健康、权利和合法利益，确保国防能力和国家安全而实现宪法对大众媒体自由的限制的可能性方面，法律和规章框架的不足，大大妨碍了信息领域中的社会、国家与个人之间利益平衡的维持。对大众信息领域的关系进行不完善的法律和规范管理妨碍了在俄罗斯联邦境内建立有竞争力的俄罗斯新闻机构和媒体。

公民获取信息的权利的不稳定和信息操纵引起人们的消极反应，这在许多情况下导致社会和政治局势的不稳定。

根据宪法，公民享有私生活不可侵犯、个人和家庭隐私以及通信隐私的权利基本上没有足够的法律、组织和技术支持。对涉及由联邦国家权力机构、组成俄罗斯联邦实体和地方自治机构收集的自然人的个人数据的保护工作没有得到令人满意的组织。

在创建俄罗斯信息空间、发展大众信息系统、组织国际信息交流和将俄罗斯信息空间融入世界信息空间的努力中，国家政策缺乏效率，这将导致俄罗斯新闻机构和媒体退出国家信息市场，以及一个扭曲的国际信息交流结构。

政府对俄罗斯新闻机构向外国信息市场推销其产品的活动支持不足。

确保构成国家机密的数据的安全的情况正在恶化。

科技生产集团在信息化、电信、通信等手段的发展和制造中，由于其最有资格的专家的离开，对其骨干的潜力造成了严重的损害。

国家信息技术的滞后迫使联邦权力机构、组成俄罗斯联邦实体的国家权力机构和地方自治机构，在建立信息系统时购买进口设备并招揽外国公司。因此，未经批准获得正在处理的信息的可能性增加，俄罗斯对外国计算机和电信硬件和软件制造商的依赖增加。

随着外国信息技术在个人、社会和国家活动领域的密集引进，以及随着开放信息技术系统的广泛使用和国家信息系统与国际信息系统的一体化，使用"信息武器"针对俄罗斯的信息基础设施的威胁已经增加。开展对这些威胁作出充分和全面反应的工作的过程中，面临协调不足和预算供资不足的情况。空间侦察和电子战系统的发展没有得到足够的重视。

因此，俄罗斯联邦信息安全领域的状况要求立即解决以下任务：

• 制定俄罗斯联邦信息安全领域国家政策的基本准则，以及与执行这项政策有关的措施和机制；

• 发展和完善国家信息安全体系，实现国家信息安全政策的统一，包括改进信息安全威胁的识别、评估和预测的形式、方法和技术，以及应对这些威胁的体系；

• 制定以联邦目的为导向的计划，确保俄罗斯联邦的信息安全；

• 制定评估国家信息安全系统和手段的有效性，并证明国家信息安全系统和手段的标准和方法；

• 理顺国家信息安全的法律和监管基础，包括实现公民获取信息和获取信息的权利的机制，以及执行有关国家与媒体互动的法律规范的形式和方法；

• 确定联邦国家权力机构、组成实体的国家权力机构、地方自治机构以及法律实体和公民的官员遵守信息安全要求的责任；

• 在确保俄罗斯联邦信息安全方面，协调联邦国家权力机构、组成实体的国家权力机构、企业、机构和组织在任何形式所有权下的活动；

• 针对当前地缘政治形势、俄罗斯政治和社会经济发展状况以及使用

"信息武器"的现实，发展国家信息安全保障的理论和实践基础；

● 制定和建立形成和实施俄罗斯国家信息政策的机制；

● 制定提高国家参与制定国家广播电视组织，以及其他国营大众媒体信息政策的效力的办法；

● 确保俄罗斯联邦在决定其安全的信息化、电信和通信等主要领域，以及主要从事发展武器和军事装备样品专用计算机硬件领域的技术独立；

● 设计当代保护信息和保障信息技术的方法和工具，主要是用于部队和武器控制系统，以及用于对环境有害和具有经济重要性的企业的管理系统的方法和工具；

● 发展和完善国家信息保护制度和国家机密保护制度；

● 在和平时期、紧急状态和战时建立和发展当代政府受保护的技术基础；

● 扩大与国际和外国机构和组织在处理科学技术和法律问题方面的合作，以确保借助国际电信和通信系统传送信息的安全；

● 为俄罗斯信息基础设施的积极发展和俄罗斯参与全球信息网络和系统的建立和使用进程提供条件；

● 在信息安全和信息技术领域建立统一的人员培训体系。

二、确保俄罗斯联邦信息安全的方法

(一) 确保俄罗斯联邦信息安全的一般方法

确保俄罗斯联邦信息安全的一般方法分为法律方法、组织技术方法和经济方法。

确保俄罗斯联邦信息安全的法律方法，包括制定规范信息领域关系的规范性法律行为和与国家信息安全保障有关的规范性程序文件。这项活动最重要的领域如下：

● 对俄罗斯联邦关于信息安全领域关系的立法提出修正案和增编，以期建立和精简确保俄罗斯联邦信息安全的制度；消除联邦立法中的内在矛盾；消除与俄罗斯联邦加入的国际协定有关的矛盾，以及联邦立法法令与俄罗斯联邦各组成实体的立法法令之间的矛盾；以及为了具体规定在确保俄罗斯联邦信息安全方面对违法行为负责的法律准则的目的；

● 联邦国家权力机构和组成俄罗斯联邦的实体，在国家信息安全领域的立法权力划分；确定公共协会、组织和公民参加这项活动的目标、目的和机制；

- 制定和通过俄罗斯联邦的规范性法令,以确立法人和自然人(legal and natural persons)对未经批准获取、非法复制、歪曲或非法使用信息、故意传播不真实信息、非法披露保密信息,以及出于犯罪或其他目的使用商业或商业秘密信息的责任;

- 在吸引外国投资以发展俄罗斯信息基础设施时,更精确地确定外国新闻机构、媒体和记者以及投资者的地位;

- 立法巩固国家通信网络和国内生产通信卫星的发展的优先次序;

- 确定在俄罗斯联邦境内提供全球信息技术网络服务的组织的地位,并对这些组织的活动进行法律管制;

- 为在俄罗斯联邦建立区域信息安全结构建立法律基础。

确保俄罗斯联邦信息安全的组织技术方法如下:

- 建立和完善确保俄罗斯联邦信息安全的制度;

- 加强联邦执行机构和组成俄罗斯联邦实体的执法活动,包括防止和制止信息领域的违法行为,并查明、证明对这一领域的犯罪或其他违法行为负有责任的人并将其绳之以法;

- 开发、使用和完善信息保护资源和工具,以监测其有效性,开发受保护的电信系统,提高专用软件的可靠性;

- 建立系统和手段,防止未经批准的对正在处理的信息的访问和造成数据扭曲、损坏或破坏的特殊攻击,以及改变信息化和通信系统和手段的正常运行模式;

- 识别对信息技术系统正常运行构成威胁的技术设备和程序,防止通过技术渠道进行信息拦截,在信息存储、处理和通过通信渠道传输过程中使用加密手段来保护信息,并控制信息特殊保护要求的实现;

- 信息保护手段的认证、国家机密保护领域活动的许可、信息保护方法和工具的标准化;

- 在信息安全要求方面,改进自动化信息处理系统的电信硬件和软件认证系统;

- 控制受保护信息系统中的人员行动和培训确保俄罗斯联邦信息安全领域的人员;

- 建立监测俄罗斯联邦在社会和国家最重要的生活和活动领域的信息安全指标和特点的制度。

确保俄罗斯联邦信息安全的经济方法包括:

- 制定国家信息安全计划并确定其融资程序;

- 改进融资制度,努力实施信息保护的法律和组织技术方法,并建立自然人和法人信息风险保险制度。

（二）俄罗斯联邦在公共生活不同领域的信息安全保障特点

俄罗斯联邦的信息安全是俄罗斯联邦国家安全的组成部分之一，它影响着社会和国家在不同活动领域对国家利益的保护程度。这些领域对国家信息安全的威胁和确保国家信息安全的方法是共同的。

其中每一个领域都有其确保信息安全的具体规定，这是由安全保障设施的具体规定及其对俄罗斯联邦信息安全的威胁方面的脆弱性程度决定的。在社会和国家活动的每一个领域，都可以使用私人的方法和形式，这些方法和形式是由影响国家信息安全状况的因素的具体情况，以及确保俄罗斯联邦信息安全的一般方法所决定的。

在经济领域——确保俄罗斯联邦在经济领域的信息安全，在确保其国家安全方面发挥着关键作用。

以下是经济领域中最容易受到的国家信息安全威胁：

- 国家统计体系；
- 金融和信贷系统；
- 确保社会和国家在经济领域活动的，联邦执行机构各分支机构的自动化信息（automated information）和会计系统（accounting systems）；
- 任何形式所有权下的企业、机构和组织的财务会计制度；
- 收集、处理、储存和传输金融、证券交易所、税务、海关信息以及国家与任何形式所有权的企业、机构和组织的对外经济活动信息的系统。

在经济向市场关系过渡的过程中，俄罗斯国内商品和服务市场出现了大量的国内外商业结构：信息和信息化以及信息保护工具的生产者和消费者。这些机构在发展、制造和保护统计、金融、证券交易所、税务和海关信息的收集、处理、储存和传输系统方面的不受控制的活动，对俄罗斯在经济领域的安全构成了真正的威胁。外国公司不加控制地吸引建立这种系统也会产生类似的威胁，因为在这种情况下，为未经批准获得机密经济信息和监测外国特别服务对这些信息的转让和处理创造了有利条件。

国家工业的企业发展和制造信息化、电信、通信和信息保护工具的糟糕状况导致了相关进口工具的广泛使用，这就产生了俄罗斯技术依赖外国的危险。

计算机犯罪涉及犯罪分子侵入银行和其他信贷组织的计算机系统和网络，对整个经济的正常运转构成严重威胁。

确定商业实体对其商业活动、其生产的商品和服务的消费者财产、其经济活动的结果、其投资等数据的不真实或隐瞒的责任的法律和监管基础不足，阻碍了商业实体的正常运作。另外，商业秘密信息的泄露可能给企业实体造成重大经济损失。在收集、处理、储存和传送金融、证券交易所、税务和海关资料的系统中，最危险的是由于故意或无意地违反处理资料的技术而造成的资料的非法复制和歪曲，以及未经批准取得资料。这也涉及参与形成和分发关于俄罗斯联邦对外经济活动的资料的联邦执行机构。

确保俄罗斯联邦在经济领域的信息安全的主要措施如下：

• 组织和实施国家对统计、金融、证券交易所、税务和海关信息收集、处理、存储和传输系统和工具的创建、开发和保护的控制；

• 彻底改革国家统计报告制度；确保信息的真实性、完整性和安全性；规定官员对编制基本信息负有严格的法律责任；组织对这些官员的活动以及统计信息处理和分析服务的活动进行控制，并限制这些信息的商业化；

• 开发国家认证的信息保护工具，并引入收集、处理、存储和传输统计、金融、证券交易所、税务和海关信息的系统和工具；

• 开发和引进以智能卡（smart cards）、电子货币（electronic money）和电子商务系统（electronic commerce systems）为基础的受国家保护的电子支付系统，使这些系统标准化，并制定管理其使用的法律和规章制度；

• 改善管理经济领域信息关系的法律和监管基础；

• 精简经济信息收集、处理、储存和传输系统工作人员的选拔和培训方法。

在国内政治领域——俄罗斯国内政治领域最重要的信息安全目标是：

• 个人和公民的宪法权利和自由；

• 俄罗斯联邦的宪法制度、国家和谐、国家权威的稳定、主权和领土完整；

• 联邦执行机构和大众媒体的公开信息资源。

以下对俄罗斯联邦信息安全的威胁是国内政治领域的最大威胁：

• 侵犯公民在信息领域实现的宪法权利和自由；

• 有关不同政治力量权利的法律关系治理不足，无法利用媒体宣传其思想；

• 关于俄罗斯联邦政策、联邦国家权力机构活动和国内外发生的事件的虚假信息的传播；

• 一些公共协会的活动，其目的在于强行改变宪法制度的基础，企图破坏俄罗斯联邦的完整，煽动社会、种族、民族和宗教冲突，并在媒体上传播这些思想。

在国内政治领域确保俄罗斯联邦信息安全的主要措施是：

● 建立相关制度，以打击国内和外国实体对信息基础设施组成部分的垄断，包括对信息服务和大众媒体市场的垄断；

● 加强反宣传活动（counterpropaganda activities），防止有关俄罗斯国内政治的虚假信息传播带来的负面影响。

在对外政策领域——俄罗斯对外政策领域最重要的信息安全目标是：

● 执行俄罗斯联邦对外政策的联邦执行机构的信息资源、俄罗斯在国外的代表处和组织以及俄罗斯联邦在国际组织的代表处的信息资源；

● 在组成俄罗斯联邦实体的领土上、执行俄罗斯联邦对外政策的联邦执行机构代表的信息资源；

● 执行俄罗斯联邦对外政策的联邦执行机构下属的俄罗斯企业、机构和组织的信息资源；

● 阻止俄罗斯媒体向外国观众透露：俄罗斯联邦国家政策的目标和主要重点领域，及其对俄罗斯和国际生活中具有社会意义的事件的看法。

在对外政策领域对俄罗斯信息安全的外部威胁中，最危险的是：

● 外国政治、经济、军事和信息实体可能对俄罗斯联邦对外政策战略的制定和执行产生的信息影响；

● 关于俄罗斯联邦对外政策的虚假信息正在向海外传播；

● 侵犯俄罗斯公民和法人实体在国外信息领域的权利；

● 企图未经批准获得信息，或攻击执行俄罗斯联邦对外政策的联邦执行机构的信息资源和信息基础设施的俄罗斯在国外的代表和组织，以及俄罗斯联邦在国际组织的代表。

在对外政策领域对俄罗斯信息安全的内部威胁（internal threats）中，最危险的是：

● 违反执行俄罗斯联邦对外政策的联邦执行机构及其下属企业、机构和组织的既定信息收集、处理、存储和传输程序；

● 政治力量、公共协会、媒体和个人的信息和宣传活动扭曲了俄罗斯联邦对外政策活动的战略和战术；

● 向公众提供的有关俄罗斯联邦对外政策活动的信息不足。

确保俄罗斯联邦在对外政策领域的信息安全的主要措施是：

● 阐述国家政策在改进俄罗斯联邦对外政策进程信息支持方面的主要内容；

- 制定和实施一套措施，以加强执行俄罗斯联邦对外政策的联邦执行机构、俄罗斯驻外代表和组织以及俄罗斯联邦在国际组织的代表的信息基础设施的信息安全；

- 为俄罗斯海外代表和组织创造工作条件，以消除在那里传播的有关俄罗斯联邦对外政策的虚假信息；

- 完善对打击侵犯俄罗斯公民和海外法人实体权利与自由工作的信息支持；

- 就管辖范围内的对外政策活动问题，向俄罗斯联邦各组成实体提供更好的信息支持。

在科学技术领域——俄罗斯在科学技术领域最重要的信息安全目标是：

- 对国家的技术科学（technoscientific）、技术和社会经济发展具有潜在重要性的基础、探索和应用研究成果，包括其损失可能损害俄罗斯联邦的国家利益和威望的信息；

- 发明、非专利技术、工业设计、有用的模型和实验设备；

- 科学技术骨干及其培养制度；

- 集成研究综合体（核反应堆、粒子加速器、等离子体发生器等）的管理系统。

俄罗斯科技领域信息安全面临的主要外部威胁分类如下：

- 国外发达国家试图将俄罗斯科学家获得的成果用于本国利益，进而非法获取俄罗斯科学技术资源；

- 俄罗斯市场为外国技术科学产品创造了优惠条件，但发达国家却致力于限制俄罗斯技术科学潜力的发展（如购买先进企业的股份、随后重新调整重点、保持进出口限制等）；

- 西方国家通过将其科学和技术联系以及个人、最有前途的科学集体重新集中于西方国家，旨在进一步摧毁苏联遗留的独联体成员国统一科技空间的政策；

- 外国国家和商业企业、机构和组织在工业间谍活动领域加强活动，并在其中招募情报和特别服务人员。

俄罗斯科技领域信息安全面临的主要内部威胁可分为以下几类：

- 俄罗斯持续复杂的经济形势，导致科技活动经费急剧下降，科技领域的声望暂时下降；

- 国家电子工业工厂无法在最新微电子（microtronics）成就和先进信息技术的基础上生产具有竞争力的科学密集型产品，这有助于提供足够水平的俄罗斯技术以独立于外国，需要广泛使用进口硬件和软件来建立和推进俄罗斯的信息基础设施；

- 俄罗斯科学家的科技活动成果在专利保护领域存在的严重问题；
- 实施信息保护措施的困难——特别是在企业、科技机构和组织中。

对付俄罗斯联邦在科学和技术领域面临的信息安全威胁的真正办法是精简管理这一领域的关系及其执行机制的国家立法。为此，国家必须促进建立一个评估系统，评估实现对俄罗斯科学和技术领域最重要信息安全设施的威胁可能造成的损害，包括公共研究理事会（public research councils）和独立专家组织（independent expertise organizations），为联邦和联邦组成实体的国家权力机构制定建议，防止非法或无效地利用俄罗斯的智力潜力（intellectual potential）。

在精神生活领域——确保精神生活领域的国家信息安全旨在保护与个人的发展、塑造和行为、大众信息自由，以及文化、精神和道德遗产、历史传统和社会生活规范的使用有关的人和公民的宪法权利和自由，保护俄罗斯全体人民的文化财富，实现宪法对人权和公民权利及自由的限制，以维护和加强社会的道德价值、爱国主义和人道主义传统、公民的健康、俄罗斯联邦的文化和科学潜力，以及确保国家的安全和防卫能力。

俄罗斯精神生活领域最重要的信息安全目标是：

- 个人的尊严、良心自由，包括自由选择、拥有和传播宗教或其他信仰的权利，以及按照这些信仰行事的权利、思想和言论自由（社会、种族、民族或宗教仇恨和冲突的宣传或煽动运动除外），以及文学、艺术、科学、技术和其他种类创作和教学的自由；
- 大众信息自由；
- 私人生活、个人和家庭隐私的不可侵犯性；
- 俄语是多国俄罗斯人民精神团结的一个因素，也是独立国家联合体成员国人民之间进行国家间交流的语言；
- 俄罗斯联邦人民和民族的语言、道德价值和文化遗产；
- 知识产权项目。

对精神生活领域的威胁中最危险的是对俄罗斯联邦信息安全的下列威胁：

- 媒体垄断以及外国媒体部门在国家信息空间的无节制扩张，造成了大众信息系统的变形；
- 鉴于相关项目和活动的资金不足，俄罗斯文化遗产项目（包括档案、博物馆藏品、图书馆和建筑古迹）的状况恶化并逐渐减少；

- 可能扰乱社会稳定，由于宗教协会鼓吹宗教原教旨主义以及极权主义宗教派别（totalitarian religious sects）的活动而对公民的健康和生活造成损害；
- 外国特别服务机构利用在俄罗斯联邦境内运作的媒体，损害国家安全和防卫能力、传播虚假信息；
- 当代俄罗斯公民社会无法确保，在新一代中形成和维持社会所需的道德价值观、爱国主义和公民对国家命运的责任。

确保俄罗斯联邦在精神生活领域的信息安全的主要措施是：

- 俄罗斯公民社会基础（foundations of civil society）的发展；
- 为开展创造性活动和文化机构的运作提供经济和社会条件；
- 制定文明的形式和方法，建立社会上符合国家利益的精神价值的形成，以及爱国主义教育和公民对国家命运的责任的公共控制（public control）；
- 精简俄罗斯联邦关于宪法限制人权和公民权利及自由领域关系的立法；
- 政府支持保护和恢复俄罗斯联邦人民和民族文化遗产的措施；
- 建立体制机制，确保公民的宪法权利和自由，并促进其法律文化，以打击在精神生活领域蓄意或无意侵犯这些宪法权利和自由的行为；
- 在媒体和公民中建立有效的法律和组织机制，公开关于国家权力机关联邦机构或公共协会活动的信息，并确保通过大众媒体传播的关于社会重大公共生活事件的数据的可信性；
- 建立专门的法律和组织机制，防止非法的信息和心理影响社会意识或文化和科学不受控制的商业化，以及建立类似的机制，以确保俄罗斯联邦人民和民族的文化和历史价值得到保护，并合理利用社会积累的构成国家财产的信息资源；
- 禁止利用电子媒体播放宣扬暴力、残忍和反社会行为的节目；
- 抵制外国宗教组织和传教士的负面影响。

在国家信息和电信系统中，俄罗斯国家信息和电信系统中最重要的信息安全目标是：

- 含有国家机密数据和保密信息的信息资源；
- 信息化系统和设施（计算机硬件、信息—计算机复合体、网络和系统）、软件（操作系统、数据库管理系统和其他通用和应用软件）、自动化管理系统、接收/处理/存储/传输有限访问信息（limited-access information）的通信和数据传输系统及其信息物理领域；

- 处理公开信息的技术手段和系统，但位于处理有限访问信息的场所，以及为处理此类信息而设计的场所本身；
- 为保密谈判设计的场所，以及在谈判过程中宣布有限获取信息的场所。

以下是在国家信息和电信系统中对俄罗斯联邦信息安全的主要威胁：

- 外国的特殊服务活动、犯罪联盟、组织或团体以及个人的非法活动，其目的是未经批准获得信息，并监测这类信息和电信系统的运作；
- 在建立和推进信息和电信系统时使用进口硬件/软件，这是国家工业在该领域的客观滞后所导致的；
- 违反既定的信息收集、处理和传输规定，信息和电信系统的工作人员蓄意行动或错误，以及其中的硬件故障或软件故障；
- 在安全要求方面使用未经认证的信息化和通信系统及工具，以及用于信息保护和控制其有效性的工具；
- 未取得国家此类活动许可证的组织和公司参与信息和电信系统的创建、开发和保护工作。

国家信息和电信系统中信息安全工作的主要重点领域是：

- 防止截获来自办公室和设施的信息，以及通过技术手段通过通信渠道传输的信息；
- 不允许未经批准访问在技术设施中存储或处理的信息；
- 防止在操作其处理、存储和传输设施时出现技术渠道的信息泄露；
- 防止因特殊软硬件攻击，导致信息失真、损坏、破坏或信息化设施运行故障；
- 将国家信息/电信系统连接到外部信息系统（包括国际信息系统）时的信息安全安排；
- 在信息与具有不同保护等级的电信系统之间的交互过程中，确保保密信息的安全；
- 检测安装在设施或技术手段中的电子通信拦截装置。

在国家信息和电信系统中保护信息的主要组织和技术措施是：

- 组织在信息保护领域的活动许可；
- 在开展涉及使用构成国家机密的数据的工作时，证明信息化项目符合信息保护要求；
- 认证用于信息保护和控制其有效性的工具，以及通过信息化和通信系统及设施的技术渠道防止信息泄露的工具；
- 对受保护的技术手段的使用方式，实行地域、频率、能量、空间和

时间限制;

- 受保护信息和自动管理系统的开发和应用。

国防领域——国防领域的国家信息安全目标包括:

中央军事控制机构和俄罗斯军队(Russian Armed Forces)作战部队军事控制机构的信息基础设施,以及俄罗斯军队和俄罗斯国防部(Russian Ministry of Defense)科研机构的作战武器、编队、大部队、部队单位和组织的信息基础设施;

- 国防行业工厂和执行国防命令或涉及国防问题的科研机构的信息资源;

- 自动化和自动部队(automated and automatic troop)和武器控制系统以及装备有信息化手段的武器和军事装备的硬件和软件;

- 其他军队、部队和机构的信息资源、通信系统和信息基础设施。

对俄罗斯国防信息安全设施构成最大威胁的外部威胁有:

- 外国开展的各种情报活动;

- 可能的对手对信息和技术的影响(包括电子攻击、侵入计算机网络);

- 外国特别服务机构通过信息和心理影响手段进行的颠覆和破坏活动;

- 外国政治、经济和军事实体在国防领域针对俄罗斯联邦利益的活动。

对这些设施构成最大威胁的内部威胁是:

- 违反俄罗斯国防部总部和组织,以及国防部门工厂关于收集、处理、存储和传输信息的既定规定;

- 工作人员故意对专用信息和电信系统采取的行动或犯下的错误;

- 专用信息和电信系统功能不可靠;

- 可能破坏俄罗斯武装部队的威望及其战备状态的信息和宣传活动;

- 军工企业知识产权保护问题不清,导致有价值的政府信息资源外流;

- 军人及其家属社会保障不到位。

在军事政治局势恶化的情况下,这里所列的内部威胁将是一种特殊的危险。

在国防领域精简俄罗斯信息安全系统的主要具体重点领域是:

- 系统识别威胁及其来源,构建防御领域的信息安全目标,确定适当的实际任务;

- 对现有和计划中的军用自动化控制系统和通信系统（包括计算机设备的组成部分）中的通用和专用软件、应用程序包和信息保护工具进行认证；
- 不断改进保护信息不受未经批准访问的工具，发展受保护的通信和部队及武器控制系统，升级专用软件的可靠性；
- 防御领域信息安全系统各职能部门的结构改进和相互活动的协调；
- 改进提供战略和作战伪装（strategic and operational camouflage）以及实施情报和电子对抗的方法和手段，以及改进积极打击可能的对手的宣传、信息和心理战的方法和工具；
- 培训国防领域的信息安全专家。

在执法和司法领域——执法和司法领域最重要的信息安全设施包括：

- 实现执法职能的联邦执行机构、司法机构及其信息计算机中心、科学研究和教育机构的信息资源，其中包含保密性质的特殊信息和数据；
- 信息计算中心及其信息、技术、计划和规范支持；
- 信息基础设施（信息计算机网络、控制站、通信中心和线路）。

对执法和司法领域信息安全设施构成最大风险的外部威胁包括：

- 外国特别机构和国际犯罪联盟、组织和团体的情报活动，其中涉及收集相关资料，以获取俄罗斯联邦特别单位和内部机构的目标、活动计划、技术设备、工作方法和部署地点；
- 外国国家和私营商业实体，寻求未经批准获得执法和司法机构信息资源的活动。

对上述设施构成最大风险的内部威胁包括：

- 违反关于收集、处理、存储和传输保存在档案和自动数据库中，并用于犯罪调查的信息的既定规定；
- 执法和司法领域信息交流的立法和规范性规定不足；
- 对于调查、参考、犯罪和统计性质的信息，缺乏统一的方法来收集、处理和储存；
- 信息和电信系统中的硬件故障和软件故障；
- 直接参与创建和维护文件和自动化数据库的员工的蓄意行为和错误。

随着信息保护的一般方法和工具的广泛使用，还应使用在执法和司法领域确保信息安全的具体方法和工具。

其中最主要的是：

- 在专门信息技术系统的基础上，建立一个具有调查、参考、犯罪和统计性质的受保护的多层次综合数据库系统；

• 提升信息系统用户的专业和专项培训水平。

在紧急情况条件下，俄罗斯联邦最脆弱的信息安全设施是救灾（disaster relief）和应急决策系统（emergency response decision making system），以及收集和处理紧急情况可能性信息的系统。

对上述设施的正常运作特别重要的是确保国家信息基础设施在发生事故、灾害和灾难时的安全。个人或个人集团对运营信息的隐瞒、延迟接收、歪曲或破坏以及未经批准的评估可能导致生命损失，并在消除极端条件下因信息影响的特殊性而产生的紧急情况的后果方面导致各种复杂性的产生；并导致广大民众活动经历精神压力；在谣言和虚假或不可信的信息的基础上，恐慌和骚动在民众当中迅速上升和蔓延。

在这些情况下，确保信息安全工作的具体重点领域包括：

• 建立有效的系统，以监测一旦中断就可能引发紧急情况的那些潜在风险增加的对象，从而预测紧急情况；

• 改进系统，使公众了解紧急情况爆发的危险及其发生和发展的条件；

• 提高信息处理和传输系统的可靠性，确保联邦执行机构的活动；

• 预测公众在可能出现紧急情况的虚假或不可靠信息影响下的行为，并制定措施帮助处于这种情况下的广大人民群众；

• 制定特别措施，保护信息系统，确保对环境危险和具有经济重要性的企业进行管理。

（三）俄罗斯联邦在信息安全领域的国际合作

俄罗斯联邦在信息安全领域的国际合作是构成国际社会的国家之间政治、军事、经济、文化和其他相互作用的一个组成部分。这种合作必须有助于加强包括俄罗斯联邦在内的国际社会所有成员的信息安全。

俄罗斯联邦在信息安全领域开展国际合作的一个特点是，这种合作是在（西方国家）对技术和信息资源，以及对市场支配地位的国际竞争加剧的情况下进行的，它们试图建立一种以单方面解决世界政治中的关键问题为基础的国际关系结构，反对巩固俄罗斯作为新兴多极世界中有影响力的中心之一的地位，提高世界领先大国的技术优势，增强它们制造"信息武器"的能力。所有这一切可能导致信息领域军备竞赛的一个新阶段，并导致外国情报机构，特别是利用全球信息基础设施，对俄罗斯进行间谍活动和业务技术渗透的危险日益增加。

俄罗斯联邦在信息安全领域开展国际合作的主要重点领域是：

● 禁止发展、传播和使用"信息武器"；

● 确保国际信息交流，包括通过国家电信和通信渠道的信息流；

● 由组成国际社会的国家的执法机构协调预防计算机犯罪的活动；

● 防止未经批准获取国际银行电信网络和世界贸易信息支持系统中的机密信息；以及国际执法组织打击跨国有组织犯罪、国际恐怖主义、麻醉药品和精神药物扩散、武器和裂变材料（fissile material）非法贸易和人口贩运的信息。

在维持俄罗斯联邦在信息安全领域的国际合作时，应特别注意与独立国家联合体成员国的互动问题。

为了在上述主要领域实现这一合作，应确保俄罗斯积极参与所有从事信息安全领域活动的国际组织，特别是在标准化和认证信息化及信息保护工具领域。

三、俄罗斯国家信息安全政策的主要主张及实现措施

（一）俄罗斯国家信息安全政策的主要主张

俄罗斯联邦国家信息安全政策确定了联邦国家权力机构和组成俄罗斯联邦实体的国家权力机构在这一领域开展活动的主要方向，在重点领域内分配它们在保护俄罗斯联邦在新闻领域的利益方面的责任的程序，取决于在新闻领域内遵守个人、社会和国家之间利益的平衡。

俄罗斯联邦国家信息安全政策基于以下主要准则：

● 在开展确保国家信息安全的活动时，遵守俄罗斯联邦宪法和法律以及公认的国际法准则和规范；

● 在实现联邦国家权力机构、组成俄罗斯联邦实体的国家权力机构和公共协会的职能方面的公开性，这些机构将向公众提供关于它们在俄罗斯联邦立法所规定的限制方面的活动的信息；

● 信息互动过程中所有参与者的法律地位平等，不论其政治、社会或经济地位如何，以公民以任何法律方式自由寻求、获得、传播、生产和传播信息的宪法权利为基础；

● 优先推动俄罗斯联邦现代信息和通信技术的发展，生产出能够保证国家电信网络进步及其与全球信息网络的连接的硬件和软件，以便与俄罗斯的重大利益保持一致。

国家在履行其确保俄罗斯联邦信息安全职能的过程中：

- 对俄罗斯联邦信息安全面临的威胁进行客观、全面的分析和预测，并制定保障措施；
- 组织俄罗斯联邦国家权力机构的立法（代表）和执行机构的工作，以执行一套旨在防止、击退和消除对国家信息安全的威胁的措施；
- 支持公共协会的活动，旨在向民众提供关于社会重大公共生活事件的客观信息，并保护社会不受扭曲和不可靠信息的影响；
- 通过信息保护工具的认证和信息保护领域活动的许可，对信息保护工具的设计、制造、开发、使用、出口和进口实施控制；
- 对俄罗斯国内的信息化和信息保护工具生产商采取必要的保护主义政策，采取措施保护国内市场不受劣质信息化工具和信息产品的渗透；
- 便利自然人和法人获得世界信息资源和全球信息网络；
- 阐明并实施俄罗斯的国家信息政策；
- 结合国家和非政府组织在这一领域的努力，组织制定联邦方案，以确保俄罗斯联邦的信息安全；
- 促进全球信息网络和系统的国际化，以及俄罗斯在平等伙伴关系的条件下进入世界信息社会。

精简管理信息领域中产生的社会关系的法律机制是确保俄罗斯联邦信息安全领域国家政策的一个优先方向。

其前提如下：

- 对当前立法和其他规范性法律行为在信息领域的应用进行有效性评估，并制定改进计划；
- 建立确保信息安全的体制机制；
- 确定信息领域关系的所有当事方，包括信息和电信系统用户的法律地位，并确定他们在这一领域遵守俄罗斯联邦法律的责任；
- 建立一个系统，以收集和分析关于对俄罗斯联邦信息安全的威胁来源及其所产生影响的数据；
- 制定规范性法律行为（normative legal acts），确定信息领域非法行为的调查组织和司法审查程序，以及消除其后果的规则；
- 制定关于刑事、民事、行政和纪律责任的、具体规定的、正式的违法定义，并将适当的法律规范纳入刑事、民事、行政和劳工法以及俄罗斯联邦公务员法；
- 改进培训，确保俄罗斯联邦信息安全领域的用人制度。

对国家信息安全的法律支持应主要建立在遵守合法性准则（principle of legality）和在信息领域公民、社会和国家之间利益平衡的基础上。

遵守合法性准则要求，联邦国家权力机构和组成实体的机构在解决信息领域可能出现的冲突时，应受到管理这一领域关系的立法和其他规范性法律行为的严格指导。

在信息领域遵守公民、社会和国家之间利益平衡的准则，前提是在社会运作的不同领域对这些利益进行立法保护，并对国家权力的联邦机构和俄罗斯联邦的组成实体的活动采用公共控制的形式。实现保障公民在信息领域活动中的宪法权利是国家在信息安全领域的一项重要任务。

阐述对国家信息安全的法律支持机制包括将整个法律领域信息化的措施。

为了确定和协调联邦国家权力机构、组成实体的国家权力机构以及信息领域关系的其他各方的利益，并制定必要的决定，国家支持成立具有公共组织广泛代表性的公共理事会（public councils）、委员会（committees）和专项委员会（commissions），并促进其有效工作的组织。

（二）实现俄罗斯联邦国家信息安全政策的紧急措施

实现俄罗斯联邦国家信息安全政策的紧急措施是：

● 制定和引进实现管理信息领域关系的法律规范的机制，并为国家信息安全提供法律支持制定蓝图；

● 发展和实现提高国家对国家媒体活动的指导效力，以及执行国家信息政策的机制；

● 制定和实施联邦计划，以便建立普遍可访问的联邦国家权力机关和组成实体的国家权力机关的信息资源档案、提高公民的法律文化和计算机素养、发展俄罗斯统一信息空间的基础设施、全面应对信息战争威胁、为实现社会和国家的至关重要的职能所使用的系统创造安全的信息技术、打击计算机犯罪、为联邦国家权力机构和组成实体的国家权力机构的利益设计特殊用途的信息技术系统，以及确保俄罗斯在开发和运行用于国防目的的信息技术系统方面的技术独立性；

● 制定培训在确保俄罗斯联邦信息安全领域的用人制度；

● 协调信息化领域的国家标准，确保自动化管理系统以及通用、专用信息和电信系统的信息安全。

四、俄罗斯联邦信息安全保障体系的组织基础

（一）确保俄罗斯联邦信息安全系统的主要职能

俄罗斯联邦的信息安全系统是为执行这一领域的国家政策而设计的。

国家信息安全体系的主要功能是：

• 在国家信息安全领域建立法律和监管基础；

• 为实现公民和公共协会在信息领域开展法律允许活动的权利创造条件；

• 确定和维持公民、社会和国家在信息自由交换方面的要求，与对信息传播的必要限制之间的平衡；

• 评估国家信息安全状况，查明内外部信息安全威胁的来源，确定预防、击退和消除这些威胁的优先重点领域；

• 协调联邦国家权力机构和其他国家机构的活动，以完成确保俄罗斯联邦信息安全的任务；

• 控制联邦国家权力机构、组成实体的国家权力机构以及处理国家信息安全问题的国家委员会和机构间委员会（interagency commissions）的活动；

• 防止、识别和制止涉及侵犯公民、社会和国家在信息领域的合法利益的违法行为，以及与这一领域的犯罪案件有关的司法程序；

• 发展国家信息基础设施、电信和信息工具行业，提高其在国内外市场的竞争力；

• 组织制定联邦和区域信息安全计划，并协调其实施活动；

• 在国家信息安全领域推行统一的技术政策；

• 组织国家信息安全领域的基础研究和应用研究；

• 保护政府信息资源，主要是在联邦国家权力机构、组成实体的国家权力机构和国防部门企业；

• 通过对该领域活动的强制许可和对信息保护工具的认证，控制信息保护工具的创建和使用；

• 改进和发展统一的制度，培训在确保俄罗斯联邦信息安全领域的雇员；

• 维持信息安全领域的国际合作，并在适当的国际组织中代表俄罗斯联邦的利益。

联邦国家权力机构、组成实体的国家权力机构和作为国家信息安全系统（子系统）一部分的其他国家机构的职权范围，由联邦法律和俄罗斯联邦总统和政府的规范性法律行为确定。

协调联邦国家权力机构、组成实体和国家信息安全系统（子系统）内其他国家机构活动的机构的职能，由俄罗斯联邦个别规范性法律规定。

（二）确保俄罗斯联邦信息安全系统组织基础的主要构成部分

俄罗斯联邦的信息安全系统是国家安全系统的一部分。

俄罗斯联邦国家信息安全系统的基础是界定这一领域的立法、行政和司法部门之间的权力，以及组成俄罗斯联邦实体的联邦国家权力机构和国家权力机构之间的职权范围。

国家信息安全体系组织基础的主要构成部分包括：俄罗斯联邦总统、俄罗斯联邦议会联邦委员会、俄罗斯联邦议会国家杜马、俄罗斯联邦政府、俄罗斯联邦安全理事会、俄罗斯联邦总统或政府设立的联邦执行机构、机构间和国家委员会、组成俄罗斯联邦实体执行机构、地方自治机构、司法机构、公共协会，以及根据俄罗斯联邦法律参与处理国家信息安全任务的公民。

俄罗斯联邦总统在其宪法职权范围内指导国家信息安全机构和部队；授权国家信息安全行动；根据俄罗斯联邦的立法形式，重组和废除国家信息安全机构或其下属的部队；并在其年度联邦议会中确定国家信息安全政策的优先重点领域以及本准则的实施措施。

俄罗斯联邦议会各分庭（Chambers）根据《宪法》，并经总统或政府提出意见后，组成国家信息安全领域的立法基础。

俄罗斯联邦政府在其职权范围内，并考虑到总统年度联邦大会讲话中阐述的国家信息安全优先事项，协调联邦执行机构和组成实体的活动，并以规定的方式制定相关年份的联邦预算草案，设想分配必要的资金，以实施这一领域的联邦方案。

俄罗斯联邦安全理事会开展国家信息安全威胁的识别和评估工作，业务上拟订防止这种威胁的总统决定草案，拟订国家信息安全安排建议，以及具体规定本准则个别条款的建议，协调国家信息安全部队和机构的活动，并监督联邦执行机构和组成实体执行俄罗斯联邦总统有关决定的情况。

联邦执行机构确保俄罗斯联邦立法和俄罗斯联邦总统及政府关于国家信息安全的决定得到遵守；在其职权范围内，制定这一领域的规范性法律，并以规定的方式提交俄罗斯联邦总统和政府。

俄罗斯联邦总统或政府设立的机构间和国家委员会，根据赋予它们的权力处理确保俄罗斯联邦信息安全的任务。

各组成实体的执行机构与联邦执行机构就遵守俄罗斯联邦法律、总统和政府关于国家信息安全的决定，以及该领域联邦项目的执行情况进行互动；与地方自治机构合作，采取措施，促使公民、组织和公共协会帮助解决确保国家信息安全的问题；并就改进确保俄罗斯联邦信息安全的系统向联邦执行机构提出建议。

地方自治机构确保遵守俄罗斯联邦在国家信息安全领域的立法。

司法机构在涉及侵犯个人、社会或国家在信息领域的合法利益的案件中执行司法，并为其权利在保障国家信息安全的活动中受到侵犯的公民和公共协会提供司法保护。

俄罗斯联邦的国家信息安全系统可包括面向处理这一领域的地方任务的子系统（系统）。

＊ ＊ ＊

实施该《准则》中列出的紧急国家信息安全措施的前提是制定适当的联邦计划。适用于社会和国家活动个别领域的某些《准则》条款的具体化可在俄罗斯联邦总统批准的有关文件中进行。

第四节 土耳其：国家网络安全战略

一、简介

信息和通信技术已成为社会和经济的组成部分，并为发展作出了重要贡献。在我国，信息和通信系统已在公共和私营部门及公民中广泛使用，特别是在能源、水资源、卫生、交通通信和金融服务等关键基础设施部门。信息和通信技术，尤其是互联网的使用，将网络空间中的所有部分互连在一起，带来了网络安全风险和不确定性。

随着机构和组织越来越多地使用信息和通信系统来提供服务，确保此类信息和通信系统的安全已成为国家安全和经济的重要方面。信息和通信系统的安全缺陷可能导致这些系统无法使用或被利用，或可能导致最终生命丧失、大规模经济损失、公共秩序受到干扰和/或损害国家安全。网络攻击造成的经济损失已达到非常严重的程度。世界经济论坛（World Economic Forum）和各种安全公司等组织的报告清楚地表明了这一事实。

事实上，网络空间为攻击信息系统和信息/数据提供了匿名性（anonymity）和可否认性（deniability）等有利条件。很难发现针对信息系统和数据的持续和高级网络攻击的出资人和组织者。这种情况和特征揭示了网络空间中风险和威胁的不对称特点，因此很难与这些威胁作斗争。

在这样的环境下，无法确保绝对的网络安全。因此，我们的目标是将网络安全风险保持在可管理和可接受的水平。众所周知，随着可访问性的增加，在开放和连接的环境（例如因特网）中存在某些风险。必须通过包括所有利益攸关方在内的整体方法来管理风险，并通过以最小的损失减轻这些事件的风险来确保连续性，从而为网络事故做好准备。

（一）《国家网络安全战略和 2013—2014 年行动计划》

鉴于这些信息，交通、海事和通信部（Ministry of Transportation, Maritime and Communication）有责任根据《部长会议关于国家网络安全活动执行、管理与协调的决定》提供国家网络安全和确保协调制定政策、战略和行动计划，于 2012 年 10 月 20 日在《第 28447 号政府公报》和《第 5809 号电子通信法》中发布。

所有公共机构和组织以及自然人和法人在网络安全委员会（Cyber Security Board）（参见附件 A）所确定的政策、战略和行动计划的框架内执行分配的任务，并遵循确定的方法、原则和标准。

为解决这些问题，《国家网络安全战略和 2013—2014 年行动计划》于 2013 年 6 月 20 日在《第 28683 号政府公报》中出版并颁布。除了计划在 2013—2014 年期间进行的实践之外，该文件还涵盖了超出此时期的定期活动，例如培训和增强意识的举措。

（二）《2016—2019 年国家网络安全战略及行动计划》的准备过程

交通、海事和通信部必须根据信息和通信技术的发展、安全需求的增加和经验的积累，更新国家网络安全战略，确定 2016—2019 年期间的行动。据此，2015 年 3 月 10 日至 4 月 7 日期间，先前行动计划中负责或相关的机构举行了七次评估会议。会议期间，除了先前行动计划和挑战所述活动的完成程度外，还确定并全面记录了网络安全范围内的预期评估和行动。

会后，我们建立了一个共享思想平台（Common Mind Platform），来自 73 个机构和组织的 126 名专家参加了会议，这些机构和组织代表公共机构、关键基础设施运营商、信息技术部门、大学和非政府组织。持续两天的平台研究着重于土耳其的网络安全优势和劣势，确定了战略目标和行动。

除欧洲联盟（EU）、经济合作与发展组织（OECD）、北大西洋公约组织（OECD）等国际组织外，网络安全问题已被列入所有发达国家的议程，尤其是在 2008 年之后。《2016—2019 年国家网络安全战略及行动计划》涵盖了与利益攸关方一起开展的工作之外的几个阶段。背景文献回顾调查了美国、欧洲和远东许多国家的网络安全战略,并在范围、目标、优先事项、组织结构、资源分配、研发协调、公私合作和培训等方面提出了解决方案。

《2016—2019年国家网络安全战略及行动计划》是积累、审查和评估此类活动范围产生信息的成果。

(三)定义

本文件使用的术语包括:

威胁(Threat):可能导致机构或系统损害事故的潜在原因。

风险(Risk):通过使用一个或多个信息实体中的漏洞造成破坏的潜在风险。

信息系统(Information systems):通过信息和通信技术提供任何服务、交易和信息/数据的系统。

工业控制系统(Industrial Control Systems):监控和数据采集(SCA-DA)和分布式控制系统组(Distributed Control Systems groups)中的信息系统,用于通过常规逻辑控制器以外的可编程逻辑控制器(programmable logical controllers)进行工业操作(如生产、产品加工和分配控制)。

网络空间(Cyber space):由遍布在整个世界和空间的信息系统、相互连接的网络或独立的信息系统组成的数字环境。

公共信息系统(Public information systems):土耳其共和国各机构和组织拥有和/或运行的信息系统。

自然人和法人拥有的信息系统(Information systems owned by natural and legal persons):受土耳其共和国法律管辖的自然人和法人拥有和/或运行的信息系统。

国家网络空间(National cyber space):由公共信息系统、自然人和公众运行/使用的信息系统组成的环境。

保密性(Confidentiality):防止未经授权的个人、实体或过程使用或泄露信息的特征。

完整性(Integrity):保持实体的准确性和一致性的特征。

无障碍性(Accessibility):当被授权实体要求时,可访问和可用的特征。

关键服务(Critical Service):一旦终止提供这些服务,可能导致:

——生命丧失;

——大规模经济损失;

——国家安全漏洞或扰乱公共秩序。

关键产品（Critical Product）：提供主要服务的保密性、完整性和可用性的信息技术产品。

关键基础设施（Critical infrastructures）：包含信息系统的基础设施，当其所含数据的机密性、完整性或可用性受到损害时，可能会导致：

——生命丧失；

——大规模经济损失；

——国家安全漏洞或扰乱公共秩序。

关键基础设施部门（Critical infrastructure sectors）："电子通信"、"能源"、"水管理"、"主要公共服务"、"运输"和"银行和金融"部门，包括根据2013年6月20日网络安全委员会《第2号决议》的关键基础设施。

机构（Institution）：运行关键基础设施的公共机构和公共或私营部门机构。

网络事故（Cyber incident）：违章或违反信息和工业控制系统或这些系统处理的信息/数据的保密性、完整性或可用性的企图。

网络攻击（Cyber attack）：个人和/或信息系统在网络空间的任何地方有意进行的行动，目的是损害国家网络空间信息系统的机密性、完整性或可用性。

边界安全（Border Security）：通过防火墙和防攻击系统等访问控制系统，保护信息系统免受来自外部网络的潜在攻击。

网络安全（Cyber security）：保护形成网络空间的信息系统不受攻击，确保在此环境中处理的信息/数据的机密性、完整性和可用性，检测攻击和网络安全事故，启动响应机制并将系统恢复到网络安全事故发生前的状态。

国家网络安全（National Cyber Security）：为构成国家网络空间的信息和通信技术提供的所有服务、交易、信息/数据相关的任何硬件和软件系统提供的国家范围内的网络安全。

（四）任务

确定、协调和执行有效和可持续的政策，以保障国家网络安全。

（五）愿景

在网络安全领域形成具有国际竞争力的生态系统，所有与网络安全相关的利益攸关方相互合作，以合适的方式管理网络空间的风险，以最有效的方式从信息和通信技术中获益，为社会财富和安全以及国家经济增长和效率作出贡献。

（六）目标

《2016—2019 年国家网络安全战略及行动计划》有两个主要目标。首先，让所有利益攸关方认识到网络安全是国家安全的一个组成部分。其次，获得能够采取行政和技术预防措施的能力，以维护国家网络空间中所有系统和利益攸关方的绝对安全。为了实现这两个主要目标，确定目标和次级行动，同时确保和监督其执行是本文件的目标之一。

计划将提及以下目标：

- 确保通过信息技术提供的所有服务、交易和信息/数据，以及用于提供这些服务、交易和信息/数据的系统的安全性、保密性和隐私性，前提是这些服务、交易和信息/数据完全覆盖网络空间；

- 确定网络安全措施，以尽量减少网络安全事故的影响，在事件发生后尽快使系统恢复正常功能，并确保司法机构和执法部门在探索和调查新兴犯罪方面提高效率；

- 在当地开发主要技术和产品，以确保网络安全性、保密性和隐私性，或以其他方式采取措施确保从国外采购的技术和产品唯一安全地用于此目标。

（七）范围

《2016—2019 年国家网络安全战略及行动计划》涵盖了全国范围内国家网络空间的所有组成部分，包括中小型产业、所有自然人和法人，以及公共信息系统或公共和私营部门运行的关键基础设施的信息系统。

（八）更新

国家网络安全战略应在国家层面上根据从公共和私营部门收到的需求进行协调，并考虑到技术的发展、不断变化的条件和需求，进行更新。

本计划中包含的在 2019 年底前无法完成的行动将继续执行到下一个行动计划中。

（九）全球网络安全战略与行动计划

本部分介绍了其他国家发布的网络安全战略文件的重点和要点。

与《2016—2019 年国家网络安全战略及行动计划》类似，其他国家的战略文件中也提到了潜在的网络安全风险和实施缓释风险措施的原则，据观察，各国的风险和原则没有显著差异。

这方面的重要原则如下：

（1）个人、机构、社会和国家在提供网络安全方面履行所有法律和社会责任；

（2）公共部门、私营部门、大学和非政府组织之间的协调、共同参与、协作和信息共享；

（3）国际网络安全运行中心（International Cyber Security Operation Centres）之间的高级网络事故管理合作。

评审文件中的重大风险包括：

（1）社会的社交网络成瘾；

（2）主要机构和组织在网络空间中的地位；

（3）各种网络间谍活动和针对性攻击；

（4）人员和能力的缺乏；

（5）机构之间缺乏协调；

（6）对网络空间中不同规模部门的经济关注。

针对这些原则和风险，确定了国家网络安全原则、风险、网络安全战略目标和行动计划。

二、原则

确保国家网络安全应考虑的原则如下：

1. 通过有效和持续的评估方法以及风险评估的改进来确保网络安全。目标是创建解决威胁和漏洞并确定新风险的风险管理方法，并提供将这些风险降到可接受水平的方法。

2. 为了提供网络安全，所有利益攸关方必须了解网络安全风险，并意识到他们管理这些风险的方法不仅会影响他们自己，还会影响他人。为了达到这种意识和水平，所有利益攸关方必须获得必要的培训和经验。除了技术维度，还采用了包括法律、行政、经济、政治和社会维度在内的综合方法。

3. 风险管理包括快速消除技术漏洞，预防和应对攻击和威胁，并将潜在损害降至最低。制定并实施针对网络事故的准备和连续性计划，对于将损失降至最低非常重要。

4. 除了包括公众、私营部门、大学、非政府组织和个人在内的所有的利益攸关方之间的合作外，实现和维持网络空间安全还需要国际合作、信息交流和建立信任。

5. 所有利益攸关方在努力确保网络安全时，必须尊重法治、言论自由、基本人权和自由以及保护隐私的原则。

6. 利益攸关方在履行其管理网络空间风险的职责时，应遵守透明度、问责制和道德价值观。

7. 实施的网络安全措施必须与相关风险成比例，必须评估和平衡正面和负面影响。

8. 鼓励使用本国产品和服务来满足网络安全要求；批准研发项目开发此类产品和服务，同时创新也是必不可少的。

三、网络安全风险

为了确定网络安全范围内的战略目标，对网络安全风险进行了现实评估。已确定的风险如下：

1. 由于拒绝服务攻击和关键基础设施使用的信息系统的类似有针对性的攻击而导致的能源、运输等主要服务的中断。

2. 攻击者对公共和关键基础设施的信息系统进行有针对性的攻击，从而导致攻击者窃取、泄露、修改或销毁个人信息和机密的公共信息。

3. 攻击者窃取、泄露、修改或销毁敏感或有商业价值的数据，这些有针对性的攻击的重点是获取从事研究、开发和生产的机构和组织（私营公司、研究机构和国防工业）的商业秘密和专有技术。

4. 由于出于宣传目的的黑客（黑客行为）攻击而损害各机构和组织的声誉或泄露、修改或销毁敏感信息/数据。

5. 由于拒绝服务以及对电子商务公司、电子邮件和社交媒体服务提供商的类似攻击，创建虚假操作记录，攻击者窃取、泄露、修改、销毁机密信息而导致的服务失败造成的物质损失。

6. 从事电子商务、金融业或其他提供在线支付或转账服务的公司，由于攻击者窃取敏感的客户信息、社会对在线交易的不信任以及使用此类服务的客户遭受的物质损失而丧失声誉。

7. 中小型工业企业、商业和服务业公司因其信息技术系统缺乏安全措施或人为错误而中断，导致攻击者窃取、泄露、修改、销毁敏感或商业信息。

8. 由于对互联网和社交网络的社交成瘾、对网络安全的了解和认识不足、未能在移动和固定信息系统中采取个人安全措施，遭受恶意软件和网络钓鱼攻击、欺诈和身份盗用，攻击者窃取、修改或破坏个人信息和设备并进行虚假交易。

9. 由于批量邮件（bulk mail）、恶意软件（malware）和类似的攻击导致的任何机构和组织遭受的欺诈行为。

10. 由于人为错误或自然灾害，任何机构和组织通过信息系统提供的服务和运行中断。

四、网络安全战略目标和行动

2016—2019 年期间，根据既定原则，将当前风险降至最低的战略目标如下：

1. 创建国家关键基础设施清单，满足关键基础设施的安全要求，并由相关监管委员会对这些关键基础设施进行监督（附件 B）。

2. 制定符合国际标准的法规，其中包含网络安全审核标准。

3. 在网络安全范围内提高监管机构、政府部门等的监管意识和能力。

4. 统筹安排以保护机构的信息系统不受攻击，并且保护其不受人为错误和灾难的影响。

5. 使每个机构都有能力运行自己的信息安全管理流程。

6. 提高高管在网络安全领域的意识水平。

7. 培养合格的网络安全人才，鼓励有志于从事这一领域工作的人员、研究者和学生。

8. 在社会各个层面提高网络安全意识，除了教育机构进行努力外，在媒体上开展有关增强意识的书面和视觉宣传。

9. 为聘用网络安全方面的专家人员和改善公共机构员工的人事权利提供法律支持。

10. 在组织国家网络事故响应的范围内，提供法律支持、作出财务安排、聘用合格人员、提供信息技术基础设施和改善信息共享，以提高公司和部门网络事故响应小组（CIRT）的效率（附件 C）。

11. 建立强有力的中央公共权力机构，以确保网络安全领域的协调。

12. 形成国家网络安全生态系统，以公共机构、私营部门、非政府组织（NGO）、监管机构、大学、软件公司和所有其他利益攸关方的参与和协调为目标。

13. 在国家网络安全生态系统内宣传最佳案例，提供咨询服务，共享漏洞、威胁和有用做法。

14. 进行漏洞分析和认证工作，防止在信息系统关键点使用的国内外硬件和软件产品的漏洞。

15. 创造一种开发和提供安全软件的文化。

16. 重视研发活动并开发本国产品，减少网络安全对外依存度。

17. 提高国家主动网络防御能力以消除威胁。

18. 为了消除匿名（威胁参与者在网络空间中的最有利条件），发布有效的日志管理和第 6 版互联网协议（IPv6）。

为实现前几节所述的战略目标而采取的行动被纳入五个战略行动标题下。这些战略行动标题按计划完成日期和负责/相关机构划分为不同的行动，并列入《2016—2019 年国家网络安全战略及行动计划》中。计划在2016—2019 年期间实施的战略行动分为以下几类：

（一）加强网络防御与关键基础设施保护

在这一战略行动范围内，计划采取行动来减少可能影响国家和国民经济、关键基础设施和社会的风险。

（二）打击网络犯罪

在这一战略行动范围内，计划采取行动来降低可能影响机构和个人的风险，主要是造成物质损失的风险。

（三）增强意识与强化人力资源

在这一战略行动范围内，计划采取行动，将网络安全文化带入社会各阶层，从机构高管到简单的计算机用户，并培养网络安全专家。

（四）开发网络安全生态系统

在这一战略行动范围内，计划在公共、私营部门、非政府组织和其他利益攸关方的协调配合下，采取行动确定和实施从立法到技术的要求。

（五）将网络安全与国家安全相结合

在这一战略行动范围内，计划采取行动，减少有组织的威胁参与者实施的可能影响国家和国民经济、关键基础设施和社会的攻击所造成的损失。

附件 A：网络安全委员会成员机构清单

1. 交通、海事和通信部（Ministry of Transport, Maritime and Communications）

2. 外交部（Ministry of Foreign Affairs）

3. 内政部（Ministry of Inferior）

4. 国防部（Ministry of National Defense）

5. 公共秩序和安全部（Undersecretariat of Public Order and Security）

6. 国家情报组织（National Intelligence Organization）

7. 土耳其武装部队总参谋部（Turkish Armed Forces General Staff）

8. 信息和通信技术管理局（Information and Communication Technologies

Authority）

9. 土耳其科学技术研究理事会（Scientific and Technological Research Council of Turkey）

10. 金融犯罪调查委员会（Financial Crimes Investigation Board）

11. 电信和通信总裁（Presidency of Telecommunication and Communication）

附件 B：监管机构清单

1. 银行监管局（Banking Regulation and Supervision Agency）

2. 信息和通信技术管理局（Information and Communication Technologies Authority）

3. 能源市场监管局（Energy Market Regulatory Authority）

4. 法官和检察官高级司法委员会（High Council of Judges and Prosecutors）

5. 伊斯坦布尔仲裁中心（Istanbul Arbitration Centre）

6. 公众监督会计和审计准则管理局（Public Oversight Accounting and Auditing Standards Authority）

7. 公共采购局（Public Procurement Authority）

8. 广播电视最高委员会（Radio and Television Supreme Council）

9. 土耳其竞争管理委员会（Turkish Competition Authority）

10. 土耳其糖业生产管理局（Turkish Sugar Authority）

11. 土耳其资本市场委员会（Capital Markets Board of Turkey）

12. 土耳其共和国中央银行（The Central Bank of the Republic of Turkey）

13. 烟酒市场监管局（Tobacco and Alcohol Market Regulatory Authority）

14. 最高选举委员会（Supreme Electoral Council）

15. 高等教育委员会（Council of Higher Education）

附件 C：网络事故响应部门清单

主要公共服务和水利管理行业的网络事故响应部门

1. 内政部（Ministry of Interior）

2. 司法部（Ministry of Justice）

3. 财政部（Ministry of Finance）

4. 环境与城市规划部（Ministry of Environment and Urban Planning）

5. 劳动和社会保障部（Ministry of Labour and Social Security）

6. 粮食、农业和畜牧部（Ministry of Food, Agriculture and Livestock）

7. 林业和水利部（Ministry of Forestry and Water Works）

8. 卫生部（Ministry of Health）

交通运输行业的网络事故响应部门

1. 交通、海事和通信部（Ministry of Transportation，Maritime Affairs and communication），公路监管总局（General Directorate of Highway Regulation）

2. 交通、海事和通信部，铁路监管总局（General Directorate of Railway Regulation）

3. 交通、海事和通信部，海事和内河管理总局（General Directorate of Maritime and Inland Waters Regulation）

4. 交通、海事和通信部，民航总局（General Directorate of Civil Aviation）

电子通信、能源和金融行业的网络事故响应部门

1. 通信部门：信息和通信技术管理局（Information and Communication Technologies Authority）

2. 金融部门：银行业监督管理局（Banking Regulation and Supervision Agency）

3. 能源部门：能源市场监管局（Energy Market Regulatory Authority）

4. 金融部门：资本市场委员会（Capital Markets Board）

第五节 埃及：国家网络安全战略2017—2021

"网络空间安全是经济体系和国家安全的重要组成部分。国家应采取必要措施，依法予以保护。"

——《埃及宪法》第（31）条（2014年1月）

一、简介

这份题为"国家网络安全战略"的文件力求维护国家安全，促进埃及社会发展，目的是监测和应对网络空间和数字社会正在出现的威胁和未来的挑战。国家网络安全战略文件是根据埃及最高网络安全委员会（ESCC）成立的战略目标制定的，该委员会向内阁报告，并由通信和信息技术部部长担任主席。埃及最高网络安全委员会受命制定一项保护信息和通信（ICT）基础设施的全面战略，以提供一个安全可靠的环境，使各领域能够提供综合电子服务。

该战略包含一系列支持网络安全战略目标的项目，强调政府机构、私营部门、商业机构和民间社会组织之间的角色分配，以及国家为支持在实现这些目标方面取得进展而制定的措施。此外，它还概述了2017—2021年的行动计划。该计划是根据这些具体目标而制定，目的是促进目标执行，强调政府机构、私营部门、商业机构和民间社会组织之间建立伙伴关系的重要性。实现这些目标，可以为向满足公民对全面社会经济发展愿望的一体化数字经济过渡奠定基础，保护个人福利和国家利益，促进国家的进步和繁荣。

二、背景

在过去的三十年中，互联网和智能手机的用户数量，以及其在商务、贸易、政府服务、教育、知识、娱乐、旅游、保健和其他经济、社会和文化活动中的使用突飞猛进。伴随电信和互联网使用的持续增长以及电子交易和电子服务的激增所带来的机遇，人们通常还须应战针对信息和通信技术基础设施和电子交易的各种威胁和挑战，尤其是那些破坏人们对电子服务和电子商务信心和信任的威胁和挑战。

（一）最重要的网络挑战和威胁

1. 渗透和破坏信息和通信技术基础设施的威胁

最近出现了新型的极为严重的网络攻击，目的是破坏重要服务，部署恶意软件和病毒，以销毁或破坏信息和通信技术基础设施和主要的工业控制系统，特别是关键设施，包括核能、石油、天然气、电力、航空等实体，各种形式的交通运输，主要国家数据库，政府服务，医疗保健和紧急援助服务。此类网络攻击部署了包括无线网络和移动内存在内的多个渠道，以及诸如电子邮件、网站、社交媒体和电信网络等其他常见渠道，这可能对主要基础设施以及相关服务和业务的使用产生重大影响。实际上，重要设施更易受到高级网络攻击，即使它们没有直接连接到互联网。

2. 网络恐怖主义与网络战的威胁

近年来，各类危险的网络攻击和网络犯罪不断蔓延，它们使用先进技术，例如云计算、窃听和网络入侵设备、高级加密技术以及用于控制计算机系统和数据库的自动黑客工具。此外，高级恶意软件可能会被用来破坏网络安全系统，使计算机系统感染病毒形成僵尸网络，便于日后进行各种犯罪和非法活动。自动化的僵尸网络可能包含成千上万台受感染的计算机,用于在目标网络和网站上发起严重的网络攻击,如分散式阻断服务(DDoS)攻击,以达到破坏、恐怖主义和/或勒索目的。

复杂高级的计算机病毒的发展往往需要高级的知识水平和非传统的专业知识,只有在技术先进的国家才能获得,用于战略、战术和战争目的,抑或为用于补充或有时代替常规军事攻击,即所谓的网络战。然而,恐怖主义组织和国际犯罪团伙正在转让、复制或再生产此类恶意技术,用于恐怖行动和有组织犯罪,威胁和破坏信息和通信技术基础设施,以进行敲诈和(或)工业间谍活动。权威网络安全专家预计,在未来一段时间内,凶猛且复杂的网络攻击将日益增多。

3. 数字身份和私人数据的窃取

数字身份窃取是威胁互联网用户和未来电子服务最严重的非法活动之一。凭证和个人数据被盗会为网络空间的伪装者创造可乘之机,可能导致金钱和财产损失,或使受害者的名字卷入可疑或非法活动之中。身份窃贼通常使用互联网上已有的信息,特别是开放的社交媒体和专业网络、国家数据库、政府服务、社会保障服务和卫生保健、电子商务网站、虚拟市场、电子支付网络、自动取款机(ATM)和证券交易所。此外,用于执行电子交易的工具和系统可能会遭到破坏、被盗或损坏,严重威胁用户的利益和电子服务的未来。大量广泛的攻击可能影响国家金融领域。事业单位和公司的数据也可能被盗,造成重大的物质和信誉损失、声誉受损、客户流失、无形资产价值缩水,从而对整个国民经济造成危害。

(二)最具针对性的主要领域

1. 信息和通信技术领域

包括电信网络、海底和陆地电缆、通信塔、通信卫星、通信控制中心、电信和互联网服务提供商。

2. 金融服务领域

包括银行、银行交易、电子支付平台、证券交易所、证券交易公司和邮政金融服务的网络和网站。

3. 能源领域

包括控制电力、石油和天然气生产和分配的系统、网络和站点,高坝站,核电站及其他。

4. 政府服务领域

包括电子政务门户网站、政府机构网站、国家数据库——其中最重要的是国家身份数据库以及相关的网络和网站。

5.运输领域

包括空运、陆运、海运和尼罗河运输。涵盖所有列车和地铁控制系统、中心和网络，以及海空导航交通网络和控制系统。

6.卫生和紧急援助服务领域

包括救济和应急网络、血库、医院系统和网络、卫生保健网络和网站。

7.信息和文化领域

包括信息和广播服务的互联网、系统和网站。

同时，还包括影响各级投资、旅游、商业、工业、农业、灌溉、教育等经济活动的国家官方网站和领域。

(三) 新兴网络威胁严重性的主要方面

新兴网络威胁可能非常严重，主要源于以下三点：

1.经常部署高级而复杂的技术

很少有国家和大公司垄断这些技术。这些技术中有许多是绝密的，且禁止出口。此外，某些技术的出口版本可能包含后门程序或漏洞，成为其他威胁的源头。

2.容易且迅速传播

由于信息和通信技术的广泛使用，以及远程发起这些攻击和从任何地方以低成本进行跨境传播病毒的便利性，传播恶意病毒、发起分散式阻断服务攻击和其他高级网络攻击非常迅速且容易。通常，很难且不可能及时追踪这些威胁和风险的主要根源，因而无法予以解决和克服。

3.具有广泛影响

网络攻击可能对基础设施造成广泛的直接和间接影响，造成重大破坏和损失。此外，它们可能被远程操控，并以不可预测的方式突然扩展，同时可能影响主要实体和大量公民（数千或数百万人）。

网络攻击和网络犯罪可能超越国家的地域界线，通常依赖于传统和专业的有组织犯罪网络。因此，对付此类攻击和犯罪必须加强打击犯罪和面对网络威胁的传统国际合作机制，以及具有处理新兴技术发展的特殊机制的立法和监管框架。要有效应对网络攻击和网络犯罪，就必须在国家层面进行多方合作协调，包括供给和运作基础设施的伙伴以及提供服务的伙伴（包括政府部门、机构和公司）。此外，国际和区域合作与协调至关重要，需要涵盖重要的国际组织、区域会议以及专业和专门的国际论坛。

三、战略目标

"应对网络威胁，增强信息和通信技术基础设施及其在各个主要领域应用和服务的信心和安全，以便为埃及社会创造一个安全、可靠和值得信赖的数字环境。"

（一）应对网络威胁的战略方向支柱

应对网络威胁进行的准备工作主要包括：

1. 战略、行政及体制支持

这包括提高人们对网络威胁严重性的认识，并有必要作为最优先和最紧急的问题加以解决。这还需要强调预先规划，包括制定战略和运行计划，应急计划和应急协调机制，以及储备干部及技术和后勤设备。

2. 立法框架

建立适当的立法框架对于加强网络空间安全、打击网络犯罪、保护隐私和数字身份以及保护信息安全至关重要，在相关国际专业知识、经验和计划的指导下，主要利益攸关方、私营部门和民间社会组织（CSOs）的专家参与其中。同时，还需要培养和训练司法和警察机构在执法方面的专业人员和专家。

3. 监管和执行框架

需要设立并搭建网络安全保护的监管框架和国家体制，确保信息和通信技术主要基础设施、国家信息系统和数据库、在线政府服务门户及网站的安全，根据信息和通信技术领域的开创性经验，在国家层面的主要领域建立计算机应急准备和响应小组。计算机应急准备和响应小组负责国家信息和通信技术网络和联网计算机的网络安全监测，处置针对其进行的任何网络威胁或网络攻击，提高抵抗网络攻击的意识，做好严阵以待的准备。

4. 科学研发与网络安全产业发展

必须鼓励、授权和开展科学研发，支持研究机构与本地公司之间合作，特别是在以下领域：高级恶意软件分析，网络法律分析，保护工业控制系统的安全，开发用于保护系统和网络的装置和设备，加密技术和电子签名，保护信息和通信技术基础设施，保护云计算和主要数据库。

5. 培养人才与提高在各个领域实施网络安全系统所需的专业知识

需要与私营部门、大学和民间社会组织合作并建立伙伴关系。

6. 与友好国家及有关国际和地区组织进行合作

由于网络威胁和网络犯罪没有地理或政治界限，因此合作包括交流经验，以及在加强网络安全和打击网络犯罪领域的立场协调。

7. 社区意识

需要制定社区意识计划和运动，突出提供给个人和组织安全电子服务的机会和福利，提高对网络安全重要性的意识，以保护这些服务免受可能影响其安全的风险和威胁。这是对保护隐私和启动儿童在线保护计划的补充。

（二）实施机制

1. 信息和通信技术基础设施保护最高委员会 [埃及最高网络安全委员会（ESCC）]

通信和信息技术部（MCIT）领导成立了一个信息和通信技术基础设施保护最高委员会（埃及最高网络安全委员会），该委员会向内阁报告，并由通信和信息技术部部长担任主席。该委员会由在主要领域和公用事业中参与国家安全与基础设施管理和运行的利益攸关方，以及来自私营部门、研究和教育部门的专家组成。埃及最高网络安全委员会授权制定国家网络安全战略与应对网络攻击，监督战略的实施与更新，从而跟上技术的不断进步。该委员会于 2015 年 1 月开始工作，首相于 2016 年 6 月批准成立埃及最高网络安全委员会执行局和技术委员会，并说明其各自的角色和责任。

2. 本阶段主要战略计划（2017—2021 年）

（1）制定恰当的立法框架以保护网络空间、打击网络犯罪、保护隐私和数字身份的方案

该方案将在相关国际专门知识、经验和方案以及非洲联盟（AU）执行委员会最近通过的《非洲联盟网络安全公约》的指导下，与政府、私营部门、学术界和民间社会组织的主要利益攸关方和专家合作执行。网络犯罪立法的空白可能对电子交易和电子服务产生严重后果。"刑法和刑法典中的合法性原则"是最基本的原则之一，它规定只有法律才能界定犯罪并规定刑罚，这限制了刑法条款的适用，以及现行法律对未界定或规定适当惩罚的行为进行定罪。因此，各国应与时俱进，起草新的和适当的立法规则，以应对此类威胁电子交易安全和信任的现代犯罪。

（2）开发用于保护网络空间与信息和通信技术基础设施的国家综合系统的方案

该计划旨在根据信息和通信技术部门的开创性经验,在国家层面的主要领域建立计算机应急响应(或准备)小组(CERTs)或计算机安全事件响应小组(CSIRTs),负责监管国家通信和信息网络及联网计算机的安全,处置针对其进行的任何网络威胁或网络攻击,提高抵抗网络攻击的意识,做好严阵以待的准备。

(3)保护数字身份(数字公民方案),改善必要的基础设施,从而建立对通行的电子交易,特别是电子政府服务信任的方案

该方案包括电子签名所基于的公钥基础设施(PKI)。电子签名由信息技术产业发展局(ITIDA)通过埃及认证机构(Root CA)、财政部运营的政府电子签证机关(Gov CA),以及信息技术产业发展局授权提供电子签名服务的其他公司进行管理和监督。该方案以数字公民身份最高委员会的成立为基础,旨在为数字公民身份筹划国家层面的战略愿景,以及将数字公民身份概念转变为现实的行动计划。同时,还旨在启动使用拓展应用程序的国家项目,这些程序支持促进和保护依赖公钥基础设施的电子交易。

(4)储备在各个领域实施网络安全系统所需人才和专业知识的方案

该计划将根据国家电信监管局(NTRA)的领先经验,在政府实体、私营部门、大学和民间社会组织之间的合作和伙伴关系中予以实施。

(5)支持科学研发以及网络安全产业发展的方案

该计划支持研究机构和当地公司之间的合作方案和项目,特别是在以下领域:高级恶意软件分析、网络取证、保护工业控制系统、开发用于保护系统和网络安全的设备和系统、加密技术和电子签名,保护信息和通信基础设施,保护云计算和主要数据库。此外,还须高度重视建立国家中心/实验室,以采用关键机构和重要基础设施所使用的系统、设备、软件和应用程序。

(6)提高电子服务为个人、机构和政府部门提供机会和福利,以及网络安全对保护此类服务免受风险和挑战的重要性意识的方案

该方案包括在全国范围内组织年度事件和活动,以及在各个部门举办会议、研讨会和讲习班。应该针对不同层次,从领导层到儿童、在校学生、大学生和公民。定期发行并流转报告,以提高人们对最重要的网络威胁、解决这些威胁的机制、所作的努力以及与网络安全有关的其他活动的认识。

应对网络威胁和网络犯罪需要真诚、一致和持续的努力;同时还需广泛的团体伙伴关系,包括政府机构、私营部门、研究和教育机构、商业组

织和民间社会组织。这样才能使各个经济、社会和文化领域中利用先进的信息和通信技术所带来的独特机会利益最大化，同时保护我们的社会免受网络犯罪和网络攻击的风险。

第六节　爱沙尼亚：2014—2017 年网络安全战略

《2014—2017 年网络安全战略》是爱沙尼亚网络安全规划的基本文件，也是爱沙尼亚更广泛意义上安全战略的一部分。该战略强调了近期的重要发展态势，评估了爱沙尼亚网络安全面临的威胁，并提出了应对威胁的措施。这一战略延续了《2008—2013 年网络安全战略》中的许多目标，但也增加了前一战略未涵盖的新威胁与新需求。

一、现状分析

（一）部门进展

2009 年，爱沙尼亚共和国政府安全委员会（Security Committee of the Government of the Republic）增设了一个网络安全理事会（Cyber Security Council），其主要任务是支持战略层面的机构间合作，并监督网络安全战略目标的执行情况。

2010 年，根据爱沙尼亚共和国政府的一项决定，爱沙尼亚信息中心（Estonian Informatics Centre）被授予政府机构的地位。重新命名的爱沙尼亚信息系统管理局（Riigi Infosüsteemi Amet，以下简称 RIA）获得了更多的权力和资源，用于组织保护国家的信息和通信技术（以下简称 ICT）基础设施，并对信息系统的安全进行监督。为了组织对基础设施的保护，在 RIA 内成立了关键信息基础设施保护部（Department of Critical Information Infrastructure Protection，以下简称 CIIP）。2010 年初，RIA 启动了关键信息基础设施（critical information infrastructure，以下简称 CII）测绘项目（mapping project），该项目确定了重要服务对信息系统的依赖性。基于测绘项目，制定了国家运作所需的重要信息系统的安全要求。2011 年成立 CIIP 委员会，以促进公私合作。该委员会会集了来自重要服务机构的网络安全与 IT 管理人员，其目的是交换运营信息，发现问题，并为改善国家关键基础设施的网络安全提出建议。

2012 年，警察和边防局（Police and Border Guard Board，以下简称 PBGB）的网络犯罪调查权力被合并在一个单独的部门。此外，各辖区来自不同部门负责处理网络犯罪和数字证据管理程序的官员，被合并在2013年成立的网络犯罪和数字证据服务部门。PBGB还致力于提高人们对网络威胁的认识，除了其他因素之外，还促成了网络警察职位的产生。一名网络警察的任务是提高人们对互联网安全的认识，保护使用互联网的儿童和青少年。爱沙尼亚国家安全局（Estonian Internal Security Service）加强了对包括网络攻击和间谍活动在内的网络威胁的调查能力，以防止其对国家安全造成危害。

爱沙尼亚国防联盟网络部门（Estonian Defence League's Cyber Unit，以下简称EDLCU）的设立是公共部门、私人部门和第三方部门合作的结果，对稳定国防起了重要作用。通过协调演习、测试解决方案、培训等方式，EDLCU志愿者的专业技术得以提升，从而提高了爱沙尼亚国家机构和公司信息系统的安全性。在危机情况下，EDLCU也可以参与支持民间机构和保护关键基础设施。国内和国际的网络安全培训演习也在发展和评估网络安全能力方面发挥了重要作用。2012年举行了爱沙尼亚共和国政府的网络防御总部演习"Cyber Fever"和北约危机管理演习"CMX2012"。北约网络合作防御卓越中心（NATO CCD COE）每年都会在爱沙尼亚举行"锁定屏蔽"（Locked Shields）演习。自2013年以来，北约网络防御演习"网络联盟"（Cybewr Coalition）也在爱沙尼亚举行。国防部队还建立了一个"网络靶场"（Cyber Range），以支持与网络防御有关的培训。该靶场用于进行上述网络演习、组织国内练习以及供大学指导使用。

在网络安全领域，主要负责培训和提高认知的机构是信息技术教育基金会（Information Technology Foundation for Education，以下简称HITSA），以前称为"虎跃基金会"（Tiger Leap Foundation）。HITSA提供的培训主要针对学龄前儿童和年龄较大的儿童，同时家长和教师也参与到培训过程当中。2013年启动了一个公私合作项目，以提高智能设备用户、开发者和供应商的技术和安全意识。2009年，塔林工业大学（TUT）和塔尔图大学（University of Tartu）联合开设了国际网络安全硕士项目，每年招收50名学生。2014年，TUT与爱沙尼亚网络犯罪卓越中心（Cybercrime Centre of Excellence）合作，开设了数字取证（Digital Forensics）硕士课程。爱沙尼亚的网络犯罪卓越中心作为欧盟网络犯罪卓越中心网络的一部分，为专业人员提供有关打击网络犯罪的课程和持续培训。

爱沙尼亚在网络安全领域与其他通信技术发达的国家与国际组织成功地进行合作，并在制定网络安全政策方面发挥了积极作用，使得北约合作网络防卫卓越中心（NATO Cooperative Cyber Defence Centre of Excellence）

得以在爱沙尼亚建立。爱沙尼亚在将网络安全纳入北约及欧盟政策方面作出了贡献，其他国家对爱沙尼亚网络安全经验的兴趣也在显著增加。北欧国家与波罗的海国家之间，以及与其他战略伙伴和志同道合的国家之间在区域层面的网络安全合作是成功的。爱沙尼亚还参加了较新形式的合作——自由在线联盟（Freedom Online Coalition）、联合国政府专家组（United Nations Group of Governmental Experts，以下简称 UN GGE）、欧安组织（Organization for Security and Cooperation in Europe，以下简称 OSCE）关于制定网络空间信任举措的非正式工作组、欧洲联盟主席之友（Friends of the Presidency of the European Union）等。

（二）趋势

信息通信技术的持续快速发展、全球化、数据量的急剧增加以及连接到数据网络的不同类型设备数量的不断增加，都影响着我国的日常生活、经济与社会运行。一方面，信息和通信技术的这一发展水平将有助于提高服务的可获得性和可用性，提高治理的透明度和公民参与度，并降低公共部门和私营部门的成本；另一方面，技术重要性的增加使我国加深了对已有电子解决方案的依赖，并强化了我们对技术无缝运行的期望。此外，互联网日益普及，用户数量不断增加，随着新的技术解决方案和服务（如"物联网"和云计算）的出现，潜在攻击载体的数量以及攻击的复杂性也在增加。

社会进步也日益依赖越来越多的信息技术资源，今后我们必须注意这样一个事实，即整个社会，特别是每一个人，应当能够保持对相应进程的控制。否则，信息技术有可能减少人类在决策程序中所起到的作用，而程序可能变得能够自我调控（技术奇点）（technological singularity）。

我们面临的主要威胁是网络犯罪，网络犯罪的增长反映在网络罪犯技术的显著进步以及他们进行有组织攻击能力的提高上。处理网络犯罪的一个必不可少的环节是收集和处理数字证据，这对警察部门的程序和数字取证能力提出了新的挑战。

国家网络安全受到以各种技能、目标和动机在网络空间活动的行为者的影响。通常很难对这些行为者进行区分或确定其与国家或国际组织的关系。网络空间中参与针对与互联网相连的计算机以及封闭网络的网络间谍活动的国家行为体数量持续增加，其目的是收集有关国家安全和经济利益的信息。能够进行网络攻击的国家数量及活跃度正在增加。

除了国家行为体的活动之外，具有政治动机而手段有限的个人和团体利用社会网络组织其活动、提供网络阻断服务和其他类型攻击的能力也在增长。

在发展网络安全组织以及预防与解决网络事故方面，公共部门和私营部门之间进行有意义且有效的合作显得至关重要。一方面，国防和国内安全依赖于私营部门的基础设施和资源；另一方面，国家可以作为各种利益方的协调者和平衡器，协助至关重要的服务提供者和国家关键信息基础设施的担保人。

（三）挑战

主要的网络安全风险来自爱沙尼亚政府、经济和人民对信息和通信技术基础设施和电子服务广泛而不断加深的依赖。因此，《网络安全战略》的重点领域是维护重要服务、更有效地打击网络犯罪以及提高国家防御能力。其他支持性举措包括：制定法律框架、促进国际合作与交流、提高认知、确保专家教育以及制定技术解决方案等。

在重要服务方面，出现了跨界信息技术的相互依存，而维持这种关系不再完全依赖于爱沙尼亚境内的相关方。爱沙尼亚政府没有办法有效监督在爱沙尼亚共和国境外提供的服务或服务的某些部分。因此，必须制定有关所有重要服务及其依赖关系的行动计划，必须制定替代方案，并为实施这些方案做好准备；必须在公共部门和私营部门确保对社会运作至关重要的数据和信息系统的保护；必须确保及时发现和应对威胁国家、社会和个人的网络威胁。

网络犯罪破坏了我国经济空间的正常运行，降低了人们对数字服务的信任，在最坏的情况下，还可能导致造成生命损失的事件。为了确保预防、侦查和起诉网络犯罪，需要配备有能力的工作人员和现代技术工具。各国之间的业务信息交流在打击网络犯罪方面正变得越来越重要。

为了确保在网络空间提供国家防御的能力，国家的民事和军事资源必须能够在民政当局的指导下整合成一个可运作的整体，并与国际伙伴的能力相互配合。除了传统的军事环境外，国防规划还必须越来越多地考虑网络空间。

为了预防和制止未来的安全威胁，必须不断提升与网络安全有关的专业知识，并对网络技术进行投资。执行前瞻性采购程序对于确保生产可靠且有竞争力的技术解决方案以及支持其出口是必要的，而在这一过程中获得的知识和资源必须重新投放于创新的解决方案之中。

必须确保建立一个现代法律框架作为保障，从而为上述提到的挑战提供完整的解决办法。在国际层面上，必须确保维护一个自由且安全的网络空间，并确保爱沙尼亚在国际组织以及与志同道合的伙伴国组成的共同体中指导和制定国际网络安全政策方面发挥核心作用。

二、确保网络安全的原则

1. 网络安全是国家安全的重要组成部分，它支撑着国家和社会的正常运转、经济的竞争力和创新。

2. 网络安全是通过尊重基本权利和自由以及保护个人自由、私人信息和身份得以保证。

3. 在考虑现有和潜在的风险与资源的同时，根据相称性原则（principle of proportionality）确保网络安全。

4. 考虑到网络空间现有基础设施和服务的相互关联性和相互依存性，应当通过公共部门、私人部门和第三方部门之间的合作，以协调的方式确保网络安全。

5. 网络安全始于个人对信息和通信技术（ICT）工具安全使用的责任。

6. 确保网络安全的首要任务是预测并防止潜在威胁，并对可能发生的威胁作出有效反应。

7. 网络安全得到集中且具有国际竞争力的研究与开发的支持。

8. 网络安全通过与盟国和伙伴国的国际合作得以保证。爱沙尼亚共和国通过合作促进全球网络安全并增强自己的能力。

三、2017 年战略总体目标

1. 愿景

爱沙尼亚能够确保国家安全并支持一个开放、包容和安全的社会正常运作。

2. 总体目标

网络安全战略的四年期目标是提高网络安全能力，并提高民众对网络威胁的认知水平，从而确保人民对网络空间的信心持续增加。

四、次级目标

（一）子目标 1：确保支撑重要服务的信息系统得到保护

爱沙尼亚国家和社会的运作、每个人的经济和社会福利以及人们的生命和健康日益取决于系统与服务的安全。该战略的主要目标之一是描述确保重要服务不间断运作和复原能力,以及保护关键信息基础设施免受网络威胁的方法。

1. 确保重要服务的替代解决方案

国家对信息和通信技术基础设施和电子服务的依赖不断得到更新、规划和管理。这包括在信息和通信技术基础设施和电子服务正常运作中断的情况下使用替代解决方案的体系。

2. 管理重要服务之间的交叉依赖

描绘服务之间重要的交叉依赖关系应当与时俱进,及时就交叉依赖关系对服务功能的影响进行评估,相关风险也应具有系统性基础。有关依赖从爱沙尼亚共和国境外提供的关键服务的信息保持最新,迅速评估这些信息对服务运作的影响程度,并系统地减少相关风险。

3. 确保信息和通信技术(ICT)基础设施和服务的安全

信息和通信技术基础设施被保护而免受现代威胁。关键数据在高度安全的数据中心被保存和处理。此外,数据和其他商品一样可以安全地存储在国外。应当考虑安全风险并提供管理风险的手段和措施,据此开发和管理国家和重要服务运作所需的信息系统。

4. 管理对公共部门及私营部门的网络威胁

信息技术风险得以评估和衡量,并配备必要的合格工作人员以及配套的工作方法、培训机会和其他资源。测绘出尚未充分解决的区域,并创建相应的认知程序。

5. 引入国家网络安全监测系统

为了及时识别和应对危害国家、社会和个人的网络威胁,采用国家综合监测、分析和报告制度。

6. 确保国家的数字连续性(digital continuity)

对国家数字连续性至关重要的电子服务、程序和信息系统(包括具有证据价值的数字寄存器)不断地更新和测绘,并且它们具有镜像(mirror)和备份。无论爱沙尼亚的领土完整性如何,虚拟大使馆都将确保国家的运转。

7. 促进保护关键信息基础设施方面的国际合作

通过参与国际组织的工作,加入伙伴国和盟国的利益集团,并通过促进专家的专业技术发展,加强对关键信息基础设施的保护。

(二)子目标2:加强打击网络犯罪的力度

网络犯罪造成的经济损失降低了人们对数字服务的信任,在最坏的情况下，还可能导致生命损失。提高公众对网络安全风险的认知有助于预防网络犯罪。通过在各级教育中讲解与网络有关的问题，根据对安全行为的研究和分析向人们提供信息，从而提高公众对网络安全的认知。

1. 加强对网络犯罪的侦查力度

为了提高网络犯罪侦查和起诉的效率，应当进一步阐明当前的执法结构及其工作安排，并增加处理网络犯罪的人员数量，提升按照程序处理电子数据载体的机构能力。为了进一步提升侦查能力，应当与高校和国际英才中心进行合作。

2. 提高公众对网络风险的认识

为了提高网络空间活动行为者的认知水平，应注意采取预防网络威胁的行动，提供必要的知识以明确并理智地应对网络安全事件。应当指示电子服务的用户使用最安全的解决方案，向其介绍新技术以及如何安全地使用这些解决方案。

3. 促进打击网络犯罪的国际合作

为了更有效和及时地起诉涉及国际层面的网络犯罪，应当提升各国之间的信息交流；同时，积极投身于国际打击网络犯罪的各种倡议和项目之中。

（三）子目标3：国家网络防御能力建设

以国家可支配资源为基础的民事、军事和国际合作也必须在网络空间发挥作用，尤其是涉及警告、威慑和积极防御的方面。

1. 使得军事规划和应付民间紧急情况的计划协调进行

广义上的国防要求重要服务提供者的持续行动计划与国防威胁情况协调进行。

2. 发展集体网络防御和国际合作

为了确保在国际环境中的集体防御，应加强与北约、欧盟和其他伙伴国的网络信息交流与合作，并在建立和发展北约联合网络安全能力、标准、培训和提供培训机会方面作出努力。

3. 发展军事网络防御能力

军事网络防御能力的发展将使网络防御成为广义集体防御的一部分，后者将由国防军队（Defence Forces）和爱沙尼亚国防同盟（Estonian Defence League）的专家以及其他公共和私营部门专业人员的参与得以保证。

4. 确保对网络安全在国防中的作用处于高认知水平

为了提高对国防领域网络安全风险的认知并将它与其他军事领域联系起来，还应为该领域的人员组织额外的培训。

（四）子目标4：爱沙尼亚应对不断演变的网络安全威胁

为了保持和提高我们的网络安全能力，爱沙尼亚共和国应采用独立的网络安全解决方案，并辅以网络安全培训机会、研发和创业。为了确保解决方案的可持续性，国家应作为具有智慧的承包商，支持网络安全解决方案的出口。

1. 确保下一代网络安全专业人员的培养

为了确保下一代网络安全专业人员的培养，以高等教育和在职培训的形式为他们提供更多的教育机会。比如，提高网络安全专业硕士研究生毕业人数、增加博士学位有关网络安全的论文数量。教学指导涉及更多的外国讲师和专家。

2. 为网络安全解决方案开发智能合约

为了创造安全的解决方案，国家应推动与网络安全相关的研发活动，并设立一个监事会来协调有关活动，并巩固国防和安全、推动经济和学术等领域的发展。

3. 支持提供网络安全和国家网络安全解决方案的企业发展

为了支持安全解决方案的可持续性，国家应促进网络安全解决方案的出口，并增加它们在国际上的使用。

4. 防止新的解决方案中的安全风险

为了避免大规模的网络安全事件，要对与新技术的开发和引进有关的技术风险进行深入的调查和评估。高水平的认知和风险意识有助于我们在国家、社会和经济方面的发展取得优势。

（五）子目标5：在爱沙尼亚境内开展跨部门活动

为了增强对抗网络威胁所需的能力，需要明确若干首要目标；调整法律框架和制定网络外交政策对于保护关键服务、打击网络犯罪以及设计网络空间国防至关重要。

1. 制定支持网络安全的法律框架

为了实施确保更安全网络空间的网络安全措施，需要更新与网络安全有关的法律框架。

2. 促进国际网络安全政策

在国际组织中，我们的工作重点在于介绍并维护爱沙尼亚的网络安全对外政策的立场和愿景，同时就在网络空间应用国际法律规范并建立信任的举措达成共识。基本权利和自由的保护以及互联网治理问题需要给予特别关注。此外，应当发展援助性且安全的电子解决方案，从而支持缺乏行动自由和必要技术基础的国家发展一个自由和安全的网络空间。

3. 加强与盟国和伙伴国的合作

为了加强与盟国和伙伴国的关系，强化与近邻的合作，扩大与志同道合的国家的合作形式，全力以赴分享与网络安全有关的知识和经验。

4. 加强欧盟的能力

为了促进欧盟的共同网络安全及其政策，需要与他国联合起来、共同努力，以提高成员国的网络能力与应对新威胁的意愿和能力。

五、战略相关方

经济事务与通信部（The Ministry of Economic Affairs and Communications）指导网络安全政策并协调战略执行。本战略将由所有部委和政府机构参与实施，特别是国防部（Ministry of Defence）、信息系统管理局（Information System Authority）、司法部（Ministry of Justice）、警察和边防局（Police and Border Guard Board）、政府办公室（Government Office）、外交部（Ministry of Foreign Affairs）、内政部（Ministry of the Interior）以及教育和研究部（Ministry of Education）。非政府组织、商业组织、政府和教育机构将合作执行和评估该战略。

应经济事务与通信部的要求，参与执行该战略的机构将在每年1月31日之前提交一份关于这些措施和活动执行情况的书面概览。基于审查，经济事务与通信部将评价这些措施和活动的效果，并在每年5月31日之前编写一份关于战略执行情况的报告。至迟在每年6月30日前，将关于战略执行情况的简要报告提交给共和国政府，内容包括活动概况、执行过程中的困难和成本。经济事务与通信部应最迟在2018年5月31日之前向共和国政府提交战略执行情况的最终报告。

行动计划将列出本战略的活动和预算，以及负责每一部分的人员。该战略的四年成本将接近1600万欧元。需要向共和国政府提交的行动计划报告中还应包括关于改进行动计划的建议。此外，行动计划的活动要反映在各部门和其他政府机构的工作计划中。

该战略不会重新定义负责网络安全的不同部门的能力。

该战略的附件1，即"参与2014—2017年网络安全战略汇编的参与者名单"① 提供了参与制定该战略或提供建议的人员名单。

---

① 该战略由经济事务与通信部国家网络安全协调员 Sander Retel 编写。

附件：1. 参与制定 2014—2017 年网络安全战略汇编的参与者名单（略）
2. 部门方法（略）

第七节　捷克：2015—2020 年国家网络安全战略

一、前言

　　人类的行为和活动正越来越多地从物理环境转移到网络空间之中。在过去十年中，信息和通信技术大大促进了信息间的通信与共享，人们获得信息和服务的能力得到大幅提升，这改变了我们生活的方方面面。但这一现象也使我们的社会更加脆弱，网络安全因此也成为我国必须应对的最重要挑战之一。

　　自 2011 年以来，国家安全局一直是捷克共和国网络安全领域的协调机构和国家权力机关。在此期间，我们实现了《捷克共和国 2012—2015 年网络安全战略》确定的两个重要里程碑：通过了《网络安全法》①，并于 2014 年 5 月成立了国家网络安全中心，其中包括一个已正式运营的政府计算机应急响应小组（Government Computer Emergency Response Team）来专门负责处理网络安全事故。

　　同时，上述战略中规定的其他目标也已实现。捷克共和国定期参加了多次国际网络安全演习，成功地开展了关键信息基础设施和关键信息系统的测绘（mapping）工作，并与多利益相关方从国家层面乃至国际层面建立了合作关系。由此可见，自 2012 年以来，随着先前战略的成功实施，捷克共和国的网络安全水平得到了显著提高。随着《捷克共和国 2012—2015 年网络安全战略》即将到期，以及其各项主要目标和任务的完成，国家安全局正着手制定新的《捷克共和国 2015—2020 年国家网络安全战略》，这将是捷克共和国实现网络安全道路上的重大突破。

　　与以往的战略相比，我们正在从保障网络安全初级水平所需的基本能力建设，转向更深入、更完善的网络安全发展模式。

　　在公布这一新的国家战略时，我们定义了捷克共和国在确保网络安全这一领域的愿景和优先事项。由于捷克共和国在今后几年将面临许多网络安全威胁和风险，我们的网络和系统必须始终保持稳定和安全。因此，新

---

　　① 《网络安全和相关行为变更法》（Act on Cyber Security and Change of Related Acts）（No. 181/2014 Coll.）。

战略确定了如何达到这一目的，并确定相关的方法和工具，在保证捷克共和国使用网络空间获得利益不受损失的前提下，减少网络空间所带来的风险和威胁。

没有公共部门和其他社会相关方之间的相互信任与深度合作，就不可能实现网络安全。虽然捷克共和国国家安全局已成为国家网络安全权力机关，但这不会减轻其他公共或私人实体（包括个人）在确保网络安全方面的整体责任和作用。只有通过共同努力，我们才能真正创造一个开放和安全的网络空间，国家才能繁荣昌盛。

——国家网络和信息安全局局长
Dušan Navrátil

网络安全的重要性正在不断提高，已经成为影响捷克共和国安全环境的决定性因素之一。网络安全包括一系列的组织、政治、法律、技术和教育方面的措施与工具，旨在为捷克公共和私营部门以及普通公众提供一个安全、受保护和具有弹性的网络空间。网络安全通过提高数据、信息系统和其他信息和通信基础设施的保密性、完整性和可用性来帮助识别、评估和解决网络威胁，降低网络风险以及消除网络攻击、网络犯罪、网络恐怖主义和网络间谍活动的影响。网络安全的主要目的是保护网络空间，使个人信息自决权得以实现。

二、简介

确保网络安全是当前国家面临的主要挑战之一。公私部门对信息通信技术的依赖日益明显，信息的共享和保护对于保护国家和公民的安全和经济利益起着至关重要的作用。虽然公众最担心的是个人数据滥用以及财产和数据的丢失，但网络安全所包含的内容要远比这丰富。主要风险包括：网络间谍（涉及工业、军事、政治或其他方面）——更多情况下由各国政府或其安全机构直接实施的；利用网络空间进行有组织犯罪、黑客主义、出于政治或军事目的散发虚假信息的活动；甚至在未来可能产生网络恐怖主义。除了许多受到经济利益驱动的网络攻击之外，网络的安全性和完整性还可能因人为失误或自然灾害等意外而受到损害。

捷克共和国必须能够有效地应对来自当前和未来的挑战，这些挑战主要源于动态演变的网络空间中不断变化的网络威胁。这是为了保证网络空间的安全性和可靠性。

互联网没有地理边界，且具有开放性和可公开访问性，因此网络空间的安全和保护不仅要求国家的主动参与，也要求公民采取积极的行动。尽管在这方面捷克正不断建立和提高国家的治理能力，但如果没有与私营部门、学术界以及国际社会的通力合作，特别是如果缺少个人的参与，国家的努力将不能达到必要的效率水平。

《捷克共和国 2015—2020 年国家网络安全战略》（以下简称《战略》）是捷克政府关于该特定领域的基础性文件，反映了捷克共和国安全战略中所定义的安全利益和原则。它将作为制定网络空间保护和网络安全领域的法律、政策、标准、指南和其他建议的基础文件。

《战略》遵循《公共战略发展方法》（Methodology for Public Strategies Development）和其他相关建议所提供的逻辑框架。该文件首先概述了捷克共和国对超出《战略》时间范围（2015—2020 年）的网络安全领域的愿景，并定义了国家为确保网络安全而应遵循的基本原则。在随后的部分，《战略》确定了捷克共和国及其所在的整个国际社会在网络安全领域所面临的具体挑战。最后，该文件介绍了为应对这些挑战而必须实现的主要战略目标，这些目标将作为《捷克共和国 2015—2020 年网络安全行动计划》（以下简称《行动计划》）详细内容的基础。

三、愿景

- 捷克共和国应在网络空间内为信息社会的顺利运作创造条件。
- 捷克共和国应致力于持续发展网络安全专业知识和抵御最新网络威胁的能力，并同时支持和发展国家安全部队的预防和预警能力。
- 捷克共和国作为一个现代化的中欧国家和欧洲联盟（EU）、北大西洋公约组织（NATO）、联合国（UN）等国际组织的活跃成员，应致力于在本地区和欧洲的网络安全领域发挥领导作用。
- 捷克共和国应积极支持其国际伙伴防范和处理网络攻击，履行其加入国际组织和北约内部集体防御的承诺，并促进其他国家的安全。
- 捷克共和国应通过加入国际组织，积极促进中欧国家之间在网络安全的防务合作与对话。
- 捷克共和国不仅应有效保护其关键信息基础设施（critical information infrastructure，以下简称关键基础设施）的各个部分，而且还应确保其人民使用的网络和网络空间的总体安全，这对人民的经济和社会利益至关重要。
- 捷克共和国应特别重视保障关键基础设施所包括的工业控制系统的安全，并应在几年内凭借所发展的专业技术和知识成为这一领域的领导国家之一。

• 捷克共和国的政府计算机应急响应小组①应寻求与国家计算机安全应急响应组②建立互信，并发展有效的合作模式，同时作为其他捷克政府计算机应急响应小组和国家计算机安全应急响应组等机构的保护伞，捷克共和国应促进其在关键基础设施实体内部的创建和发展。

• 捷克共和国应在有关信息与通信技术安全的研发活动中与私营部门和学术界合作。

• 捷克共和国应努力确保最大限度的网络空间安全。同时，必须支持高技术的生产、研究、发展和实施，从而促进捷克共和国的技术进步，以提高其竞争力，并为当地和国际投资创造最佳条件，而有效的信息基础设施对这些投资至关重要。

• 捷克共和国应通过提高公民和私营部门主体的认识，鼓励发展信息社会文化。他们应自由获得信息社会服务，获悉其应承担的责任和使用信息技术。恶意的网络攻击会对公民的生活质量和其对国家的信任产生负面影响。捷克共和国要保护其免受这些网络攻击的恶意侵害。

四、原则

(一) 维护基本人权、自由和民主法治

在确保网络安全方面，捷克共和国遵守基本人权、民主原则和价值观。尊重互联网的开放性和中立性，保障言论自由、私人数据和隐私权。因此，我们力求最大限度地开放获取信息的渠道，并尽量减少对个人和私人实体权利的干涉。保护与信息自决权有关的权利是国家安全局（National Security Authority，以下简称 NSA）在网络安全领域开展活动的基本原则之一。

(二) 基于辅助性原则与合作原则的网络安全综合方法

该战略遵循不可分割的安全原则（principle of indivisible security）：捷克共和国的网络安全应被视为与全球，特别是与欧洲—大西洋网络安全不可分割。因此，捷克共和国基于网络安全现象的国际相关性，需要以复杂的方式处理其网络安全问题。

---

① 政府计算机应急响应小组 GovCERT. CZ（Government CERT-Computer Emergency Respponse Team）是一个政府网络事件快速反应的协调单位，隶属于国家安全局的国家网络安全中心。

② 国家计算机安全应急响应组（National CSIRT - Computer Security Incident Response Team）是国家网络事件快速反应协调单位，其职能基于与国家安全局签订的备忘录。

国家安全局是处理网络安全事务的主要国家机构；因此，它需要协调与网络安全相关的活动，并向其他相关实体提供指导。针对网络安全事件和不断发生的网络攻击，国家安全局决定了关于预防和解决措施的建议与准则。

考虑到网络安全和防御的复杂性，并为了促进多利益相关方的合作、促进各方共同努力，发挥协同作用和避免不必要的重复，捷克共和国应适用辅助原则（subsidiarity principle）①，开展国家层面上的协调行动。

（三）公共部门、私营部门以及民间社会之间的信任建设与合作

国家及其代理机构不能独自承担网络安全的责任，这需要捷克共和国公民、私人法人和个体企业家的积极合作。

网络空间，特别是作为关键基础设施的一部分，主要由私人部门拥有和运营。因此，这一领域的安全政策是建立在公共部门、私营部门、民间社会以及学术界之间的包容合作之上的。一个值得信赖的合作环境是至关重要的。国家、私人主体和民间社会之间的互信是有效提供网络安全的必要条件。

由于威胁和风险以及安全之间的内外部界限日益模糊，捷克共和国应致力于开展协调活动，加强国家和国际两级利益相关方之间的相互信任。

（四）网络安全能力建设

考虑到社会对信息与通信技术的大量依赖以及网络威胁和风险会不断变化的特质，捷克共和国的网络安全不仅依赖于持续发展强大且有弹性的信息基础设施，还要依赖于整个社会。

因此，捷克共和国需要增加其在网络安全领域（包括国家网络安全技术）研发的投入，同时加大对直接使用者（捷克共和国公民）的培训和教育投资力度。

在确保网络安全方面，捷克共和国建立且继续加强国家专业能力，并加强现有的打击网络犯罪的结构和合作程序。因此，加强捷克共和国执法机构和网络安全负责机构之间的合作是应该优先进行的工作之一。

五、挑战

（一）捷克共和国被当作潜在试验攻击平台

由于我们使用的先进安全技术也被其他国家所采用，捷克共和国可能

---

① 辅助性原则也是《网络安全法》的基础，该法规定了系统管理员或操作员在系统或网络安全方面的责任，并将网络空间责任划分为政府和国家层面的计算机应急响应小组 CETRs。

成为对我们盟国或其他那些具有更大战略重要性、与捷克使用相同技术、安全机制和程序的国家进行重大攻击之前的试验平台。

（二）公众对政府缺乏信任

近期，公众对各州作为确保网络安全的实体及其安全结构的信任程度显著下降。然而，没有捷克公民和私营部门的信任和自愿参与，整个网络安全概念就失去了意义。

（三）互联网和信息通信技术用户数量的增加以及技术故障的危害程度增加

使用互联网（约 67% 的捷克家庭正在使用网络①）和信息通信技术的用户不断增加，加上公共部门和私营部门（97% 的捷克公司正在使用网络②）对信息通信技术的依赖程度日益增大，使得这些技术的潜在故障也会引发越来越严重的危害，特别是在这些技术涉及关键基础设施和重要信息系统（important information systems）的情况下。

（四）移动恶意软件的数量伴随移动设备用户的数量一同增加

智能手机和平板电脑的用户几乎都不使用基本的安全工具（如杀毒软件），而这一漏洞被黑客们加以利用，使得每年针对这些设备的恶意软件数量和攻击的次数都在不断增加。

（五）硬件后门（hardware backdoor）可能会造成信息泄露

越来越多的技术用户和供应商承担着被故意在硬件中植入"后门"软件的风险，而这可能随后被利用于战略、个人或敏感数据的跟踪和挖掘。

（六）物联网

虽然在线设备的数量在增加，但大多数用户忽略了必要的数字卫生（digital hygiene），如在线上应采取怎样的行为方式以及如何保护他们使用的设备。"物联网"（Internet of Things）的概念放大了这一挑战：虽然传统的电子设备如个人电脑和笔记本电脑都自动包含杀毒软件、防火墙等防御措施，但其他智能设备如电视机、冰箱等却并非如此，其用户通常甚至不知道如何保证其正常运行。

---

① 捷克统计局（Czech Statistical Office），《2014 年信息社会数据》，参见 www.czso.cz。此处引用 2013 年的数据。

② 数据来源为 EEIP 2013 年开始的独立研究项目"捷克互联网经济"，参见 www.studiespir.cz。

(七) IPv4 向 IPv6 过渡的安全风险

从 IPv4 到 IPv6 协议的必要过渡带来了新的网络安全风险。这些风险必须被降到最低，以便在公共行政这一级和私人实体当中成功地实施和保护该协议。

(八) 与公共行政管理电子化 (电子政府 eGovernment) 有关的安全风险

对捷克共和国的公共行政管理进行持续的数字化改革旨在改善其运作模式及其与公众的关系。然而，通过电子政府向公民和私人实体提供服务和应用存在着巨大的网络风险。

(九) 中小企业的安全保障不足

需要不断提高中小型企业对信息基础设施保护和安全信息处理的最佳做法和方式的认知，从而帮助它们应对网络攻击。中小型企业往往认识不到自己的价值及其相应的网络安全需求，同时也缺乏解决这些问题所需的资源和知识。然而，它们的系统和数据的关键程度可能并不亚于大企业。换言之，这些中小企业可能会作为分包商 (sub-contractors) 接触关键的数据和系统。

(十) 大数据和新数据的存储环境

对数据，特别是涉及公众利益的数据 (与关键基础设施和重要信息系统相关的数据) 的保护及其安全性，对捷克共和国至关重要。公共部门和私营部门处理的数据量正在增长，存储这些数据的需求也在增长。因此出现了诸如"云存储"等新的数据存储方式。然而，使用在线服务和"云"时通常会因其安全保护方案的不透明而使得安全可信度受到质疑。

(十一) 工业控制系统和卫生部门信息系统的保护

网络攻击的重点已经从直接的经济利益转向工业网络间谍活动、网络破坏活动，以及识别关键基础设施和重要信息系统漏洞等方面。攻击者越来越关注信息基础设施的组成要素，如能源供应系统、管道系统或卫生部门的信息系统。这些系统发生故障可能会导致严重的后果，然而因其技术解决方案的高度异构性，使得事后分析在技术上存在困难。

(十二) 智能电网

智能电网是捷克共和国能源分配网络发展的下一步举措。一方面，此类技术可以提高能源网络的可靠性、安全性和效率；另一方面，对这些以前不联通的系统进行数字化，意味着其网络有可能被攻击者破坏或其用户隐私受到侵犯。

（十三）国防力量对信息通信技术的依赖性增加

信息与通信技术越来越多地出现在国家防御部队的系统、网络以及可适用的设备（如军用车辆或飞机）中。这些技术的脆弱性及其被破坏或摧毁的风险，包括受到网络攻击的风险，会对部队的基本防卫能力和捷克履行北约和欧盟成员资格的承诺产生负面影响。国防部队必须有能力有效地应对来自网络空间的威胁，并能够主动消除这些威胁。

（十四）日益复杂的恶意软件

恶意软件和攻击者自身的日益复杂会显著地限制进行攻击源跟踪的选择，如反向工程和取证分析（backtracking，回溯）。这些分析的过程也应纳入网络安全专家培训的内容。

（十五）僵尸网络（Botnets）与分散式拒绝服务/拒绝服务（DDoS/DoS）攻击

僵尸网络用于非常常见的分散式拒绝服务/拒绝服务攻击，其稳健性、恢复力和隐蔽性正在逐步增强。因此，有必要提高分散式拒绝服务/拒绝服务攻击防御可能性的认识。

（十六）网络犯罪的增加

由于互联网的开放性和匿名性，敏感信息交易、接触甚至免费购买犯罪活动的可能性正逐步增加。信息技术正在扩展到社会的日常生活和运作中，这也导致许多犯罪活动迅速过渡到虚拟空间，为犯罪者提供了快捷的收益，并同时大大降低了其被起诉的风险。互联网的匿名性和空间不确定性也加剧了这一现象。所有这些都可以为精确的目标定位以及猛烈的大规模网络攻击提供条件。

（十七）与线上社交网络相关的威胁和风险

越来越多的社交网络用户导致针对自然人和法人的私人数据窃取，甚至数字身份盗窃的风险增加。

（十八）用户的数字素养过低

无论是在公共部门还是在民众中，都有相当一部分人缺乏关于常见的计算机攻击手段（特别是网络钓鱼、假冒的网上商店等）方面的基本知识，这导致捷克共和国每年有数以千计的公民成为这类攻击的受害者。

（十九）缺乏网络安全专家，相关课程需要提升

现有的捷克网络安全教育模式不能满足当前的需求和趋势。它没有向中小学学生提供足够的知识，也没有提供足够的大学项目来培养网络安全专家。然而，这类专家正是我们当下急需的。

六、主要目标

（一）提升与确保网络安全相关的组织、流程和协作的功能与效率

• 从国家层面出发，在计算机应急响应小组和国家计算机安全应急响应组团队、关键基础设施项目等网络安全参与者之间建立有效的合作模式，并加强现有的结构和流程。

• 制定一个国家事件处理程序，该程序将设置一个合作格式——包含通信矩阵和一个程序协议，并定义参与者的角色。

• 在州一级开发风险评估方法。

• 捷克共和国应在网络安全问题上的对外立场上保持一贯的态度，并与涉及网络安全的其他部门协调。[①]

• 在编制或审查国家战略和安全文件（《捷克共和国国家安全战略》等）时，以适当的方式反映网络威胁的持续发展。

（二）积极的国际合作

• 积极参与在欧盟、北约、联合国、欧洲安全与合作组织、国际电信联盟等国际组织的论坛，同时参与相关方案和倡议的国际讨论。

• 促进中欧地区的安全与国际对话。

• 与其他国家建立和深化双边合作。

• 参加和组织国际演习。

• 参加和组织国际培训。

• 参与创建有效的合作模式，参与计算机应急响应小组和国家计算机安全应急响应组等国际团队、国际组织和学术界之间的信任建设。

• 促进在正式和非正式国际组织内就网络空间的法律规章和法律行为、维护开放的互联网以及人权和自由达成国际共识。

（三）对国家关键基础设施和重要信息系统的保护

• 在明确协议的基础上，对捷克共和国的关键基础设施和重要信息系统的安全性进行持续的分析和控制。

• 支持捷克共和国建立新的计算机应急响应小组和国家计算机安全应急响应组团队。

---

① 与其他有关机构协调的具体程序应在《行动计划》中加以规定。

- 不断增强关键基础设施和重要信息系统网络的抵抗力、完整性和可信性。
- 不断分析和监测捷克共和国境内的威胁和风险。
- 以有效的方式在各州、关键基础设施和重要信息系统主体之间共享信息。
- 持续提高国家网络安全中心（National Cyber Security Centre）和计算机应急响应小组的技术和能力，同时为其人员提供持续的培训和教育。
- 以完备和可靠的方式保护由国家建立和管理的关键基础设施和重要信息系统数据存储环境。
- 根据关键基础设施和重要信息系统的渗透测试原则（penetration testing principles），定期测试和检测国家使用的信息系统和网络中的错误与漏洞。
- 不断提高积极对抗或打击网络攻击所应必备的技术和组织基础。
- 提高国家主动防御和打击网络袭击的能力。
- 培训能够针对网络安全和网络防御中能够积极还击的专家以及掌握一般网络安全攻击方法的专家。
- 制定相应的过渡程序，以便从《网络安全法》宣布的网络紧急状态过渡到《捷克共和国安全法第 110/1998 号法令》中所规定的状态。

（四）与私营部门的合作

- 继续与私营机构进行合作，并提高公众对国家安全局在网络安全领域活动的认知。
- 与私营部门进行合作，建立统一的安全标准，规范协作的方式，并设定有关关键基础设施的主体的义务保护水平。
- 与私营部门合作，共同确保网络空间成为信息共享和研发的可靠环境，并提供安全的信息基础设施促进创业，从而支持所有捷克公司进行竞争，并保护其投资。
- 提供相应的教育来提高私营机构的网络安全意识。国家需要向私营机构提供行动指导，不仅包括在出现网络危机情况下应采取的行动，也包括对每日例行工作的指导。
- 在私营部门和国家之间建立互信，包括通过建立一个国家平台/系统，对相关威胁、安全事件和紧急危机进行信息共享。

（五）研究、开发与消费者信托

- 参与国家和欧洲有关网络安全的研究项目和活动。

● 指定国家安全局为网络安全研究的主要联络点。国家安全局应协助协调这一领域的研究活动，避免职能的重复。网络安全研究需集中于实质性问题并将研究成果运用于实际。

● 与私营部门和学术界合作，发展和运用政府所使用的技术，以确保最大限度的保护和透明度。测试和评估所使用的技术的安全级别。

● 在国家、欧洲、跨大西洋区域乃至国际层面上与私营部门和学术界在研究项目（包括基础研究和实验研究），以及技术学科和社会科学等方面进行合作。

● 使研发成为国家的优先事项，从而积极刺激这一领域的投资。

（六）教育、大众意识的提升与信息社会的发展

● 通过媒介支持相关倡议、进行宣传活动、举办公众会议，提高中小学生及广大市民（终端用户）的网络安全意识和素养。

● 更新现有的中小学课程，支持为培养网络安全专家而开设新的大学培养方案。

● 向包括但不限于网络安全和网络犯罪领域的公共行政人员提供相关的教育和培训。

（七）加强捷克警方开展网络犯罪调查和起诉的能力

● 加强网络犯罪公安部门人员队伍建设。

● 实现公安部门技术装备的现代化。

● 在有关国家实体和其他安全部队之间建立起网络犯罪领域的直接快捷的合作联系。

● 支持网络犯罪领域信息共享和培训方面的国际合作。

● 向警察专业人员提供专业教育和培训。

● 创造多学科的学术环境，提高捷克警方的网络刑事检控能力。

（八）网络安全立法（制定立法框架）；参与欧洲和国际法规的制定和实施

● 在对现有立法进行系统探讨和思考的基础上，建立一个理解性强、有效的、充分的网络安全法规。

● 积极参与欧洲和国际法规的制定和实施。

● 持续评估网络安全法例的成效及其是否符合有关技术学科和社会科学的最新研究结果，并定期更新和修订相关法例，以反映建立安全信息社会的现行要求。

● 支持司法机构（包括检察官或法官等）有关网络安全的教育工作。

七、实 施

根据《战略》的主要目标，并与所有相关利益方协调，制定《行动计划》，以确定其实现和审核的具体步骤、责任和截止日期。①

国家安全局（NSA）和作为其专门部门的国家网络安全中心（NCSC）应与其他利益相关方合作，持续监控、交流和评估每个目标的实现水平。它应提交一份年度《捷克共和国网络安全状况报告》，该报告应附有关于《行动计划》执行情况的资料。报告应向政府和公众通报所采取措施的有效性和执行《战略》规定任务的进展情况。

八、附 录

附录 1：缩略语表

CERT——计算机应急响应小组（Computer Emergency Response Team）

CSIRT——国家计算机安全应急响应组（Computer Security Incident Response Team）

DDoS/DoS——分散式拒绝服务/拒绝服务（Distributed Denial of Service / Denial of Service）

IPv4——网络协议版本 4（Internet Protocol version 4）

IPv6——网络协议版本 6（Internet Protocol version 6）

CII——关键信息基础设施（Critical Information Infrastructure）

IIS——重要的信息系统（Important Information System）

NSA——国家安全局（National Security Authority）

NCSC——国家网络安全中心（National Cyber Security Centre）

附录 2：术语表②

僵尸网络（Botnet）：

由机器人主机远程控制的被感染的计算机的网络——该机器人主机可以同时访问数千个机器。它可进行大规模的非法活动，特别是像分散式阻断服务和发送垃圾邮件之类的网络攻击。

云/云存储（Cloud / Cloud storage）：

适用于在线环境的数字数据存储模型。

散式阻断服务/阻断服务攻击（DDoS / DoS attacks）：

---

① 《行动计划》预计将于 2015 年第二季度由捷克共和国政府正式通过。

② 在 www.govcert.cz 网站上可以找到更丰富的网络安全同义词词典。

该攻击技术来自因特网服务或页面上的许多傀儡机（vectors），造成其他用户的系统的请求洪泛、崩溃、功能丧失或不可用。

取证分析（Forensic analysis）：

有关数字数据调查方法，其目的是获取用户（或攻击者）活动的证据。

黑客主义（Hacktivism）：

泛指因政治或社团目的而进行的黑客行为。

恶意软件（俗称"流氓软件"）（Malware）：

恶意程序的总称，包括计算机病毒、特洛伊木马、蠕虫病毒、间谍软件。

逆向工程（Reverse engineering）：

对恶意软件进行逆向分析，以提取其设计和工作原理。

渗透测试（Penetration testing）：

通过分析计算机系统和网络的功能，找出计算机安全方面的弱点，以便最终消除这些弱点。

第八节　克罗地亚：国家网络安全战略

一、简介

通信和信息技术领域的技术发展最具活力和全面性。重点一直是新服务和新产品的快速开发和引进，而与安全相关的方面通常对新技术的广泛接受几乎没有影响。

现代信息系统从规划、引进、使用到退出的整个生命周期很短，这往往使其系统的安全测试不包含在内，而是一般在有明确规定的情况下才作为例外情况加以应用。

用户通常对他们正在使用的技术了解很少，而且这种技术的应用方式使得很难评估大多数商业产品在保护用户数据机密性和隐私方面的安全特性。因此，用户对通信和信息技术的态度几乎完全建立在盲目自信的基础上。

现代社会充满了通信和信息技术。如今，人们通过各种技术实现了文本、图像和声音的传输，包括日益强化的物联网（IoT）趋势。

虽然某一种通信和信息系统在正常运作下的偏误可能不受注意，但其他一些系统的不当操作可能对国家的运转造成严重后果：它会造成生命损失、健康损害、巨大的物质损害、环境污染以及对整个社会正常运作所必需的其他功能的干扰。

通信和信息技术发展至今，其正常运行出现了一些偏误，这可能是出于人为错误或恶意行为，也可能出于技术错误或组织疏忽。

互联网的出现连接了许多公共部门、学术部门和经济部门以及公民之间的通信和信息系统，创造出一个由相互联系的基础设施和越来越多的可获取信息组成的当代网络空间。于是，用户之间使用越来越多的不同服务进行越来越多的通信，这些服务有些是全新的，有些是传统的，但都采用了一种新的虚拟形式。

这些相互连接的系统或其部件在正常运作下的偏误已经对全球安全构成威胁，而不再仅仅是技术上的困难。现代社会通过一系列被统称为"网络安全"的活动和措施来应对这些威胁。

"网络（cyber）"一词是在 2002 年《布达佩斯网络犯罪公约》[①]获得批准后进入克罗地亚法律体系的。从那以后，"网络"一词被广泛用作形容词，用来描述包括、使用或与电脑有关的东西，尤其是互联网。

该术语最早可追溯到形成于 20 世纪中期的"控制论（cybernetics）"（克罗地亚语种的"kibernetika"）一词，指的是一门关于生物、技术、经济和其他系统的自动控制系统和控制过程的科学；它的形容词形式"cyber-netic"（克罗地亚语中的"kibernetički"）如今在克罗地亚语中与英语中的前缀"cyber-"的使用语境相似。而"cybernetics"一词作为"控制论"原始含义，现在不论是在克罗地亚语还是在英语中都已经很少使用了：在涉及系统控制的技术科学中主要使用的术语则改为"自动控制（automatic control）"；而在涉及不同系统中的控制过程概念的广义含义上，更常见的术语是 20 世纪下半叶引入的"系统理论（systems theory）"。

我们认识到网络空间安全是社会各阶层的共同责任，因此制定了这一战略。其目的是系统协调地执行可以提高克罗地亚在网络安全领域能力的必要措施，以期在网络空间建立安全的社会。

我们的目标还包括：充分利用作为整体的信息社会可以发挥出的全部市场潜力，特别是网络安全产品和服务。

作为克罗地亚在网络安全领域的第一个全面战略，《克罗地亚国家网络安全战略》（以下简称《战略》）的目标首先是要认识到在实施战略的

---

① 批准《网络犯罪公约》的法令参见第 09/02 号官方公报；批准《网络犯罪公约附加议定书》的法令涉及通过计算机系统进行的种族主义与仇外的犯罪行为，参见第 04/08 号官方公报。

过程中面临的组织问题，以及拓宽社会对网络安全的重要性的认知。

为了创立新型功能、提高相关人员的工作效率、更有效地利用现有资源以及更好地计划需求与建立新的资源，也有必要鼓励所有政府部门与公共权威和其他社会部门的法律实体进行协调与合作。

因此，《战略》的关键作用是在社会各部门以及作为《战略》利益相关者的各机构和法律实体之间，以不同的权限、责任、任务、需要、期望和利益，就这一复杂的问题建立联系并相互理解。这对于确保我们对复杂的网络安全操作与技术问题达到必要的理解水平尤为重要，并且对于中央政府和社会各部门的决策者都是必不可少的，因为它关乎全体公民的安全以及整个社会的繁荣，即《战略》的最终目标——在社会新的虚拟维度上执行法律以及尊重所有基本人权。

为了覆盖《战略》所涉及的广泛而复杂的领域，并协调参与到战略中的众多利益相关者的共同努力，执行《战略》的手段主要包括：确定网络安全领域的基本方针、明确战略的目标以及《战略》在整个社会中的适用范围。

综上所述，我们确定了克罗地亚网络安全的优先领域，并主要根据战略的总体目标对这些领域进行了分析。对于战略中确定的有关网络安全的每个领域，我们都以相同的方式定义了特殊目标。

这些目标的执行措施将在执行战略的行动计划中更详细地加以拟订。通过这种方式，《战略》不仅可以考虑到相关社会部门的各个私人领域的特殊性，还可涵盖与各种网络安全利益相关者之间的相互合作与协调。

定义网络安全区域之间的相互关系很有意义，因为有一些网络安全领域被认为对于已经确定的大部分或所有网络安全领域都有联系。网络安全领域的相互关系对于提高和更有效地实现网络安全领域的目标和措施具有重要意义。因此，《战略》在网络安全领域的相互关系方面也确定了特殊的目标，并被认为对提高网络空间的安全水平至关重要。我们的关注焦点进而再次集中到《战略》中界定的社会部门，以及网络安全利益相关者进行合作与协调的形式。

二、原则

综合性：执行网络安全战略的途径应该全面包括网络空间、基础设施以及在克罗地亚管辖下的用户（国籍、注册、域名、地址）。

整合性：将不同网络安全领域的活动和措施整合起来，相互联系、相互补充，从而营造更加安全的网络空间。

前瞻性：根据预判不断地灵活调整活动和措施，并适当地定期调整它们所产生的战略框架，采取积极的做法。

灵活性：不仅要保证有关隐私保护的基本义务以及特定信息组的保密性、完整性和可用性（包括对使用这些信息的不同种类的设备、系统以及业务流程实施适当的认证与许可）得以遵守，还应该通过推行与这些信息组的保密性、完整性和可用性有关的普遍标准和公认的社会价值，从而加强《战略》的恢复力、可靠性和可调节性。

在网络空间领域中，这些基本原则应被视为虚拟维度上的现代社会组织基础，其具体应用如下：

1. 运用法律，保护人权和自由，特别是隐私、所有权和当代社会组织的所有其他基本特征。

2. 制定一个协调一致的法律框架，一方面不断改进国家和部门层面监管机制的各个部分，另一方面协调社会所有部门（即作为《战略》利益相关者的机构和法律实体）的行为。

3. 应用辅助性原则，通过系统地阐述权力移交，就网络安全问题作出决定并向主管当局报告；主管当局的权限范围涵盖网络安全的重要领域中正在处理的事项：从组织、协调与合作，到专门应对通信和信息基础设施的计算机威胁的技术问题。

4. 应用相称性原则，使每个地区维护网络安全的水平及成本，与它们面临的风险及应对风险威胁的能力相适应。

三、战略的总体目标

1. 采用系统的应用手段并加强国家法律框架，从而将现代社会新的网络层面考虑在内，并同时考虑到与国际义务和全球网络安全趋势的协调。

2. 采取各种活动和措施，提高网络空间的安全性、恢复力和可靠性，以确保各种电子和基础设施服务的提供者以及用户（即信息系统连接到网络空间的所有法人实体和个人）在网络空间中使用的各类信息的可用性、完整性和保密性。

3. 建立更有效的信息共享机制，以确保网络空间的总体安全水平更高，从而要求每个利益相关者（特别是某些信息群体）确保实施充分和协调的数据保护标准。

4. 提高所有网络空间用户的安全意识，具体落实到将公共部门和经济部门、法人实体和个人的特殊性区分开来，通过在正规和课外活动中引入必要的教育内容，并组织和开展各种活动，使更广泛的公众了解网络安全领域的某些当前问题。

5. 促进教育计划的协调与发展，要求普通学校及高等教育院校开展有针对性的专业课程，从而把学术界、公共部门与经济部门联系起来。

6. 促进电子服务业的发展。通过适当地定义最低网络安全要求，建立用户对电子服务业的信心。

7. 促进研究与开发，以发挥学术界、经济部门和公共部门的潜力，并鼓励它们作出协调一致的努力。

8. 采取系统的国际合作方法，不仅使得我们的各个政府部门、机构和社会部门之间可以进行知识与信息的有效转移和共享，而且有助于我们了解与创造在全球化背景下成功参与商业活动的能力。

四、网络安全利益相关的社会部门及其合作形式

为了界定《战略》的涉及面，首先要界定与网络安全利益相关的社会部门，并确定它们对《战略》的意义及其合作形式。

从战略目标出发，《战略》涉及的社会部门及其定义如下：

1. 公共部门：不仅包括与网络安全利益相关的各级政府，还包括其他国家权力机关、地方和区域自治单位的机构、具有公共权威的法人实体、通过各种渠道代表网络空间用户的机构，以及其他有义务实施战略措施的实体。

2. 学术部门：不仅包括与《战略》利益相关者的政府部门进行合作的学术机构，还包括以各种方式代表网络空间用户和有义务实施《战略》措施的实体的公共部门和经济部门的其他教育机构。

3. 经济部门：主要包括与网络安全利益相关的各级政府和监管机构密切合作的经济机构，特别是受关键基础设施和国防特别规定约束的法人实体、以各种方式代表网络空间用户的所有其他法人实体和商业实体，以及有义务实施战略措施的其他实体。此外，必须考虑到这些法人实体和商业实体在工作范围、雇员人数和覆盖市场方面的所有特殊性。

4. 公民：泛指那些通信和信息技术与服务的用户。需要注意的是，网络空间安全的状态对公民的影响是多方面的，包括那些不积极使用网络空间的公民（他们的数据是不连续的）。

《战略》所设想的网络安全利益相关方之间的具体合作形式如下：

1. 公共部门内部进行协调；

2. 国家公共部门、学术部门与经济部门之间开展合作；

3. 与利益相关的公共部门进行磋商并告知公众;

4. 开展网络安全利益相关方的国际合作。

以上这些合作形式都是根据参与方的权限、能力和目标,并根据《战略》中规定的职能明确的网络安全领域,以系统和协调的方式进行的。

五、网络安全领域

网络安全领域是根据《战略》起草时对克罗地亚优先需求的评估而确定的,涵盖通信和信息基础设施和服务领域的安全措施,我们在这些领域拥有公共电子通信、电子政府和电子金融服务等对整个社会具有首要战略利益的基础设施。

保护关键的通信和信息基础设施也是网络安全的一个非常重要的领域,其可能包含于上述三种基础设施领域中的任意一个,但是具有显著不同的特征,因此有必要确定用于识别这些特征的标准。

尽管网络犯罪已经以不同的形式在社会中存在了很长一段时间,但从当今社会在虚拟维度的发展水平上看,它正持续不断地对每个现代国家的发展和经济繁荣构成威胁。这就是为什么打击网络犯罪也被认为是一个优先的网络安全领域,因此有必要确定在今后一段时期内打击这类犯罪的战略目标。

网络防御领域是国防部负责的国防战略的一部分,但它可以根据《战略》内容单独拟定和采取行动。网络恐怖主义和影响国家安全的其他网络问题由安全和情报系统内的少数主管机构处理,需要采取单独的办法,这也将包括使用《战略》中的必要政策内容。

我们根据《战略》的总体目标对网络安全领域进行分析,以确定旨在改善每个领域的特殊目标以及实现《战略》总目标所需采取的必要措施。每个领域的特殊目标以及将在该战略的执行计划中进一步阐述的措施,是根据我们界定的那些社会部门以及网络安全领域对各私人部门的影响来确定的。同时,我们将网络安全利益相关方相互合作和协调的形式也考虑在内。以下在《战略》确定的原则基础上,对网络安全领域进行具体阐释。

(一) 电子通信和信息基础设施及服务

1. 公共电子通信 (A)

公共电子通信包括提供电子通信网络与 (/或) 提供电子通信服务。电子通信和信息基础设施对克罗地亚共和国至关重要,通过它们进行的活动包括：电子通信网络和服务；空间规划；建设、维护、开发和使用电子通信网络；电子通信基础设施及其他相关设备；管理和使用无线电频谱、地址空间以及编号等自然有限的公共物品。

欧盟通过的法律条款、监管条款与技术条款规定了在电子通信领域中法律实体的数据保护、隐私和合法利益，但这些条款之间仍需要不断进行协调，才能确保在欧盟成员国之间促进和发展新的电子通信网络和服务没有障碍。

克罗地亚共和国在公共电子通信领域中与网络安全有关的基本目标如下：

目标 A.1：监察运营商为确保其网络和服务的安全而采取的技术和组织措施，并指导公共通信网络和（/或）服务的运营商，以确保公共通信网络和服务的高度安全和可用性。

有必要对运营商需要满足的各种要求作出全面规定。一方面，运营商要满足与网络和服务的质量及可用性相关的要求：落实数据保护、足够重视基于国际标准的安全措施的执行，以及执行对电子通信网络和服务进行秘密监视的法律义务；另一方面，对于那些在公共电子通信和刑事检控部门负责计算机安全事件的机构，运营商必须发展并不断完善与它们之间的安全合作和信息交流。

目标 A.2：电子通信领域的国家监管机构与负责信息安全领域的相关国家机构或国际机构之间进行直接技术协调。

有必要建立并持续发展国家监管机构和负责信息安全和数据保护政策领域的机构之间的部门间合作，在国际框架的要求下建立共识并交流合作经验。

目标 A.3：鼓励公共通信网络和（/或）服务的提供者利用国家互联网交流中心向克罗地亚的用户提供服务。

克罗地亚国家互联网交换中心（CIX）通过使用国家公共电子通信系统内的最短通信路径，在不同服务运营商的用户之间提供因特网业务相互交换的非盈利服务。这种互联网交换体现出向中央政府提供服务的经营者需要满足的安全要求，但它也要求所有其他经济部门的用户和克罗地亚共和国公民在国家水平上进行有效和经济的联系。

2. 电子政府（B）

电子政府作为克罗地亚的战略目标之一，可确保通过网络空间为所有公民提供迅速、透明和安全的服务。因此，有必要建立一个公共登记册制度，并在有关公共部门机构明确界定的权利、义务和责任的基础上加以运作。为了确保存储在这些登记处的信息具有必要的安全级别，必须在一个共同的基础上在政府信息基础设施系统内安全地交换信息——联合身份识别和认证系统（克罗地亚的 NIAS）。克罗地亚共和国将继续发展和改进与公民的电子通信。电子政府还将继续将国家机构和一般公共部门机构联系起来。需要特别注意以下内容：

（1）按照关于个人数据保护、信息保密、信息安全和获取公共信息权利的规定，向所有公共部门机构、公民和其他用户提供公共登记处的信息。

（2）有系统地发展政府的信息基础设施，包括空间规划、建筑、维修、发展和使用电子通信网络和基础设施，以满足公营部门的需要。

（3）按照信息系统安全条例对政府信息基础设施进行系统保护和安全保障。

（4）克罗地亚政府根据商定的要求和优先次序，对政府信息基础设施的发展进行中央管理。

（5）将信息化计划和项目与有关克罗地亚和欧洲联盟信息基础设施建设的标准和其他决定因素相协调。

（6）互用性、可扩缩性和信息再利用。

（7）使所有公营机构在资讯基建建设及保障方面的开支合理化。

目标 B.1：鼓励公共部门机构的信息系统互联，并利用政府信息基础设施将它们连接到公共互联网。

管理政府信息基础设施领域的法律未涵盖的那些公共部门机构将与负责政府信息基础设施发展和安全的国家机构进行合作，分析它们与政府信息基础设施联结的需要和能力，并根据其结果规划与政府信息基础设施的连接或采取其他保护措施。

目标 B.2：提高公共部门信息系统的安全级别。

有必要分析公共部门机构实施信息系统安全措施的现状，并界定 NI-AS 系统的应用和适当的标准（ISO 27001 等）。组织和技术与政府信息基础设施连接的标准，启动、实施、发展和监测与政府信息基础设施有关的项目所需的条件和活动，政府信息基础设施运作所需的管理、发展和其他要素，都将通过包括安全部门在内的主管机构的协调，不断得到评估。

目标 B.3：建立电子政府服务提供者和证书提供者使用某些认证级别的标准。

根据《NIAS认证质量保证等级的确定标准》[①],标准的单因素认证,即二级证书,对于敏感信息的访问而言,并不具有令人满意的安全级别。在降低安全风险方面,更好解决方案是使用更高(三级或四级)安全级别的凭据,这在电子政务服务框架中也是可以接受的。相关政府部门将对此进行分析,并以协调的方式开展工作,以确定电子政府服务提供者和证书提供者使用某些认证级别的标准。分析还将包括评估将电子公民身份证用于电子政府及其他公共和金融服务的可能性。它还将涉及与国家根据欧盟要求在合格电子签名领域建立适当认证和核证能力的可能性有关的其他方面。

3. 电子金融服务(C)

信息技术及其带来的好处也被广泛用于提供金融服务领域,使其达到令人满意的安全水平是每个现代国家的目标。克罗地亚共和国在电子金融服务领域中与网络安全有关的基本目标如下:

目标C.1:开展提高网络空间安全性、恢复力和可靠性的活动和措施,以促进电子金融服务的发展。

根据目前的威胁和风险评估,应当敦促电子金融服务的提供者引入新的防范恶意活动的机制,并不断改进现有机制。同时必须特别注意电子金融服务的用户的识别和认证、金融交易的授权以及对未经授权的活动进行及时检测和限制。

目标C.2:加强电子金融服务机构、监管机构和其他有关部门之间有关计算机安全事件的信息共享。

为实现有效的信息共享创造条件,同样可以改进处理计算机安全事件的过程,以防止此类事件在未来发生或限制其不利影响。必须特别注意保护个人数据,以及与信息使用和信息共享有关的法律限制所涵盖的其他信息,在有关各方之间建立信任,并建立确保有效和安全地收集信息和信息共享的协议和机制。与计算机安全事件相关的信息共享包括提供电子金融服务的机构、监管机构、负责公共电子通信领域计算机安全事件的机构以及刑事检控机构。

---

① https://www.gov.hr/UserDocsImages//e-Gradjani_dok//NIAS% 20-% 20Kriteriji% 20za% 20odredjivanje% 20razine% 20osiguranja% 20kvalitte% 20autentifikacje% 20u% 20sustavu% 20NIAS% 20 (Ver. % 201.2).pdf(克罗地亚语)。

(二) 关键的通信与信息基础设施以及网络危机管理 (D)

《关键基础设施法》① 及其附属立法的颁布，为在指定的关键基础设施部门内成功地管理关键通信和信息基础设施的风险创造了立法先决条件，其目标如下：

1. 增强通信和信息系统的恢复力或降低其脆弱性；

2. 减轻负面事件（自然灾害和技术事故）和可能（有意和无意）的攻击所带来的不良影响；

3. 具备快速、高效的恢复能力以及网络运营的重新启动。

根据克罗地亚政府的决定②，通信和信息技术部门已被指定为中央国家行政机构通过适用适当方法确定关键国家基础设施的部门之一，其分部门涵盖了电子通信、数据传输、信息系统和提供视听媒体服务等领域。这些分部门进一步可以分为以下几个部分：电子通信网络、基础设施及其有关设备、信息基础设施和地面无线电广播系统。

继续开展关键通信和信息基础设施保护领域的活动是我们的一项战略利益，目的是为其正常运营和持续操作创造一切必要条件。

不论隶属于何种关键基础设施部门，那些运行着关键基础设施或对其运行至关重要的通信和信息系统，都可以称为通信和信息的关键基础设施。

因此，关键通信和信息基础设施的识别以及强制性技术和组织措施的规定，包括计算机安全事件的报告程序，必须由负责某些关键基础设施部门、关键基础设施所有者或经营者，以及主管技术和安全相关政府机构的中央国家机关协调进行。

此外，建立一个网络危机管理系统对克罗地亚共和国的安全方面至关重要，它可以确保我们对威胁作出及时和有效的反应，并及时恢复基础设施或服务。

克罗地亚的网络危机管理系统应按照以下要求建立：

1. 与国家危机管理解决方案的协调；

2. 包括保护关键的国家通信和信息基础设施；

3. 与欧盟和北约国际网络危机管理系统的协调；

4. 与法律上负责协调预防和应对计算机对信息系统安全的威胁的机构

---

① 参见：《官方公报》56/13 号文件。

② 参见：《关于指定中央国家行政机关确定关键国家基础设施和关键基础设施部门序列表的决定》（《官方公报》108/13 号文件）。

的国家权限相协调。

因此，我们有必要确立以下目标：

目标 D.1：确定识别关键通信和信息基础设施的标准。

确定关键通信和信息基础设施的标准必须遵循并进一步阐述《关键基础设施法》所构建的方法。关键通信和信息基础设施是克罗地亚政府在（上述）《关于指定中央国家行政机关确定关键国家基础设施和关键基础设施部门序列表的决定》中确定的部门框架所决定的。指定关键通信和信息基础设施的标准必须来自《关键基础设施法》所采用的方法。如果情势分析显示有必要进一步证明，可以由适当的附属立法进一步加以阐述和规定。

目标 D.2：确定关键通信和信息基础设施的所有者或运营商应采取的具有约束力的安全措施。

有必要确定一套安全措施，由关键通信和信息基础设施的所有人或运营商系统地实施，并确定与一般信息安全法规的必要关系，如人员安全许可要求或确定某一类信息的分类。

目标 D.3：通过风险管理加强预防和保护。

本目标的优先事项是确保《关键基础设施法》在各部门得以执行，包括关键通信和信息基础设施的部门风险分析、确保关键通信和信息基础设施正常运行的部门计划，以及对关键通信和信息基础设施所有者或经营者的安全计划进行规定。

其中，部门风险分析包括：

1. 关键功能（程序、信息及网络等）的识别；
2. 威胁的识别；
3. 威胁、弱点及行动的评估；
4. 风险分析和优先排序；
5. 确定可接受的风险及其应对。

确保关键基础设施正常运行的部门计划和该关键基础设施所有者或经营者的安全计划，涵盖了在计算机安全事件对关键基础设施部门的运作产生不利影响的情况下，进行准备、预防、保护、反应和恢复的措施和行动，即基于关键的通信和信息基础设施对生产和交付货物和服务，以及关键基础设施所有者/经营者的其他职能进行运行与操作。此外，还应特别注意对参与指定关键通信和信息基础设施程序的个人进行专业培训。

目的 D.4：加强处理计算机安全事件的公私伙伴关系和技术协调。

在上述《关于指定中央国家行政机关确定关键国家基础设施和关键基

础设施部门序列表的决定》中所指定的关键基础设施部门内，有必要通过主管某些部门的中央国家政府机构鼓励公私伙伴关系，以确保代表关键基础设施所有者或经营者的商业实体不受阻碍地运作。还应当就必要的安全信息确定适当的监督、协调和信息共享程序，并在关键基础设施的主管部门实体和所有者或经营者之间，以及在公共电子通信和信息基础设施和服务领域与负责计算机安全事件的机构以及与刑事检控机构之间进行信息共享。处理计算机安全事件的技术协调，需要这些有能力应付计算机安全事件的机构之间进行合作。

目标 D.5：发展有效应对可能导致网络危机的威胁的能力。

我们有必要建立一个国家网络危机管理系统，作为克罗地亚国家危机管理系统的一部分。在此系统中，相关参与者的责任将根据其现有权限统一界定，并在构成危机的案件中进一步界定其应当发挥的作用。

国家网络危机管理系统必须确保：

• 能够系统地监测国家网络空间的安全状况，以便发现可能导致网络危机的威胁；

• 定期报告网络安全状况；

• 有效地规划网络危机期间的行动；

• 网络危机期间国家各级政府的合作与协调行动。

为此，有必要认真剖析目前的情况，明确在处理网络安全问题所需的新权限方面可能需要的任何改进，尤其是在法律框架方面。根据分析结果，我们将在更广泛的国家层面危机管理概念的框架内，提出网络危机概念的明确定义，以及识别网络危机的标准。

(三) 网络犯罪（E）

计算机犯罪（或称网络犯罪）是指利用通信和信息技术在网络空间实施的涉及计算机系统、程序和数据的犯罪，对实现更安全的信息社会构成威胁。

建立有效的预防措施以及针对这类犯罪的刑法对策，是实现计算机系统在适当水平上受到保护、不受阻碍地安全运行的关键。

成功且高效地打击这种形式的犯罪需要实现以下目标：

目标 E.1：在履行国际义务的前提下不断加强国家立法。

由于技术的迅速发展带来了利用计算机系统和网络犯罪的新模式，随后又在国际水平上建立了针对网络犯罪相关立法，因此我们有必要不断监测、分析并在必要时根据正在出现的变化修订国家立法。

目标 E. 2：提升与鼓励国际合作，从而促进有效的信息共享。

网络犯罪的全球化是这样一种现象：犯罪者不仅无视实际的国家边界，也无视不同国家的立法差异与语言障碍。因此，应当要求欧盟和北约成员国密切合作，并与第三方国家进行国际合作，以便及时查明每一种新形式的威胁及来源，并尽快对威胁作出反应。因此，有必要通过已有的国际合作模式建立联络点，并通过欧洲刑警组织、欧洲检察官组织和其他国际组织的渠道迅速分享信息。

目标 E. 3：进行良好的机构间合作，以便在国家层面上进行有效的信息交流，特别是在计算机安全事件中。

计算机安全事件需要迅速和充分的处理，因此有必要对在特定情况下能够作出贡献的所有机构建立高质量的协调。这些永久性"接触点"的存在将有助于进行直接有效的沟通，从而也有助于预防和更有效地处理这些安全事件。

目标 E. 4：加强人力资源建设，充分发展有关国家机构在网络犯罪领域刑事案件的发现、调查和起诉方面的权限和技术能力，并保证必要的资金投入。

随着电子通信基础设施的发展和新的创新服务的引入，网络犯罪领域犯罪日益复杂的新形式也不断出现。因此，我们需要继续加强人力资源建设，适当升级监察工具和系统，以及对电子通信网络和服务进行秘密监视的系统。

目标 E. 5：鼓励并不断加强与经济部门的合作。

鼓励和不断发展同经济部门（特别是同公共电子通信部门和电子金融服务部门的国家监管机构和法律实体）的合作，并分享关于已登记的所有新出现的计算机安全事件的资料，使经济部门能够识别可能构成刑事犯罪的潜在事件，并及时更新其自身的安全系统，并使国家行政机构能够对可能的网络刑事犯罪作出迅速反应。此外，应利用与经济部门的良好合作来促进旨在教育某些服务的终端用户的交流，这将直接有助于预防特定的网络犯罪的发生。

六、网络安全领域的相互关系

网络安全领域的相互关系是根据在起草《战略》时对克罗地亚需求的评估而确定的，这些相互关系涵盖了所有或大多数以上所确定的网络安全领域所共有的网络安全部分。我们选定的网络安全领域的相互关系具体包括：

1. 信息保护；
2. 处理计算机安全事件的技术协调；
3. 国际合作；
4. 教育、研究、开发和安全意识的提高。

网络安全领域的相互关系，对于实现并提升网络安全领域的目标，以及有效地执行战略措施至关重要。因此，《战略》还确定了关于网络安全相互关系的特殊目标——这些目标被认为是提高网络空间安全水平的关键；并特别提及以上（第四部分中）界定的那些社会部门，以及它们在网络安全领域的相互关系对社会某些部门的影响，及其对网络安全利益主体之间合作与协调形式的影响。以下对网络安全领域相互关系的阐释是按照以上（第二部分中）《战略》确定的原则进行的。

（一）信息保护（F）

在一条信息生成以后的生命周期中，我们有必要确定它是否属于特定组的受保护信息，并且应用适当措施来保护这种信息。这些受保护信息的每一个所有者、每一个数据控制者、每一个信息处理者及每一个授权用户，都有责任不仅保证他们在工作中使用这些信息的保密性和隐私，而且也要对在网络空间（网站、社交网络等）公开发布的信息的完整性和可用性负责。

为了指导相关主体（特别是负责受保护信息的实体）以适当的方式处理这些受保护信息，在《战略》的起草过程中，我们将以下几类受保护信息列为需要实施充分保护政策的最重要的特殊受保护信息：保密信息、未分类①信息、私人数据和交易机密。

在《战略》确定的网络安全领域中，许多需要进行共享的信息在大多数情况下属于上述特殊四类受保护信息之一。

尽管每一条属于上述类别的受保护信息都受到一套适当的法案及其附属立法的管制，但是迄今为止在信息保护的实践中遇到大多数问题，都出在了政策的执行环节（特别是在法律实体方面）；也有一些问题出自不同社会部门普遍缺乏信息保护意识，没有认识到发展信息保护文化的需求和必要性。

为了向参与网络安全活动的不同利益主体之间畅通无阻地共享此类信息提供必要的先决条件，同时改善网络安全状况，我们需要采取以下

---

① 经适当标记的一组信息，仅用于政府部门的官方目的，不具有保密的特征。

措施:

目标 F.1: 完善商业机密领域的国家法规。

研究表明,我们在国家层面的商业机密领域存在改进的空间,改进后应与 2013 年的欧盟成员国在这一领域达成的共识保持一致。而目前我们的情况可能导致法律上的不确定性,因此有必要制定相关标准来界定与保护商业秘密,并由负责使用这类受保护信息的主体强制承担注意义务(Duty of Care)。

目标 F.2: 鼓励国家环境中特殊受保护信息的主管部门持续合作,以便在执行有关条例方面取得一致。

研究表明,为了使法律条例的执行过程保持协调一致,有必要促成全国不同社会部门之间与不同行业之间的协调。其中,特别强调在国家环境中负责受保护信息的国家主管部门与对应的国际主管部门之间交流经验;同时强调遵守关于信息获取规则的所有现行修正案(尤其是在国际环境中克罗地亚作为欧盟和北约成员国需要履行的义务)的必要性与重要性。《战略执行行动计划》(以下简称《行动计划》)中关于执行《战略》的措施直接针对各机构,即负责受保护信息的所有实体。负责受保护信息的实体的作用是确保所有受保护信息处理者对相关法规的实施采取统一的算法。这些政策也适用于受保护信息的授权用户;其中,在相应的内部信息安全政策框架内供处理者及用户使用的信息都视作受保护信息。

目标 F.3: 确定作为关键信息资源的国家电子登记处的界定标准以及负责受保护信息实体的界定标准。

国家电子登记处保护信息的政策不完善是我们已经发现的重要问题之一。其问题在于累积了大量的来自某一群体的信息(例如,在国家层面搜集所有公民的数据),这使得这类信息资源直接关系到与其相互关联的其他信息资源的脆弱性。因此,有必要仔细分析这一领域,并确定代表关键信息资源的国家电子登记处的界定标准,以及保护这类关键信息资源所需的额外经费。这一政策必须得到执行:一方面可能对关键的国家基础设施实施监管;另一方面可能涉及确定信息登记册的分类标准,因为这些登记册以电子形式汇集在一起,在上述意义的国家层面上是至关重要的。

目标 F.4: 改进由负责受保护信息的实体、处理者及授权用户处理受保护信息的方式。

尽管条例很好地与欧盟和北约的国际要求相协调,但在保密信息和个人数据的使用和信息共享方面仍有实际改进的余地,特别是在受保护信息的处理者或用户等法人实体和电子信息处理方面。我们应特别注意基于计算机基础设施、软件平台或云开发应用的网络空间和服务的特殊性。制定调整后的合同补充样板（包含附录、附件和条款）。这些样板将在适当程度上统一并为各种形式的实际应用做准备，从而向有义务履行法律条例的实体展示履行对信息保护极为重要的所有义务的细节，尤其是执行或缔结需要获得和使用受保护信息的合同。此外，还应考虑到网络空间和电子服务的特殊性，即服务型基础设施（IaaS）、服务型平台（PaaS）或服务型软件（SaaS）的使用条件。这些问题是在特定的受保护信息组及其监管要求的背景下，充分考虑到网络空间和云计算服务的特殊性。具体的问题包括：与所有者在传输、处理或存储过程中未实际控制的信息有关的问题；与服务提供商在各种法律框架（本国、欧盟或第三方国家）内的不同法律责任有关的问题；与公共部门和经济部门某些电子服务的用户的识别、认证和授权（IAA）的相关国家法律框架有关的问题。

目的 F.5：统一使用 ISO/IEC 27000[①] 标准的方法。

ISO/IEC 27000 标准在若干社会部门中用于保护不同类别的信息（例如，个人数据的保护、未分类信息的保护、克罗地亚中央银行关于信贷机构的准则、国家电信管理机构关于公共电子服务提供者的规则等）。在实践中，相似的应用目标在不同适用范围内是否可以依据同一套标准，社会主管部门和受保护信息的主管机构应分析具体操作方式，以及效仿成功的实践经验的可能性。这将为所有有义务实施条例的实体提供更具成本效益的解决办法，同时可以确保他们更好地了解最佳的安全操作，并提供在安全方面效率更高的国家层面上的解决方案。

（二）处理计算机安全事故的技术协调（G）

这些计算机安全事件会破坏信息的可用性、机密性或完整性。为了使信息恢复到事故前的状态，技术协调是处理计算机安全事件需要应用的主要职能之一。考虑到现代网络攻击的技术复杂性，CERTs[②]（国家互联网应急中心）作为负责预防和应对计算机安全事件的机构，其组织人员高水平的技术能力至关重要。进一步加强有关计算机安全事件的部门间组织与信息共享是进行有效技术协调的必要条件；同时要考虑到为处理这些事件或定期报告而保护敏感信息（数据与匿名化），以便更清楚地了解克罗地

---

① "HRN iso/IEC 27000"是一组在信息安全管理领域与国际标准相一致的克罗地亚国家标准。

② 在《战略》中，CERT一词是指负责协调、预防和防范计算机威胁的每个组织单位（或包括个人在内的子单位）。

亚国家网络空间的安全状况。上述国家层面包括通过国家和部门两级的 CERT 合并社会部门的统计指标。每个 CERT 的服务和用户基础必须根据相应的辅助原则（Principle of Subsidiary）明确界定；这一原则适用负责通信和信息基础设施的一个或多个 CERT 的活动，这些基础设施也是计算机安全事件发生和被处理的地方。特别重要的是一些预防活动，它们只需要少量投资，但有可能取得显著效果并防止重大损害。

技术协调在处理和解决计算机安全事件中起着重要作用，为进一步完善技术协调，必须做到以下几点：

目标 G.1：继续加强现有系统收集、分析和储存有关计算机安全事件的信息的能力，并确保迅速有效处理此类事件所必需的其他信息是最新的。

收集、分析和存储有关计算机安全事件的信息对于监测国家网络空间的发展趋势和状态是非常重要的。关于计算机安全事件的信息按照辅助原则（Principle of Subsidiary）收集在相应的主管 CERT 中，并由中央主管部门进行合并与监控。考虑到不同社会部门和特定网络安全领域的特殊性，应当确定有关计算机安全事件的信息类型，以及在中央主管部门之间交换此类信息的方式和先决条件。中央主管部门将定期向国家网络安全委员会（National Cyber Security Council）① 提交关于最近时期的发展趋势、现状和重要事件的报告。中央主管部门将向利益相关的部门提交有关计算机安全事件的相应报告。此外，应特别注意改进现有的收集、分析和储存计算机事件相关资料的系统。

目标 G.2：通过发出警告和建议，定期执行提升网络安全的措施。

必须对中央收集的有关计算机安全事件的信息加以分析，并与主管国家监管机构和其他利益相关方进行交流和共享。在分析这些信息和以其他方式收集的信息的基础上，负责公共信息系统安全的机构以及负责政府信息系统安全的机构将采取措施，通过确定警告和建议来提升网络安全。

目标 G.3：建立关于计算机安全事件的持续信息共享，以及解决特定网络犯罪案件的相关信息和专业知识共享。

刑事检控机关以及安全和情报系统在解决网络犯罪案件时所掌握的信息，对于了解克罗地亚网络安全的整体情况以及更好地预防网络犯罪至关重要。因此，有必要考虑到某些利益相关方的能力和需要，使这些机构与

---

① 参见第 7 部分"战略的执行"。

具有相关权限的 CERT 不断地交换信息。除了交换技术信息外，它们还应当在专业知识领域开展合作，尤其是在解决更复杂的网络犯罪案件方面的专业知识。

（三）国际合作（H）

网络空间及其相关技术和知识在社会的全面发展中发挥着越来越重要的作用，包括政治、安全、经济和社会等不同维度。很明显，在这一人类活动领域，对所有个人和法律实体适用同样的安全、法治和保障既定权利和自由的原则，与其他领域一样必要。由于国际层面在发展、生产和使用信息和通信设备、软件、服务或网络中的规则是明确的，在国家和国际层面上采取一致行动的必要性也是不言自明的。

因此，应当根据《克罗地亚宪法》、《联合国宪章》、国际法、国际人道主义法与克罗地亚和欧盟的有关法律和战略框架的原则、价值和义务，以及加入联合国、北约、欧洲理事会、欧洲安全与合作组织和其他多边平台和倡议所产生的其他国际义务，维护国家利益并开展一切必要的活动。

克罗地亚在国际层面上的网络安全领域的优先事项如下：

目标 H.1：强化与扩大与伙伴国在外交和安全政策领域的国际合作，尤其是在欧盟和北约内部，包括与第三方国家的相互合作。

组织不同网络安全利益相关方参与到国际合作，旨在为国际合作构建一个系统性的方针。在具有相应能力的伙伴国举行的国际会议中，采取的国际合作方式应当很好地协调国家行为体。国际合作必须配合国际活动关键利益方的国家主管机构的相关报告，并应与具有一定能力的其他网络安全利益相关方交换和分享这些报告。

目标 H.2：巩固国际法律框架，重点是推动和改进欧洲委员会《网络犯罪公约》及其议定书的执行。

有必要在不同的网络安全利益相关方，特别是具有外交和司法能力的利益相关方之间建立密切联系，以确保克罗地亚有效地参与国际法律框架的制定，并在这一领域充分协调和发展国家法律框架。

目标 H.3：保持和发展与国际组织中现有和未来协定下的双边和多边合作。

为了履行克罗地亚的国际义务，同时提高国家执行网络安全领域联合活动的能力，有必要在克罗地亚的网络安全利益相关方与某些国际伙伴和国际组织之间提供一个有效明确的合作框架，从而使参与国际合作的机构与国家能力保持一致。

目标 H.4：推动在网络安全方面建立信任的理念。

为了对克罗地亚建立国际信任的努力作出贡献，应当积极参加国际组织和其他论坛框架内的外交活动，从而减少使用信息和通信技术时造成冲突的风险。

目标 H.5：参与并组织国际民用和军事演习及其他专家项目。

参与并组织网络安全领域的国际演习和专家会议，对于确保有效发展和加强国家和国际协调应对网络安全威胁的能力，以及协调、测试和提高网络空间合作防御的实施水平是必要的。在组织和参与这些活动时，有必要对照与克罗地亚网络安全利益相关行为体的国家能力，参与和协调这些活动。

目标 H.6：加强欧洲关键基础设施风险管理领域的合作。

《克罗地亚关键基础设施法》定义了欧洲关键基础设施的概念，并规定了对它们的界定和保护。根据有关识别和指定欧洲关键基础设施以及评估增强保护必要性的《理事会 2008/114/EC 指令》，欧盟成员国必须进行合作，建立信息共享，并交流经验和最佳实践方案，从而实现对已识别的欧洲关键基础设施的最佳和最有效保护。

（四）在网络空间开展教育、研究、开发以及提高安全意识（I）

为了建设一个安全的社会，发挥信息安全和信息社会的整体市场潜力，有必要运用系统的方法来提高整个社会在网络安全领域的能力水平。

必须针对下列目标群体开展适当的教育活动：

● 正规教育参与者：必须确保小学生、中学生、大学生以及专科院校的学生了解他们在虚拟环境中可能遇到的危险；确保他们在各级正规教育中获取安全使用信息和通信技术的技能和能力，并认识到保护私人信息的必要性。

● 不同年龄段的人群：通过树立终身学习的观念和提高安全防护的意识，使得不同年龄段的人群学习网络安全知识。

● 数据控制者、私人数据接收者、数据处理者以及其他与（包括受保护信息的）关键国家基础设施和数据库接触的所有人：确保在网络安全领域有更高的教育水平，并提高对保护电子信息必要性的认知。

● 负责处理安全信息的专家：根据市场需要，发展相关专业的本科生、研究生及专科项目。

为了实现《战略》的目标，需要在教育、研究、开发和提高认知方面采取下列行动：

1. 将所有教育机构联系起来，使方案和课程系统化，避免不必要地并行或执行有质量问题的信息安全教学计划。有必要将国家公共管理学院、警察学院和司法学院等机构与普通高等学校联系起来，尤其是在信息安全、个人数据保护以及网络犯罪等领域有既定和高质量方案的学校。

2. 借助包括大众传媒在内的活动，提高社会各阶层对信息安全的认知。

3. 考虑到学生在网络安全方面的教育不足，除了学校的信息技术（IT）学科以外，还应将与提高网络安全意识相关的科目作为跨学科内容进行教学。

4. 在主题班会（homeroom class）、家长会（PTA meeting）、专题讲座和其他课外活动中，提醒学生和家长注意当前信息社会中存在的威胁。

5. 将网络安全主题纳入教师专业发展计划。

6. 在公务员培训计划中加入特定组别的网络安全主题。

7. 绑定电子服务提供商，以告知关于特定产品或服务的安全风险和保护机制将会造成的后果。将绑定服务提供商并入网络安全措施，使其以用户可理解的方式提供关于这些服务或产品的安全相关问题和安全影响的信息。

8. 界定属于信息安全领域的战略研究部门（从防御和进攻技术、操作方式、算法、设备、软件和硬件等角度）。根据克罗地亚共和国在研究和实际应用方面具有战略利益的领域的指导方针，鼓励信息安全领域的研究团队和研究项目，从而在战略上使克罗地亚具有在信息安全领域进行研究、开发、生产、核查、评估和专业评价的能力。加强学术部门、经济部门和公共部门之间的沟通以及信息安全方面的信息共享。

克罗地亚在网络安全领域的教育、研究、开发和提高认识的基本目标如下：

目标 I. 1：发展通信和信息技术安全领域的人力资源。

有必要对参与执行教育方案的人员（教师、讲师、校长、协理专家和其他人员等）系统地进行网络安全教育。必须将网络安全因素纳入正规的教育方案，并系统地加以应用，特别是在学前班、小学、中学和高等教育四个主要教育群体中。应鼓励青年以合法的方式处理信息安全问题；还要鼓励网络安全领域的研究生、博士生和专科生的研究方案。此外，有必要计划和实施对以各种方式使用通信和信息技术或从事信息保护及用户保护工作的公务员、技术人员和其他人员的专门培训。

目标 I.2：培养和提高网络空间的安全意识。

有必要建立机制，使网络空间用户和服务提供商能够不断地了解如何安全地使用它。必须开展有针对性的教育运动，以向更广泛的公众宣传。根据部门监管机构的指示，服务提供商将开展额外活动，以充分保护服务提供商和用户。

目标 I.3：提升国家能力、鼓励研发、刺激经济。

应当促进国家能力在信息安全各个领域的发展：一方面要鼓励学术部门的研究，另一方面还应鼓励经济部门开发新的产品和服务。政府机构应采取协调一致的手段，促进公私合作伙伴关系，将学术部门、国家和经济部门联系起来，并在全球市场上展示与完善克罗地亚制定的方案。

七、战略的执行

为更好地执行本战略，我们制定的《行动计划》阐述了明确的战略目标，并确定了实现这些目标所需执行的措施，以及主管部门及其执行这些目标的最后期限清单。

《行动计划》将对《战略》的执行情况进行系统的监督，并作为一种控制机制，确定某一措施是否已全部执行并产生了预期的结果，或者是否应根据新的要求对其进行重新定义。

为了及时确定《战略》是否正在取得预期成果，即确定的目标是否正在实现，以及确定的措施是否在计划的时间范围内得到执行，有必要建立一个持续监测《战略》和《行动计划》执行情况的制度，并进一步建立一个协调所有主管政府机构制定适当的政策以及应对网络空间威胁的机制。

为了审查和改进《战略》和《行动计划》的执行情况，克罗地亚共和国政府将设立国家网络安全委员会①（以下简称国家委员会），该委员会将：

• 系统地监督和协调《战略》的实施，讨论与网络安全有关的所有问题；

• 提出改善《战略》和《行动计划》的措施以提升本战略；

• 提议在网络安全领域组织国家演习；

---

① 国家网络安全委员会（National Cyber Security Council），是一个由具有制定国家或部门政策及其协调职责的主管机构的授权代表组成的部门间小组。

- 发布与《战略》和《行动计划》的实施有关的建议、意见、报告和准则；
- 根据新的要求，提出对《战略》和《行动计划》的修订或建议通过新的《战略》和《行动计划》。

根据在网络危机管理领域中已明确的要求，国家委员会将：

- 解决对网络危机管理至关重要的问题，并提出提高效率的措施；
- 分析运营和技术网络安全协调小组提交的安全状态报告；
- 对网络安全状况进行定期评估；
- 确定网络危机应对计划；
- 发布网络安全行动与技术协调小组的方案和行动计划，并指导其工作。

为了确保支持全国委员会的工作，克罗地亚共和国政府将设立网络安全行动与技术协调小组①，该小组将：

- 监测国家网络空间的安全状况，及时发现可能导致网络危机的威胁；
- 发布关于网络安全状况的报告；
- 给出网络危机应对方案；
- 根据已发布的项目与活动计划履行其他职责。

作为一个部门间机构，网络安全行动与技术协调小组应当确保其代表互相从其负责范围内获得业务信息，从而使其在网络安全危机期间可以采取协调行动。

负责执行《行动计划》中措施的行为体要负责监测和收集有关措施执行情况和效率的信息，并每年向全国委员会提交一次合并报告，报告提交时间不得晚于当年第一季度末，如有必要，还应根据全国委员会的要求更频繁地提交。

全国委员会将最迟于本年第二季度末向克罗地亚共和国政府提交关于执行本战略《行动计划》的执行情况的报告。

《战略》将在实施三年后根据《行动计划》中负责实施本战略措施的实体的报告进行修订。全国委员会应最迟在修订年度结束前向克罗地亚共和国政府提交一份综合报告，其中应载有对《战略》的拟议修正案。

---

① 网络安全行动与技术协调小组（Operational and Technical Cyber Security Coordination Group），是一个由负有业务和技术责任的主管机构的授权代表组成的一个部门间小组。

附录：术语和缩略语

一、术语

受保护信息的授权用户（Authorised users of protected information）：受保护信息的用户，其授权（即使用权）基于法律或合同基础，但不是受保护信息或受保护信息处理者的实体。

计算机安全事件（Computer security incident）：一个或多个干扰或正在干扰信息系统安全的计算机安全事故。

凭证（Credentials）：用于介绍电子服务用户的一组信息，用作电子身份（e-ID）验证的证明，以便允许访问电子服务（e-服务）。

关键通信和信息基础设施（Critical communication and information infrastructure）：其功能受到干扰，将严重干扰一个或多个已确定的关键国家基础设施的工作的通信和信息系统。

网络（计算机）犯罪（Cyber/Computer crime）：针对计算机系统、软件支援程序及数据的刑事犯罪；使用信息和通信技术在网络空间犯罪。

网络危机（Cyber crisis）：可能或已经对克罗地亚的社会、政治和经济生活造成重大干扰的网络事件。这种情况最终会影响人民的安全、民主制度、政治稳定、经济、环境和其他（包括国家安全和一般国防在内的）国家价值。

网络安全（Cyber security）：包括在网络空间保证信息与系统的机密性、完整性和可用性的活动与措施。

网络空间（Cyberspace）：信息系统之间进行通信的空间。在《战略》中，它包括互联网和与之相连的所有系统。

电子通信和信息基础设施（Electronic communication and information infrastructure）：包括用于数据传输、处理、存储的计算机和通信系统以及软件支援程序。

电子通信和信息服务（Electronic communication and information services）：使用信息和通信系统提供的商业和非商业服务。

电子金融服务（Electronic financial services）：由授权供应商通过电子通信和信息基础设施（如在线和移动银行、自动取款机以及电子转账系统）直接向用户提供的金融服务。

电子金融服务供应商（Electronic financial service providers）：经主管机关授权提供电子金融服务的主体。

负责受保护信息的实体（Entities responsible for protected information）：受保护信息的所有者和控制者。

金融服务（Financial services）：银行、资金转移、证券市场、投资基金份额、保险、租赁和保付代理等领域的服务。

政府信息基础设施（Government information infrastructure）：作为政府公共部门的安全信息基础以及信息交换工具，用来交换网络安全信息，如元数据登记、技术标准、分类、公共登记、NIAS、电子公民系统以及政府信息基础设施网络（HITRONet & CARNet）。

识别和认证系统（Identification and authentication system）：信息系统中个人设备或服务身份的建立和验证系统。

信息（Information）：对处理这些信息的用户有价值的不同组的电子记录。

信息安全（Information security）：信息的机密性、完整性和可用性状态，通过应用适当的安全措施来实现。

互联网（Internet）：基于TCP/IP协议连接各种因特网的全球网络（如克罗地亚的HITRONet或CARNet）。

受保护信息（Protected information）：其内容对保护民主社会的价值观具有特殊重要性，且被国家承认的分类信息、未分类信息、私人数据或商业机密，需要根据其保密性、完整性、可用性和隐私等信息特征进行特殊处理。

受保护信息的处理（Protected information processing）：对受保护信息执行的一个动作或一组动作，如收集、记录、组织、存储、适应或更改、撤回、咨询、使用、传输、发布或以其他方式使其可用、对齐或组合、阻止、注销或破坏，以及对这些信息执行逻辑、数学和其他方面的操作。

受保护信息处理者（Protected information processors）：代表负责受保护信息的实体对受保护信息进行处理的个人或法人实体、国家权力机关或其他机构。

安全措施（Security measures）：在物理、技术或组织层面实施信息保护的一般规则。

敏感信息（Sensitive information）：仅用于官方目的的信息，或受适当法规保护但不具有保密特征的信息（如个人数据或非保密信息，即仅用于官方目的的标记信息）。

二、缩略语

CARNet	克罗地亚学术和研究网络（Croatian Academic and Research Network），是学术网络基础设施。
CERT	计算机应急小组（Computer Emergency Response Team），是负责处理计算机网络安全事件的专家小组。在《战略》中，CERT 用于任何负责协调、预防和保护信息系统安全免受计算机威胁的组织、子单位或个人。除了 CERT，国际上有时也使用缩写词 CSIRT（Computer Security Incident Response Team 计算机安全事件响应组）。
Croatian Internet eXchang（CIX）	克罗地亚国家互联网交换中心，设在计算机中心大学（Srce/University of Computing Center），向克罗地亚境内所有互联网服务供应商开放（商业和非商业或私人网络）。
EFU	电子金融服务（Electronic financial services）。
e-Citizens	电子公民系统，属于政府信息系统的一部分。它由中央国家门户网站、国家身份认证系统和用户个人邮箱系统组成。
EU	欧盟（European Union）。
e-service	电子服务。
EUROJUST	欧洲检察官组织（The European Union's Judicial Cooperation Unit）。
EUROPOL	欧洲刑警组织（The European Police Office）。
EFTPOS system	电子资金转移销售点（Electronic Fund Transfer Point Of Sale），即非现金支付的销售终端，其中交易以电子方式进行。
HITRONet	国家行政机关计算机通信网（Computer communication network of state administration bodies）。
ISO/IEC 27000	信息安全领域的一套国际管理标准，被视为克罗地亚标准"HRN ISO/IEC 27000"。
NATO	北大西洋公约组织（North Atlantic Treaty Organization）。
NIAS	国家识别和认证系统（National identification and authentication system）。
OIB	个人身份编码（Personal identification number）。
Strategy	《（克罗地亚共和国）国家网络安全战略》（National Cyber Security Strategy）。

第九节　波兰：网络空间保护政策

本文件是行政与数字化部（Ministry of Administration and Digitization）和内部安全局（Internal Security Agency）合作起草的，依据如下：

——部长会议常务委员会（Standing Committee of the Council of Ministers）2009 年 3 月 9 日讨论的文件《波兰共和国 2009—2011 年政府网络空间保护计划——原则》。

——政府计算机安全事故响应小组（CERT. GOV. PL）发布的关于波兰行政区域安全状况的定期报告。

——部长理事会数字化工作委员会（Committee of the Council of Ministers for Digitization）主席 2012 年 1 月 24 日第 1/2012 号关于设立保护政府门户网站工作组的决议。

一、波兰共和国网络空间保护政策的主要前提和假定

在全球化背景下，网络空间安全已成为各国安全领域的重要战略目标之一。在人员、货物、信息和资本自由流动的时代，民主国家的安全取决于预防和打击网络空间安全威胁的机制的发展情况。

由于信息和通信技术（以下简称 ICT）系统面临的威胁越来越大，独善其身是不可能的，而且 ICT 安全的责任是分散的，因此有必要通过协作行动，针对 ICT 系统及其提供的服务的攻击作出快速有效的反应。

由政府行政、立法、司法、地方政府运营的 ICT 系统，以及分别保障国家、企业家和自然人安全的战略系统，均包含在本《波兰共和国网络空间保护政策》（以下简称《政策》）中。

根据《政策》，波兰共和国政府将通过代表在确保国家及公民的信息资产安全方面发挥积极作用，并将履行相应的宪法义务。

《政策》的内容包括对旨在实施与本文件相一致的任务的社会倡议的支持。

波兰共和国政府在通过网络空间履行宪法义务时，与有组织的社会团体——特别是通过电子手段提供服务的电信企业家和供应商的代表协商，就执行有关义务的可接受的安全程度达成一致。

接受本《政策》文件的地位的同时，应该指出，在当前的政府战略文件体系下，《政策》也属于战略文件之一，因为其中详细阐释了还未指定新的优先级与活动的各项战略、发展计划和其他计划文件中确定的行动方针，并确定了对于特定部门的发展愿景及其实施方式。

《政策》的任务领域不包括 ICT 分类系统（classified ICT systems）。应该强调的是，保密信息的保护领域有自己的规定和适当的保护机制，其具有专门用于保护在单独的 ICT 系统中生成、处理和存储的机密信息的组织结构，主要的立法法案是 2010 年 8 月 5 日关于机密信息保护的法案（OJ No. 182，第 1228 条）。

（一）定义

本文件中使用的术语和缩略语的含义：

滥用（Abuse）：互联网服务提供商的安全部门的专有名称，这些提供商负责管理计算机安全事故响应过程和滥用投诉的核查。

网络空间安全（cyberspace security）：一系列旨在确保网络空间运行不受干扰的组织和法律、技术、体育和教育项目。

计算机应急响应小组（CERT），计算机安全事故响应小组（CSIRT）：为应对互联网上破坏安全的事故而设立的小组。

网络攻击（cyber attack）：故意破坏网络空间的正常功能。

网络犯罪（cybercrime）：在网络空间犯下的罪行。

网络空间（cyberspace）：ICT 系统所创造的处理和交换信息的空间——参见 2005 年 2 月 17 日颁布的关于执行公共任务的实体信息化法案第 3 条第 3 款（OJ No. 64，经修正后的第 565 条），以及它们之间的联系和与用户的关系。该定义依据 2002 年 8 月 29 日颁布的关于戒严法法案的第 2 条第 1b 款，武装部队最高指挥官的权力及其对波兰共和国宪法当局的从属地位（OJ No. 156，经修订后的第 1301 条），2002 年 6 月 21 日颁布的关于紧急状态的法案（OJ No. 113，经修订后的第 985 条）以及 2002 年 4 月 18 日颁布的关于自然灾害状况的法案的第 3 条第 1 款第 4 点（OJ No. 62，经修订后的第 558 条）。

波兰共和国网络空间（以下简称 CRP）：在波兰国家领土内及领土外波兰代表工作地点（如外交机构和军事机构）的网络空间。

网络恐怖主义（cyberterrorism）：在网络空间犯下的恐怖主义性质的罪行。

计算机安全事故（security incident）：与信息安全相关的单一事件或一系列不利事件，对业务运营造成重大干扰并危害信息安全（依据 PN-ISO/IEC 27000 系列标准）。

组织单位（organizational unit）：1964 年 4 月 23 日颁布的法令所指定的组织单位（参见《波兰民法典》OJ No. 16，经修订后的第 93 条）。

PCS（Plenipotentiary for Cyberspace Security）：公共管理组织单位中网络空间安全的全权代表。

企业家（entrepreneur）：2004 年 7 月 2 日颁布的有关经济活动自由法案第 4 条所指的企业家（OJ No. 220，2010 年 10 月修订后的第 1447 条）或任何其他组织单位，不论其所有权形式如何。

风险评估（risk assessment）：全面风险分析，包括风险识别、确定风险程度以及风险评估过程。

网络空间用户（cyberspace user）：各组织单位（organizational unit）、支持公共行政机关的办公室、企业家以及使用网络空间资源的自然人。

（二）战略目标

《政策》的战略目标是使国家的网络空间安全达到可接受的水平。

战略目标的实现需要通过建立法律和组织框架以及在 CRP 用户之间进行有效协调和信息交流的系统。

为实现战略目标而采取的行动必须基于合格实体针对网络空间中发生的威胁进行的风险评估的结果。

同时，《政策》需符合以下文件的目标：

（1）《欧洲理事会欧洲数字议程》（Digital Agenda for Europe of the European Council）［COM（2010）245］；

（2）《信息社会发展战略》（Strategy for Development of Information Society）；

（3）《国家安全战略》（National Security Strategy）；

（4）《国家中期发展战略》（Medium-Term National Development Strategy）；

（5）《"欧洲 2020" 战略》（"Europe 2020" Strategy）；

（6）《高效国家战略》（Efficient State Strategy）。

（三）具体目标

（1）提高国家 ICT 基础设施的安全级别。

（2）提高防范和应对网络空间威胁的能力。

（3）减少危害 ICT 安全的事故影响。

（4）界定负责网络空间安全的实体的权力。

（5）为所有政府管理实体建立和实施一致的网络空间安全管理系统，并在这一领域为非国家行为者确立指导方针。

（6）在负责网络空间安全的实体和网络空间用户之间建立一个可持续的协调和信息交流系统。

（7）使网络空间用户对网络空间的使用方法和安全措施的认识不断提高。

通过以下方式实现《政策》的目标：

（1）预防和应对网络空间威胁和（包括具有恐怖主义色彩的）攻击的协调体系；

（2）广泛采用预防和及时发现网络空间安全威胁的机制，并在政府行政部门和非国家行为者之间采取适当的程序来识别已发现的事件；

（3）CRP安全领域的一般社会教育与专业社会教育。

（四）对象及应用范围

《政策》针对的是国家领土内及领土外波兰代表工作地点（如外交机构和军事机构）的所有网络空间用户。

《政策》适用于以下政府管理部门：

（1）支持国家政府行政机构的办事处：包括总理、部长理事会以及委员会章程规定的部长和主任组成；

（2）支持政府行政中央机构的办事处：包括除上述机构外的隶属于总理或部长个人的机构；

（3）支持地方政府行政机构的办事处：包括省长以及联合和非联合的行政机构；

（4）政府安全中心（Government Centre for Security）。

同时，《政策》建议对乡、县、省及（不属于国家和地方政府行政管理的单位）其他机关的地方政府行政机构，包括：

（1）波兰共和国总统总理府（Chancellery of the President of the Republic of Poland）；

（2）波兰共和国众议院总理府（Chancellery of the Sejm of the Republic of Poland）；

（3）波兰共和国参议院总理府（Chancellery of the Senate of the Republic of Poland）；

（4）国家广播委员会办公室（Office of the National Broadcasting Council）；

（5）人权捍卫办公室（Office of the Human Rights Defender）；

（6）儿童申诉专员公署（Office of the Children's Ombudsman）；

（7）波兰全国司法委员会办公室（Office of the National Council of the Judiciary of Poland）；

（8）国家控制机构和法律保护办公室（Offices of State Control Bodies and Protection of the Law）；

（9）波兰国家银行（National Bank of Poland）；

（10）波兰金融监管局（Polish Financial Supervision Authority）办公室；

（11）上述以外的国家法人和国家组织单位。

同时,《政策》还为上述未提及的网络空间的所有其他用户提供了行动指南。

(五) 确定 CRP 的安全责任

由于《政策》具有国际性,负责执行《政策》的实体代表部长理事会(Council of Ministers)作为负责信息化的部长,他在《政策》第 3.4.1 条提到的安全小组的帮助下确保为保障 CRP 安全所采取措施的协调与一致性。

在执行与 CRP 安全相关的任务时,政府计算机安全事故响应小组(CERT. GOV. PL)是政府管理和民用领域中的主要计算机安全事故响应小组(CERT),其主要任务是提供和发展波兰共和国公共行政组织单位抵御网络威胁的能力,尤其是针对包括 ICT 系统和网络在内的基础设施的攻击,因为这些基础设施的损毁或破坏可能在很大程度上对人类生命和健康、国家遗产和环境构成威胁,或者造成严重的财产损害,进而扰乱国家的正常运转。

同样,在军队中,这一角色由"ICT 网络和服务安全管理中心"(Departmental Centre for Security Management of ICT Networks and Services)履行,为了使《政策》取得成功,CRP 用户积极参与旨在提高其安全水平的努力是至关重要的。

同样重要的是,要通过与社会和 ICT 组织的代表协商《政策》内容并参与其协调实施及审查,来提高 CRP 用户对政策实施的参与。

旨在改善 CRP 用户安全的解决方案如果被广泛使用,即表明波兰共和国政府在这一领域采取的行动得到认可。

(六)《政策》的法律合规性

《政策》符合波兰共和国的普遍适用的法律(包括《宪法》、法案、经批准的国际协定和条例),且不影响其中任何一项。

二、网络空间的现状和问题

国家的运作及其宪法义务的履行越来越依赖于现代技术的发展、信息社会和网络空间的不间断运作。当前,网络空间的安全运行在很大程度上取决于 ICT 基础设施的安全性,这些基础设施使得网络空间中信息资源和服务的收集和使用成为可能。CRP 的基础设施运作使国家能够履行其对公民的宪法义务,确保政府管理的连续性和有效性以及波兰共和国经济连续高效的发展。

波兰政府认为有必要采取措施，以确保国家 ICT 基础设施的安全，即确保用于履行国家对公民的宪法义务及其国内安全的 ICT 系统、设施和装置的正确与持续运作。为此，有必要确定最低安全标准，该标准将帮助我们实现这一目标，并将把对波兰网络空间单个要素的攻击可能造成的潜在损害降至最低。《政策》是在 CRP 范围内发展基础设施安全运作管理概念的基础，并为政府行政部门建立法律基础以执行这方面的任务制定指导方针。此外，建议企业家采取第 4.4 条所提到的合作框架下制定的确保网络空间安全的有关 CRP 基础设施原则。

有关信息通信技术基础设施安全的行动将与旨在保护国家关键基础设施的努力相辅相成。在这方面，《政策》不影响国家关键基础设施保护计划中的规定。

《政策》指出，有必要发展确保在 CRP 内运行的基础设施安全的概念，并为政府行政部门执行这方面的任务提供法律依据。

CRP 的 ICT 基础设施必须受到保护，免受来自网络空间的攻击、损毁、破坏或未经授权的访问。

作为与《政策》实施有关的行动的一部分，需进行风险评估的事项，包括资源、子系统和功能的识别，以及与 CRP 运作有关的其他系统的依赖性。同时，《政策》的实施将有助于制定风险评估结果和报告模型的目标指南，其中包含在 CRP 基础上执行的宪法任务的波兰经济各部门所确定的风险、威胁和脆弱性类型的一般数据。

在进行风险分析的基础上，有必要制定最低安全标准，以保护已确定的资源和系统，从而履行国家的宪法义务。

三、主要行动路线

根据优先级的不同，将依次通过以下行动来实施《政策》。

（一）风险评估

评估与网络空间运作相关的风险是网络空间安全进程的一个关键因素，用来确定并证明为将风险降到可接受水平而采取行动的合理性。

为了达到可接受的安全水平，假设第 1.4 条［前（1）—（4）点］所指的每个政府行政单位应不迟于每年 1 月 31 日向负责信息化的部长提交（根据负责信息化的部长开发的模型）汇总风险评估结果的报告。该报告应包含有关在单个机构运营并负责的各部门中诊断出的风险、威胁和漏洞类型的一般信息，且还应提供有关如何应对这些风险的信息。

负责信息化的部长将与相关机构合作，确定进行风险分析的统一方法。最终必须强制政府管理机构使用此方法。

为了统一方法，建议政府计算机安全事故响应小组（CERT. GOV. PL.）向负责信息化的部长提交包含影响网络空间安全的风险和可能漏洞的有关清单。

（二）政府行政门户的安全性

在电子社会中，政府行政单位与公民交流信息的主要场所是网站。政府行政单位应遵守基本安全要求，即确保数据的充分可用性、完整性和保密性。各组织单位应独立评估其门户网站的风险（见第3.1条）。在此基础上将实施适当的（取决于场所的类型和风险评估的结果）组织和技术解决方案，以确保足够的安全级别。由于不同类型的缔约方及其不同的优先事项，这些解决办法将各不相同。

建议运行因特网门户的政府管理部门除了遵守最低要求外，还应实施安全领域的相关建议和良好做法（good practices），并将由保护政府门户的工作组与政府计算机安全事故响应小组（CERT. GOV. PL）合作准备。

（三）立法行动原则

立法行动（legislative actions）是计划立即执行《政策》的基本要素。部长理事会（Council of Ministers）了解这些行动的高度优先性，认为有必要由负责信息化的部长发起这些行动，以便制定相关条例，为执行《政策》的规定采取进一步行动提供依据。有必要审查现有的条例，以便为提高政府机构和所有网络空间用户的安全感制定解决办法。

（四）程序和组织行动原则

执行《政策》的一个重要步骤将是程序和组织行动，其目标是通过实施这一领域的最佳做法和标准，优化 CRP 的运作。在此阶段，有必要使用在第一阶段开发的法律工具以及法规的"软"机制。[①]

这一阶段的执行需要单独的具体项目的创建。

1. 波兰共和国网络空间安全管理

作为波兰共和国网络空间安全管理的一部分，以及为了改善政策目标的实施过程，并确保国家政府在 CRP 安全领域的有效权威，总理必须任命一个小组，负责就执行和协调与其安全有关的任何行动提出建议。

该小组可以利用由数字化部长会议委员会主席（Chairman of the Com-

---

① "软"监管包括良好行为守则、指南、建议、道德规范、礼仪、最佳做法或标准等。

mittee of the Council of Ministers for the Digitization）根据 2012 年 1 月 24 日颁布的第 1/2012 号决定任命的工作组（Task force）的现有能力来保护政府门户，建议该小组在任命之日起 30 天内制定并提出一项行动计划，以确保波兰共和国网络空间的安全。

小组的主要任务应是建议采取措施，以协调执行《政策》规定的机构的活动、组织例会以及提出针对 CRP 安全的推荐解决方案。

与 CRP 在政府行政和民事领域的安全相关的任务的实施，主要 CERT 的作用默认由政府计算机安全事故响应小组（CERT. GOV. PL）来实现。同样，在军队中，这一角色是由 "ICT 网络和服务的安全管理部门中心"（Departmental Centre for Security Management of ICT Networks and Services）来履行的。

2. 组织单元的安全管理体系

政府行政部门的各组织单位作为保障网络空间安全的一部分，应当由单位负责人按照适用规定和最佳做法，建立信息安全管理体系。

默认公共机构将为其用于执行公共任务的 ICT 系统实施一项安全政策，并根据需要进行改进与修改。在制定安全政策的同时，公共机构还应履行 2005 年 2 月 17 日颁布的关于执行公共任务的实体信息化的法案所规定的义务（OJ No. 64，经修订后的第 565 条），涉及信息安全领域对 ICT 系统的最低要求。

为了确保组织单位信息安全政策的一致性，默认负责信息化的部长与国防部部长（Minister of National Defence）和内部安全局局长（Head of the Internal Security Agency）协商，可以制定信息安全管理体系指南。

3. 网络空间安全全权代表的作用

政府行政部门的组织单位应当明确网络空间安全全权代表（Plenipotentiary For Cyberspace Security，以下简称 PCS）的角色。

网络空间安全范围内的全权代表的任务应特别包括：

（1）履行保障网络空间安全相关法律行为规定的义务。

（2）制定和实施将适用于组织的计算机事故响应程序。

（3）识别风险并进行定期风险分析。

（4）制定应急计划并进行测试。

（5）制定有关程序，以确保 CERT 有关以下方面的适当信息：

① 计算机事故的发生；

② 组织单位的搬迁，联系信息等。

《政策》没有指出网络空间安全全权代表在组织单位架构中的位置，

但是，全权代表的角色应分配给负责执行 ICT 安全进程的人员。

（五）安全领域教育、培训和提高认识的原则

作为执行《政策》的一部分，部长理事会认识到有必要开始执行教育活动。默认该领域的行动将在 CRP 当前和未来的用户之间进行。其目的是加强前两项措施的影响，加强其在用户中的影响力，并为实施《政策》的下一阶段创造可能性。

1. 网络空间安全全权代表的培训

为了提高资格，有必要建立一个网络空间安全全权代表的培训系统。培训项目应将重点放在应对与网络空间安全有关的事故上。

2. 引入 ICT 主题并将其作为高等教育的一个永久内容

确保 CRP 安全的关键在于公共和私营部门工作的高素质人员，他们负责维护 ICT 系统，尤其是对国家安全至关重要的资源。为了确保在 ICT 安全领域持续提供训练有素的专业人员，有必要让高等教育机构参与实现《政策》的目标。网络空间安全问题应成为教育的永久内容。这尤其适用于培养计算机科学家的技术高等教育机构。设计人员和计算机程序员仅专注于技术，而忘记了创建安全代码的原则；系统管理员将用户资源的可用性放在首位，而忘记了保护已处理信息免受侵害，以上这些情况都应该避免。为此，有必要在国家高等教育资格框架①所规定的教育成果中考虑 ICT 安全问题。

3. 政府行政人员的教育

部长理事会注意到，在涉及 ICT 系统安全的问题范围内，有必要根据职位及其可能带来的风险，对有权进入和使用 CRP 的政府行政人员进行教育。

4. 具有教育和预防性质的社会运动

公民广泛使用与互联网相连的系统，并且网络空间提供的服务越来越重要，这迫使人们必须提高对使用互联网的安全方法的认识，并对新出现的威胁保持敏感。

对于预防和打击威胁的意识和知识是打击这些威胁的关键因素。只有受过良好教育的用户的负责任行为，才能有效地降低由现有威胁引起的风险。应该强调的是，在现代世界，ICT 安全的保证在很大程度上取决于网

---

① 参见科学和高等教育部部长于 2011 年 11 月 2 日颁布的《关于国家高等教育资格框架的规定》（Regulation of the Minister of Science and Higher Education），OJ No. 253，第 1520 条。

络空间每个用户的知识和行动。

由于个人、公共机构、企业家和社会组织都面临着网络空间犯罪带来的风险。因此,这项社会运动应当是多层面的,并应当考虑到传播形式和内容的多样性,以满足以上所有受众的需要。我们假定这项公众运动将是长期且广泛的。

由于 ICT 安全是执行公共任务的保障,信息运动的对象将重点关注政府行政部门的雇员和有关实体,因为其具有 CRP 的 ICT 基础设施中的资源。

假定教育和预防运动将面向公众,尤其是以下群体:

(1)儿童和青年:最容易受到影响的群体。为了使年轻人早日养成可以保护自己免遭网络危害的习惯(例如,免受被称为"网络欺凌"的网络暴力、认识危险的陌生人、淫秽色情内容、黑客行为以及网络成瘾的影响),教育应该及早开始。首先是各个学龄段(小学、初中、高中)的儿童接受有关网络空间危险的相关知识。

(2)父母:负责后代教育的主要群体。父母有责任让孩子做好准备,在包括信息社会在内的社会中发挥作用。为了有效地监督孩子在互联网上的活动,父母应该对网络空间的危害及其消除方法有足够的了解。

(3)教师:自 2004 年以来,对各专业教师的教育按照国家教育部条例(Regulation of the Minister of National Education)进行,确定了教师教育的标准。[①]作为高等教育必修课的一部分,教师需要具备信息技术领域的基本知识,包括安全和有(安全)意识地使用 ICT 系统。

以上针对儿童、青年及其父母的社会运动应主要在各级教育机构中实施。

这项运动也将通过大众媒体进行。大众媒体作为推进安全问题、CRP以及《政策》中项目推广的重要合作伙伴,将提高《政策》中目标执行的效率。在执行《政策》的过程中,为了更好地开展宣传和教育活动,国家、区域和地方媒体都将参与进来。《政策》中有关 ICT 安全以及教育、组织和法律手段的信息,作为社会运动的一部分,将默认显示在行政和数字化部(Ministry of Administration and Digitization)的网站以及政府计算机安全事故响应小组(CERT. GOV. PL)网站上。同时,我们相信《政策》的内容、倡议和结果能够有效地传达给广大社会和专业团体。

---

① 2004 年 9 月 7 日国家教育和体育部部长颁布的关于教师教育标准的条例(OJ No. 207,第 2110 条)。

（六）技术行动原则

在程序和组织活动（如风险应对计划）的基础上，《政策》实施的最后阶段应是技术行动。这些行动的目标是降低 CRP 威胁所带来的风险。这些行动需要通过启动特定项目来达到效果。

1. 研究计划

支持与 ICT 安全有关的研究倡议对于有效执行《政策》至关重要。支持的具体方式应该是：鼓励公共行政部门、研究中心和电信公司中的 ICT 参与者，以及通过电子方式提供服务的供应商开展联合研究。

假定协调《政策》在这方面规定执行的主体是负责研究和开发工作的科学和高等教育部（Ministry of Science and Higher Education）。在《政策》的基础上，需要在具体项目层面上确定一份行动清单，将知识水平的动态变化考虑在内，并可能在负责执行《政策》的主管机构的倡议下进行修订。

2. 扩大政府行政部门的 ICT 安全事故响应团队

为了能够有效开展与确保 CRP 安全有关的活动，包括对 ICT 安全事故的响应，有必要提供足够的技术设施，这些设施不仅能够执行当前任务，而且还将考虑到未来对专门 ICT 系统日益增长的需求。

在统一职责和响应程序以及确定成员后，所有小组都将建立一个国家计算机安全事故响应系统，该系统除了合作外，还将包括联席会议、培训和演习。

3. 建立预警系统，实施和维护预防解决方案

针对网络威胁的预警系统 ARAKIS-GOV 由内部安全局的 ICT 安全部门与作为研究和学术计算机网络（NASK）一部分的波兰 CERT 共同实施。该系统的开发将根据具体项目实施。

同时，考虑到 ICT 取得的进展以及出现日益复杂的威胁的相关趋势，应当在执行《政策》的过程中采取主动行动，推动创造越来越现代化的支持 ICT 安全的解决方案。

我们的目的应该是尽可能广泛地使用不同类型的安全系统，以确保关键的 ICT 资源的安全。

4. 测试安全水平和行动的持续性

作为测试安全水平和确保持续实施 CRP 流程的一部分，PCS 应组织和协调定期测试技术与组织的保护水平以及程序解决方案的水平（例如，行动连续性程序或超部门合作）。演习的结果将用于评估目前网络空间对攻

击的抵抗力，这些结论将成为制定进一步预防措施建议的基础。

5. 安全队伍建设

CERT 类型的团队是为建立适当结构并对程序阶段提供实质性帮助的能力中心。此外，它们还被用来解决包括政府行政部门或企业家在内的各种组织单位运作过程中出现的问题。每个机构可以在自己的个人资源和可用的技术手段范围内，建立自己的局部事故响应小组，其工作根据第4.2条进行协调。

此外，计算机安全事故响应小组的任务应包括维护内部信息网站。这些网站是政府行政机构中与 ICT 安全直接相关的人员，以及其他对该领域感兴趣人员的主要信息来源。

特别地，这种网站将用于发布以下信息：

（1）ICT 安全相关的新闻；

（2）关于潜在风险和威胁的信息；

（3）安全公告；

（4）不同类型的指南和最佳做法；

（5）有关趋势和统计的报告和信息；

（6）参与 ICT 安全活动的人员交流信息和经验论坛。

这些网站将用来报告 ICT 安全事故。涉及这些网站将使没有太多计算机知识的用户能够报告事故或获取报告事故位置的信息。

四、文件规定的实施和执行机制

假定《政策》的目标和原则的实施将把风险评估的结果考虑在内，并在具体项目中实施。

（一）监督和协调执行

由于《政策》的国际性质，由部长理事会作为监督其执行情况的机构。负责信息化的部长代表部长理事会协调实施《政策》。

（二）CRP 计算机安全事故国家响应系统

波兰共和国政府针对 CRP 建立了一个三级的国家计算机安全事故响应系统：

（1）一级——协调层面：负责信息化的部长。

（2）二级——计算机事故响应：

① 政府计算机安全事故响应小组（CERT. GOV. PL），同时执行负责协调 CRP 中处理计算机事故过程的主要国家小组的任务。

② 在军事领域执行任务的 ICT 网络安全管理中心（Departmental Centre for Security Management）。

（3）三级——实施层面：负责在网络空间运行的单个 ICT 系统的管理员。

已建立的响应系统可保障政府部门的小组与 CERT（包括 CERT Poland，TP CERT 和 PIONIERCERT 在内），CSIRT，ABUSE，电信公司［根据 2004 年 7 月 16 日颁布的法案《电信法》（*Telecommunications Law*）（OJ No.171，经修订后的第 1800 条）］和以电子方式提供服务的供应商［根据 2002 年 7 月 18 日颁布的关于以电子方式提供服务的法案（OJ No.144，经修订后的第 1204 条）］之间的信息交换，并与相关适用法律保持一致，尤其是 1997 年 8 月 29 日颁布的关于个人数据保护的法案（OJ of 2002，No.101，经修订后的第 926 条）和 2010 年 8 月 5 日颁布的关于机密信息保护的法案（OJ No.182，第 1228 条）。

（三）信息交流机制

一个有效的协调制度将保障政府与军事和文职团队在国际合作中对获取的信息进行交流，并与相关适用法律保持一致，尤其是 1997 年 8 月 29 日颁布的关于个人数据保护的法案（OJ of 2002，No.101，经修订后的第 926 条）和 2010 年 8 月 5 日颁布的关于机密信息保护的法案（OJ No.182，第 1228 条）。

除此之外，该系统还将确定信息交流的替代渠道，并对信息交流过程的有效性进行定期测试。

（四）合作的方法与形式

建立负责网络空间安全的机构与负责打击网络犯罪的机构之间的合作形式，也是《政策》实施内容的一部分。这些形式的合作将同时具有一个工作形式（为尽量减少计算机事故响应的滞后）以及一个正式形式（为消除管辖权问题）。

（五）与企业家合作

必须对企业家进行激励，因为从国家正常运作的角度来看，保护他们免受网络空间威胁是至关重要的。

特别地，这一群体应包括活跃在下列部门的企业家：

（1）能源、资源和燃料的供应部门；

（2）通信部门；

（3）ICT 网络部门；

（4）金融部门；

（5）运输部门。

《政策》假定采取行动，鼓励那些自己管理着 ICT 基础设施的企业家之间进行合作——由于这些基础设施属于 CRP 中性质类似的 ICT 基础设施，因此面临类似类型的漏洞和攻击。这些合作的形式之一可以是设立指定的机构，在 CRP 的 ICT 基础设施安全领域进行内部信息和经验交流，并与公共行政机构进行合作。

1. 与 ICT 设备和系统制造商的合作

对于负责保障 ICT 安全和加强网络空间安全的政府机构和其他实体来说，硬件和软件制造商是重要的合作伙伴。发展与这些伙伴的合作，包括与他们交流经验和展望，应该成为对公共教育和专业教育系统以及其他系统的质量产生重大影响的最重要因素之一。负责 ICT 安全的实体与安全系统制造商之间的合作，对于扩大可用工具的范围尤其重要。

合作目的应该是为用户提供可以被广泛理解的 ICT 安全和信息保护的最大范围的解决方案。

2. 与电信企业家合作

由于威胁具有全球性，电子通信办公室（UKE）、电信公司和 CRP 的用户之间需要在网络空间安全领域进行密切协调的合作。

（六）国际合作

由于网络空间安全问题具有全球性，维护和发展网络空间安全的国际合作至关重要。波兰共和国政府认识到，波兰需要通过其代表、政府机构、公共机构以及与非政府机构的合作，主动发起并采取积极行动，以增强 CRP 的安全以及国际安全。

五、经费支出

《政策》并不要求国家预算在其生效之年提供额外资源来资助开展活动，因为政府管理部门的当前组织单位已经部分实现了《政策》中规定的目标。因此，假定每一组织单位在受到批准后将明确上报已执行的任务以及所花费的财政资源。

本文件假定第 3.4.1 条中提及的小组持续开展和计划相关活动。

假定自《政策》生效以来，各个部门正在估算与《政策》规定的任务相对应的已实施任务的成本。

允许将所提出的成本估算纳入下一财政年度的计划，但须首先明确表明它们与网络空间安全有关。

各组织单位将估计的执行任务的费用数据发送给负责信息化的部长。任务的执行成本将由风险评估的结果确定，需要在特定项目中列出，并将其归类到各个部门并指明资金来源。

与执行《政策》有关的必要费用将在预算法案规定的某一年预算相关部分的预算支出限额内支付。

六、对《政策》有效性的评估

由于本文件具有一定开创性，因此《政策》规定的具体执行指标将在风险评估的基础上制定。

《政策》生效以后，各组织单位必须分析和建议执行任务的指标，在此基础上汇总信息，并制定本文件目标的全球性指标。所提出的全球性指标提案将用于更新《政策》，并用于评估与CRP安全相关的计划目标和任务的实施程度。

与《政策》的战略目标和具体目标的实施相关的项目实施程度将在具体项目中根据以下标准进行评估：

（1）具有安全系统和预警系统的所有组织单位的饱和程度（degree of saturation）——与公共行政雇员的人数有关。

（2）一体化的程度：

① 团队间信息交换的方法和程序，需确保机密性、完整性和可用性；

② 实现《政策》涵盖的通用动态网络空间图像的可能性及范围。

（3）标准化程度——标准的实施程度、事故类别和程序。

（4）系统在综合防病毒软件、防火墙、反垃圾邮件中的配备程度——与需要保护的软件（资源识别）有关。

以下措施将用于评估在《政策》基础上创建的具体项目的有效性：

（1）有效性衡量：衡量实现目标的程度，并可应用于所有级别的任务分类。

有效性衡量样本：

——与分类事故总数相关的已解决事故的数量。

（2）产品衡量：反映给定任务在短期内的执行情况，并展示公共部门生产的特定商品和服务。产品衡量即衡量对可操作目标的实施程度。

样本产品衡量指标：

——对公民报告的事故的响应数量。

——处理的事故数量。

（3）结果衡量：衡量在任务/子任务/行动层面上，通过由适当的支出来执行的任务中或任务下的行动所取得的效果。衡量所采取行动的结果。结果衡量即衡量短期或中期内采取的行动的直接影响。

样本结果衡量指标：

——缩短处理事故的时间。

——对事故的平均响应时间。

（4）影响衡量：衡量执行任务的长期后果。它们可以衡量执行一项任务的直接影响，而这种影响可能在长期才会明显地体现。有时影响衡量是仅对部分执行任务结果的衡量（结果还受其他外部因素影响）。

样本影响衡量指标：

——波兰互联网安全意识的提高（民意研究中心 CBOS 的研究）。实施程度将以百分比评估，100% 表示根据《政策》制定的特定项目下所有任务均得到实施。

在《政策》生效后一年内，本文件第 1.4 条提及的各相关实体应（以百分比）估计《政策》原则已达到的程度。

（一）《政策》预期效果

《政策》的实施及在其基础上制定的具体项目而采取的行动，预计将产生以下长期影响：

——CRP 的安全级别提升；国家对 CRP 中攻击的抵抗力更高。

——为所有相关人员制定了网络安全政策。

——CRP 中恐怖袭击的有效性降低；消除网络恐怖袭击影响的成本降低。

——在负责确保网络空间安全以及管理构成国家关键 ICT 基础设施资源的公共和私营实体之间，建立起有效的协调和信息交流系统。

——参与在网络空间中运作的国家的 ICT 基础设施安全的行为者的能力提升。

——公民对以电子方式提供的国家服务的信心提升。

——公众对安全使用电子系统和 ICT 网络的方法的认知水平提高。

（二）行动的有效性

作为《政策》的一部分，对行动有效性的衡量是对已经建立的条例、机构和关系的评估，这些条例、机构和关系将使有效的网络空间安全系统得以实际存在。影响许多机构所执行的计划活动的有效性的基本方法之一，是确定每个实体的任务范围并确定执行任务的责任。

（三） 监测行动的有效性是采取政策的一部分

第1.4条中提及的机构将向负责信息化的部长提交关于《政策》执行进度的报告。

（四） 违反《政策》规定的后果

每个政府行政部门均应遵守《政策》的规定，不论一般适用法律的规定中规定的责任如何。

违反《政策》的规定可能会导致该实体被排除在信息社会之外，并在获取公共信息时出现障碍。ICT系统的充分保护、处理数据的安全和可靠性是现代系统可以具有的最高价值。实施相关《政策》的实体应在这些系统的安全策略中指明确保信息系统安全的方法，以及处理信息系统中ICT安全漏洞的程序。本文件规定的实施手段旨在对系统安全漏洞提供充分的响应、评估和记录，并确保采取适当的方式应对事故，以恢复可接受的安全级别。一项重要的义务是立即将检测到的事故通知管理员或相应的CERT，并决定采取或不采取相关措施处理这些事故。

2013年6月25日

华沙

第十节 孟加拉国：网络安全战略

一、执行摘要

孟加拉国需要可靠的物理和信息通信技术（ICT）——这两类基础设施共同支持通信、应急服务、能源、金融、食品、政府、卫生、交通和水利等部门的基本服务。因此，为了实现我们的经济安全和民主目标，我们需要可靠的物理和数字基础设施。实物资产越来越依赖于数字基础设施或关键信息基础设施（CII）的可靠运行来提供服务和开展业务。因此，对CII的重大破坏可能会产生直接的削弱性影响，其影响范围远远超出ICT部门，并且会影响一个国家在多个部门执行其基本任务的能力。因此，关键信息基础设施保护（CIIP）是每个公民的责任。

本文件——《孟加拉国国家网络安全战略》（以下简称《战略》）是保护我们的网络世界免受安全威胁、风险和国家安全挑战的一项长期措施。《战略》涉及我国的国家安全战略。本文件的目的是通过协调政府、私营部门、公民和国际网络空间防御的努力,为在 2021 年继续保持孟加拉国的安全和繁荣创造一个连贯的愿景。

这项《战略》概述了一个框架,用于组织和优先管理我们的网络空间或关键信息基础设施的风险。为了实现上述目标,《战略》显著提升了我国政府的网络安全形象,并界定了明确的角色和责任。在认识到网络漏洞共同性质的基础上,《战略》还要求公私合作,以修复银行、公用事业和电信部门、私营部门拥有的关键基础设施的潜在脆弱性,抵御网络攻击。

此外,我们认识到,网络安全是一项全球性挑战,需要真正的国际解决办法。因此,我们承诺加入区域和国际伙伴关系,为应对网络安全挑战创造解决方案,不论受到何种威胁。因此,我们依据国际电信联盟(ITU)全球网络安全议程(GCA)的支柱来呈现《战略》。GCA 包含五大战略支柱和七个目标,旨在建立相关各方在打击网络威胁方面的合作机制。我们的目标是助力 GCA 成为建设安全可靠的信息社会的关键框架。

二、战略背景

由于网络威胁日益复杂、频繁和严重,孟加拉国需要在使用信息和通信技术方面建立信心和安全。网络威胁是一个令人担忧的问题,因为关键信息基础设施的破坏或损毁可能会对经济、社会和国家安全产生严重影响。

我们的网络空间面临一系列威胁。网络威胁的范围从旨在获取政治情报的间谍活动发展到用于信用卡欺诈的网络钓鱼(fishing)。除了政府信息外,间谍活动现在还针对商业企业在通信技术、光学、电子和遗传学等领域的知识产权。由于其无边界、匿名和跨境的性质,互联网基础设施的设计引来了一些网络威胁。然而,作为孟加拉国关键政府和私营部门服务基础的互联网服务也面临着同样的不安全。

我们非常重视抵抗所有类型的网络威胁。事实上,网络空间正迅速成为与能源和运输部门相关设备(如电子变压器和管道泵)受到威胁的关键来源。尽管新的智能电网技术提供了智能监测、控制、通信和自愈(self-healing)技术,但智能电表容易受到未经授权的修改、分布式拒绝服务以及在修补过程中断的影响。此外,我们对越来越多的网络攻击表示关注。例如,越来越多的网络攻击旨在窃取有关谈判立场细节的政府官方文件。披露这些细节将严重损害我们的国家安全和利益。

令人担忧的是,网络间谍及其他形式的网络犯罪的成本非常低,互联网上甚至可以找到外行都可以免费使用的网络钓鱼或恶意软件分布等的攻击工具和方法，而犯罪者几乎没有被定罪的风险，这一方面是由于我们自己的法律框架不完善，另一方面是由于缺乏应对网络威胁的加强国际合作、对话和协调组织架构。敌对国家通过秘密的监视，得以绘制出我们关键政府和私营部门基础设施周围的结构和防御系统，找到"后门"，从而制造和测试攻击。

三、目标

在国内外开展合作，管理直接影响我们的所有来源和类型的主要网络风险，从而为我们的经济和社会创造一个安全、可靠和有恢复力的关键国家信息基础设施。

四、战略目的

《战略》认识到网络威胁、风险和挑战对我们国家价值观和利益的影响。《战略》强调需要共同努力应对这些迅速发展的威胁，其应对方法充分综合地利用了政府、所有部门的组织、公民个人和国际伙伴的资源，以减轻对我们面临的网络空间威胁。《战略》确定了应对网络安全风险所需的组织架构，从而把对我国繁荣和国家安全的这一风险遏制在萌芽阶段。

五、方式——优先事项

《战略》是采取协调一致方式，在国家和全球层面相互配合，来保护我们的关键基础设施免受网络威胁。根据国际电联的全球网络安全议程，本战略所涉及的领域如下：

- 制定一套全面的、在区域和全球适用且协调一致的国家网络犯罪立法；
- 采取相关措施，通过签署委派计划、协议和标准，减少软件产品中的漏洞；
- 确定在国家政策议程上提高安全意识、转让技术和促进网络安全的能力建设机制的战略；
- 制定统一的国家多方利益攸关者战略，在应对网络威胁方面进行国际合作、对话和协调。

（一）网络安全优先事项

《战略》应具有三个国家优先事项：

- 法律措施；
- 技术和程序措施；
- 组织架构。

第一优先事项的重点是制定在全球范围内协调一致和普遍适用的网络犯罪立法战略。第二优先事项是处理有关网络犯罪、监视、预警和事故响应的组织架构和政策，以及创建一般通用的数字身份系统。第三优先事项主要是关于安全协议、标准和软件认证方案的国家框架。

1. 优先事项 1：法律措施

这一优先事项涉及制定法律以遏制和起诉网络犯罪。这些行动将不可避免地取决于国情和地方需求。预防、威慑、应对和起诉网络犯罪的法律、程序和政策的建立及现代化是《战略》的重要组成部分。由于网络安全是一项全球挑战，因此缺乏统一的国家和地区网络犯罪法规会削弱孟加拉国在国内和全球范围内侦查、起诉和制止网络犯罪的能力。《战略》规定了制定适当的网络犯罪法律措施所需的如下行动：

行动 1：网络犯罪立法

这项行动涉及制定可在全球范围内具有互操作性（interoperable）的适用法律。

我们的网络犯罪立法应与全球公约相协调。因此，我们将使我们的网络犯罪立法与国际电联的网络犯罪立法保持一致，这种协调将有助于加强在解决管辖权和证据问题上的国际合作。

此外，国际协调的立法增强了我们的网络安全，因为它有助于我国建立预防、威慑和起诉网络犯罪的能力。

网络犯罪法应该由所有可能的利益相关部门和立法委员会进行评估——即使它们与刑事司法无关，这样我们就不会错过任何有用的意见。

同样，网络犯罪法也应由地方私营部门、国际私营部门的任何地方分支机构、当地非政府组织、学者、对其感兴趣的普通自由公民、有意愿的外国政府以及任何其他利益相关者来评估。

建议根据《网络犯罪公约》（2001 年）的相关规定，起草《国家网络犯罪法》文本。

行动 2：政府法定权限

这项行动旨在确保政府有足够的法律权力，以确保网络空间符合公共利益。

- 建立包括国家网络安全委员会（National Cybersecurity Council）在内的网络安全组织架构；

- 定义创建国家 CIRT 的法律依据，例如，在《法案》中界定在面临网络攻击风险时关闭关键基础设施的权力；
- 为增强网络安全技能、培训和意识提供（法律）基础；
- 确定在网络安全方面建立综合和充分协调的公私部门伙伴关系的法律和业务基础；
- 促进网络安全创新，帮助制定长期解决方案；
- 授予政府参与聚焦网络安全的国际合作、对话和协调活动（例如互助）的权力。

2. 优先事项 2：技术和程序措施

这一优先事项强调了在国家和区域两级确定组织架构的必要性，以促进各司法管辖区之间的通信、信息交流和对数字证书的认可。这些组织架构将有助于建立一个通用的数字身份系统，以及必要的识别各司法管辖区的数字证书的机构，具体行动如下：

行动 1：国家网络安全框架

这项行动旨在建立一个框架，界定强制性安全标准，并就风险管理、合规性和安全保障等问题提供指导。

《孟加拉国国家安全框架》（以下简称《框架》）概述了利益攸关方在国家网络安全要求下必须遵守的最低标准的安全措施。《框架》包含适用于广泛利益攸关方的核心安全价值和最低标准。利益攸关方根据其风险状况和信息保护需求选择适用的标准，可以使用内部审查或外部审查员向中央机构证明其对最低安全标准的遵守情况。但是《框架》并不提供有关特定 ICT 系统的详细技术说明。

《战略》将以下政策目标确定为国家网络安全框架的重要组成部分：

- 政府治理与风险管理；
- 信息安全与保障；
- 保护性标记和资产管理；
- 人员核查与放行；
- 物理安全和环境安全。

行动 2：保障政府基础设施的安全

这项行动旨在向政府部门和机构传播相关风险意识、预防措施和有效应对措施。

尽管孟加拉国政府只拥有和经营少数重要的信息基础设施，我们仍非常重视关键的信息基础设施的保护。因此，政府将主导网络空间的安全。例如，政府的采购流程将强制要求在服务合同中包含安全条款，以鼓励网络空间安全保障技术的发展。《战略》确定的以下行动对确保网络空间安全至关重要：

- 制定和执行人员核查与放行计划；
- 为敏感数据创建并实施正式的信息或数据分类；
- 建立和执行政府部门和机构的网络安全风险管理流程；
- 定义并实施健全的《政府认证框架》；
- 通过对供应商的审查、在合同中纳入以及执行担保条款，提高政府外包和采购的安全性；
- 为所有政府网络系统创建漏洞管理流程；
- 保障政府局域网（government local area networks）的安全。

行动3：关键信息基础设施保护

这项行动的重点是定义跟踪和修复漏洞的过程；提高攻击溯源和预防的能力。

漏洞（Vulnerabilities）是导致威胁或攻击破坏系统的机密性、完整性和可用性防御的弱点。大多数网络攻击是由于技术设计的缺陷或利用已存在却未修复的漏洞导致的。这些被利用的漏洞所造成的影响取决于信息的价值和关键性。关键信息基础设施不可避免地会存储有价值的信息。

《战略》确定了以下主要行动和举措，以减少孟加拉国的威胁和漏洞：

- 建立国家脆弱性评估程序，以帮助了解威胁和漏洞的潜在后果。
- 将重要系统指定为关键信息基础设施，并实行相关的认证制度。例如，对于未经渗透测试（penetration test）和其他确保安全的行动，任何系统都不能连接到关键基础设施。
- 提高网络犯罪的调查、预防和起诉的执法能力。
- 要求使用经过评估的软件产品。
- 优先考虑国家网络安全研发活动。
- 评估并保护新兴系统。
- 参与改善因特网协议（Internet protocols）和路由技术（routing technologies）安全性的国际努力。

3. 优先事项3：组织架构

这一优先事项要求建立组织架构和策略，以帮助预防、检测和响应对关键基础架构的攻击。《战略》确定了以下行动，对于建立适当的国家和区域网络犯罪组织架构和政策至关重要：

行动1：政府的网络安全角色

网络安全是每个人的责任,因为只有在所有相关的利益攸关方都发挥作用的情况下,我们的对策才能有效。利益攸关方包括政府、企业、基础架构所有者和用户。合作是至关重要的,因为无论是政府还是私营部门都无法单独控制和保护信息基础设施。

孟加拉国政府负有确保基础设施符合公共利益的全面责任。为了改善孟加拉国的网络安全,政府必须成立适当的国家机构,保护我们的基础设施,以及向公众提供基本服务所需的所有资产。国家、区域和全球协作的组织架构旨在保护机密数据和互联网免受网络攻击。政府还负责将国家优先事项传达给私营部门,以帮助确保在银行、运输和电信等领域的私营部门的关键基础设施得到足够的保护。

为应对网络安全挑战,孟加拉国政府可任命一名高级助手担任国家网络安全协调员(National Cybersecurity Coordinator)。

该官员有责任制定一个跨政府的方案,以解决《战略》的优先领域。该官员提供战略领导,并确保政府网络安全活动的一致性。他的工作职责跨越了政府机构,并在成立时向国家网络安全委员会(National Cybersecurity Council)提交官方报告。该协调员可以直接接触政府首脑,并有足够的工作人员和财政资源在战略层面上协调政府间活动。

行动2:国家网络安全委员会

国家网络安全委员会是协调我们保护网络空间努力的焦点,它是一个由多个委员会组成的机构,整合了政府机构在网络安全方面的工作,并领导政府与业界的合作。公私合作伙伴关系协调对于保护我们的关键基础设施至关重要,因为它加强了网络威胁识别、事故响应和恢复方面的信息共享和合作。《战略》授权该委员会履行以下职责:

- 制定一项全面的国家计划,确保政府或私营部门的关键基础设施和服务的安全;
- 在关键基础设施遭受严重攻击时提供国家重大事故响应能力;
- 向政府和私营部门组织提供战略建议和流程,以管理网络安全计划;
- 向拥有或运营关键信息基础设施的政府机构和企业提供综合性安全建议(包括信息、人员和物理建议),以降低其对网络威胁和其他威胁的脆弱性;
- 在网络安全的各个方面为私营部门组织和政府机构提供信息保障的国家技术权威(National Technical Authority);
- 与情报机构等其他政府机构合作,审查有关威胁和脆弱性的信息,

并向区域和地方政府组织、私营部门、学术界和公众分发有关反制措施的建议;

● 参与国际计划,比如,打击网络威胁国际多边伙伴关系(IM-PACT),以获得警报、预警和合作;

● 与其他机构共同进行研发并提供资金,创建新一代的保障网络安全技术。年度审查评估该委员会开展网络安全活动的有效性。

行动3:国家事故管理能力

及时识别、进行沟通以及从影响关键信息基础设施的重大网络安全事故和漏洞中恢复,通常可以减轻恶意网络空间活动造成的损害。最佳实践(Best practice)表明,这些努力在国家层面上最有效,因为国家可以在分析、预警、信息收集、降低脆弱性、缓释和恢复方面提供更广泛的参与;但是政府不可避免地需要与私营部门合作以协调国家对策,因为私营公司拥有基础设施并且通常具有更好的技能。政府需要制定法律和监管激励措施,鼓励关键基础设施所有者及运营商确保其系统能够抵御攻击。《战略》确定了以下有关网络事故响应的措施:

● 在国家网络安全委员会下设孟加拉国计算机事故响应小组(BDCIRT);

● 建立应对重大网络事故的公私合作框架;

● 鼓励发展业务连续性和灾难恢复能力;

● 发展战略和战术网络攻击及脆弱性的评估能力;

● 鼓励发展私营部门分享关于网络空间健康状况信息的能力;

● 协调自愿参与制定国家公私连续性和应急计划的进程;

● 在网络安全委员会下设网络预警和信息系统(Cyber Warning and Information Network);

● 建立起一种机制,在区域和全球范围内与公共和非政府机构共享有关网络攻击、威胁和漏洞的信息;

● 在可能的情况下,建议各单位至少具备基本的计算机取证能力。这种能力将需要软件工具和额外的培训。

行动4:公私伙伴关系

商业部门拥有并运营着孟加拉国所依赖的国内外大部分关键基础设施。显然,由于政府并不单独拥有或运营基础设施,仅靠政府无法保护网络空间。因此,孟加拉国政府应在网络安全方面与私营部门建立有意义的伙伴关系。《战略》要求孟加拉国政府及其代理人在制定、实施、维护、监管网络安全举措和政策时征求私营部门的意见。与私营部门的合作关系至关重要，因为它们可以：

- 促进利益攸关方之间关于制定新的立法和条例的信息交流；
- 合作并分享培训课程，以帮助改善网络安全专业技术人员严重短缺的情况；
- 启用有关网络威胁和漏洞的实时信息交换。

通信渠道对 BDCIRT 很有价值，因为充分的信息交换可以弥补国家事故检测和预警资源的不足。

在投资私营部门的同时，政府还应制定有关国际合作的国家战略，积极参与有关领土管辖权、主权责任和网络空间战等领域相关政策制定的重要国际讨论。此外，网络安全协调员或同等授权的主体与政府部门和机构、私营部门以及学术界合作，制定和协调孟加拉国的国际网络安全立场。之后，外交部应致力于改善国际合作。

行动 5：网络安全技能及培训

这项行动的重点是创建有关方案，以提高管理、技术和信息保证（Managerial, Technical and Information Assurance）领域的网络安全专业人员的能力。

这项行动要求启动一项计划，在公民中培养一批保障信息安全流动的骨干人员，侧重于培训专业人员，而不是建立广泛的意识。《战略》确定了以下主要活动：

- 采用国家网络安全技能框架（Cybersecurity Skills Framework）；
- 创建一套对网络安全工作的描述；
- 确定可商用的网络安全证书；
- 开展培训或认证考试，或对相关的商业行为进行管理；
- 定期评估网络安全技能和培训水平；
- 投资于主流网络安全教育和研究；
- 提升国内公司的网络安全能力；
- 与 IMPACT 等全球伙伴合作，协调网络安全培训。

重要的是，随着计算机、软件和网络等领域以及电子证据等重要性的日益增长，检察官和法官需要对它们有一定的了解。同样，立法者应该对这些话题以及本国法律是否足以解决网络犯罪有一些了解。还可以采取其他有用的手段，比如，培训高级政策制定者（政府官员），使其了解电子网络面临的威胁（例如，国家银行系统会如何受到攻击）以及电子网络构成的威胁（例如，利用互联网定位易受伤害的儿童进行性交易）。

行动6：网络安全的国家文化

这项行动的重点是提高人们对网络威胁的认知，以及所有相关利益攸关方在保护网络空间方面必须发挥的作用。许多网络威胁是由于不安全的用户活动造成的，这些用户包括终端用户或系统管理员。安全意识的普遍缺乏，加上网络安全专业技术人员的缺乏，增加了攻击者诱骗用户执行不安全活动的可能性。相反，培养用户的安全意识有助于创造一种网络安全文化，进而降低网络攻击的可能性及其影响。《战略》确定了以下主要活动：

- 推广国家意识计划（national awareness programme），以使（家庭或一般劳动力中的）终端用户能够保护自己与网络空间相关的系统；
- 为含有机密数据的政府系统执行网络安全意识计划；
- 鼓励商业企业培养网络安全文化；
- 在国家教育课程中加入网络安全意识，以此向学生及其亲属传播知识；
- 让民间社会参与儿童和个人用户的活动；
- 促进私营部门对专业网络安全认证的支持。

各国越来越依赖复杂的系统和信息技术。在许多情况下，对国家和经济安全至关重要的信息和通信技术（ICT）受到来自国内或国外多种原因的破坏。政府和私营企业的领导者越来越面临网络风险和漏洞的不确定性，这种不确定性源自用于支持关键系统的不断发展的技术的复杂性和互连性。为了保障安全和经济活力，各国必须根据自己的经济、社会和政治考虑来管理网络安全。

第十一节 印度：国家网络安全战略 2020

一、执行摘要

印度的数字经济正在迅速发展，技术的普及已遍及人类生活的各个方面。根据麦肯锡全球研究所（McKinsey Global Institute）的最新报告，印度在世界上17个数字经济最多的国家中进展速度位居第二。在2017—2018财年，印度的核心数字产业约为1700亿美元，占印度GDP的7%，预计到2025年，这一数字将增长到占GDP的8%—10%。

快速数字化带来了技术造成的风险挑战。最近发生了一些针对我们的关键基础设施部门——核电站和太空局的攻击，这些攻击暴露了印度在网络安全方面备灾不足的问题。

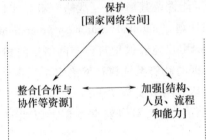

部门准备
国家级网络安全
中小企业准备
先进技术[5G、无线、云、移动技术、物联网、人工智能/机器学习、机器人、增强现实技术/虚拟现实技术、高性能计算集群系统、硬件/半导体、分布式账本技术、无人机、串行数字接口技术和材料科学]

大规模的数字化公共服务
供应链安全
关键信息基础设施保护
数字支付安全

国家网络安全的各个方面

保护
[国家网络空间]

互联网基础设施
标准制定
提升印度影响力
网络外交
网络犯罪调查

整合[合作与协作等资源]

加强[结构、人员、流程和能力]

结构、特色制度和治理预算配给
研究、创新、技术开发能力和技术建设
审计与鉴证
事故/危机管理
数据安全与治理

本报告详细介绍了 21 个领域，这些领域将确保安全、可信、有恢复力和充满活力的网络空间，能够促进印度的繁荣。报告的要点如下：

• 大型公共服务数字化项目从设计开始，至其生命周期整个阶段，需要协调一致与深思熟虑地确保安全的努力。

• 针对在印度采购、调配与生产的产品，采取双管齐下的供应链安全方法。

• 关键信息基础设施部门的强大和优良的安全功能，尤其关注监督控制和数据采集（SCADA）/运营技术（OT）安全。

• 部门备灾和监测绩效指数。

• 鉴于网络威胁不断增加所造成的紧迫性，政府应为网络安全单独拨款。

• 关键基础设施保护要求通过增强安全领导力和加强 IT 和 OT 环境中的安全性来解决结构问题。

• 协调各机构的作用和职能，并根据国家战略和执行蓝图调整其作用和职能职责。

• 协调政府在双边、多边、区域网络合作以及参与全球论坛和影响方面的所有努力，并推动相关议程符合印度在网络空间和安全方面的利益。

- 通过电子政务的中央资助，在各州启动"网络安全能力"建设计划。
- 能力建设、管理技术创新带来的风险、对创造性想法的研发和商业化、中小型企业部门的数字化、国家和部门的备灾以及数据安全治理和数字支付安全已成为确保国家安全的基础，因此政府必须利用2020年的网络安全战略来加强这些基本组成部分。
- 通过提高人们的认知水平、有针对性的活动以及提供吸引人的就业机会，吸引聪明的年轻人进入网络安全领域。
- 鼓励对发展网络安全技术、开发培训基础设施、投资测试实验室、积极参与技术标准制定、展示印度在全球市场的能力以及提高中小企业部门的备灾能力作出贡献。
- 呼吁制定一个国家在网络犯罪调查中的备灾情况指数，该指数将考虑所作的投资、努力的范围和规模、进行的试验、破案的及时性以及定罪率的提高。

二、背景

随着印度即将成为1万亿美元的经济体，印度政府正致力于更新国家网络安全战略，以改善网络空间地位。虽然印度自2013年推出相关政策以来取得了长足进步，但技术进步也带来了许多新的挑战。我们的研究表明，2016年至2018年期间，一些有针对性的攻击使得印度成为受影响第二大的国家——印度数据泄露的平均成本已高达11.9亿印度卢比（1.7亿美元）。此外，2017年，CERT-IN处理了53117起事故；而在2018年，这一数字增加至208456起。网络安全事故的突然增加可能与我国经济数字化程度的提高有关。根据DSCI关于网络保险的报告，印度已有超过5.6亿的互联网用户，成为世界第二大应用程序市场。最近，UPI交易已突破1400万美元。2018年全球网络安全指数将印度列为全球第47位，该指数的评估内容包括五大支柱（法律、技术措施、组织措施、能力建设和全球合作）。印度政府迫切需要进行相关的干预，帮助各部门为改善国家网络安全态势作出努力。

三、范围

印度数据安全委员会（DSCI）作为一个行业机构，在与各个部门（电力部门、银行、金融服务和保险部门、能源部门和信息技术/软件和服务部门）的企业协商后，整理出其对2020年国家网络安全战略的意见。文件的剩余内容提供了关于各种讨论点的详细观点。本报告基于DSCI 在《国家网络安全战略 2020》发布网站（www.ncss2020.nic.in）上提交的高级别报告。剩下的报告整合并展示了我们的观点，包括了一些从行业收集的意见。

四、区域详情

(一) 第1部分：安全

1. 公共服务的大规模数字化

由于创新思维、建筑实验和规模潜力，印度的数字化努力得到了全球的认可。如果安全性未渗入设计中，如果产品调配时未经过深思熟虑，或者未能在操作中得到确保，这将影响服务所必须确保的可用性（availability），以及公民对数字平台和在线服务的信任。

- 确保我国采取的所有数字化举措的设计早期阶段的安全考虑。
- 呼吁在此类项目和计划中授权安全职务和责任。
- 在部署解决方案的同时促进构建安全授权/许可的文化环境。
- 发展机构对项目使用的核心设备进行评估、认证和评级的能力。
- 提倡对此类项目建议、采用和实施的设备、解决方案和架构进行广泛评估。
- 要求高水平的网络安全操作与安全挑战的规模和复杂性相匹配。
- 确保及时报告设备中的漏洞和事故以及项目采用的解决方案。

2. 供应链安全

工业的快速数字化，一方面包括关键部门、社会空间和个人交易，另一方面包括国家为印度制造所作的积极努力，都要求在供应链安全方面采取双管齐下的方法：一是采购和调配在日益复杂的全球供应链中制造的产品，二是对于在印度开发或增值的产品。

- 对信息和通信技术（ICT）及电子产品的供应链进行持续监测和测绘，对其关键性进行排名，并评估国家在其中的贡献。
- 密切关注印度发展的技术能力及其在全球供应链中的作用。一项通过投资关键技术能力强化印度在关键供应链中的作用的系统计划。
- 通过投入所需资源和创造有利的投资及私营部门参与度，以有时限的任务模式扩大印度的产品测试和认证工作。
- 采用基于风险的方法，促进产品测试的轻量级、敏捷和动态机制的开发，这些机制可以与公认的方案（如通用标准）共存。

- 促进和激励公共和私人部门对测试实验室、基础设施和技能开发的投资，以满足国内和出口市场的需求。

- 利用国家在半导体设计、工程研究与设计（ERnD）和新兴技术创新目的地方面的领导地位，在战略、战术和技术层面推动全球供应链安全议程。

3. 关键信息基础设施保护

非国家和国家行为者有系统地计划和执行的网络攻击越来越集中于关键信息基础设施（CII）部门，造成更严重或更加不确定的影响，需要协调一致的明智战略去应对。

- CII 保护工作的重点应该是确保即使在袭击发生时也能提供基本服务，确保经济增长，并保证公民的安全。

- 授权安全领导的职能并确保其有足够的资源，使其独立于日常的信息和通信技术和业务运营。此外，通过设计 SCADA/OT 安全的具体职责并与企业安全对接。

- 在可能的情况下，建立可进一步发展更具针对性和客观性的规范与指导的监管能力。

- 加强尽职调查，通过密切监控数字化和技术采用情况，评估计划部署的用于安全的设备和解决方案，并维护可能影响其脆弱性和漏洞利用的存储库，从而绘制 CII 部门的技术概况。

- 协调国家安全工作，使 CII 所属组织的合规性更具生产力和有效性。

- 采用满足安置、运输、分销和零售 SCADA/OT 解决方案的具体要求的差异化方法，以确保基于风险的处理、具体解决方案，并确保在所需水平上采取相称的行动。

- 在技术改造中强制建立一种按设计安全的文化，但这种文化的促进需要通过投资于安全评估和测试设备的总体工作、发布指导和指令以及相关机构的通知。

- 通过激励用户企业、为在该地区工作的初创企业和孵化基地提供资金支持以及为研究工作的商业化创造有利的环境，促进 SCADA/OT 安全解决方案的开发创新和共同创造。

- 制定该部门的总体安全基线，并通过密切跟踪安全控制、能力、调配解决方案和安全管理实践，监测集体改进该基线的进展情况。

- 促进发展 SCADA/OT 安全方面的高级技能和专业知识，确保安全功能中的熟练资源调配，并强制要求审计和评估工作仅由熟练资源执行。

- 设计审计和评估的范围、深度、规范、频率和方法，以确定应对当前和不断变化的威胁的准备程度。
- 确保原始设备制造商（OEMs）和该行业的解决方案提供商建立高级别的产品安全和事故响应（PSRT），以提供及时且快速的漏洞与事故解决方案。
- 推动开发符合 SCADA/OT 环境安全风险的网络保险产品。

4. 数字支付

支付和金融交易处理的数字化将是数字经济的主要驱动力。需要谨慎和一致的努力，从而在确保交易处理快节奏的同时完成创新和实验性的转变。

- 促进以下方面的测绘和建模练习：

交易处理的供应链；

正在试验的建筑理念；

设备和平台的调配；

参与事务处理的实体类型；

启用技术和堆栈（stacks）；

支付流程和路径；

类型的接口；

交换数据和信息。

- 提倡广泛且常规的威胁建模练习，将可能和已披露的漏洞、弱点和暴露因素考虑在内。
- 确保更好地协调和整合监管举措，以可预测的方式提高备灾水平。
- 推动采用改善安全态势的技术生态系统所需要的框架、结构和功能。
- 以高效和及时的方式推动威胁研究和威胁情报的共享。此外，通过实现数据共享作出基于风险的安全决策。
- 授权交易处理链中的主要所有者进行高级网络安全操作。
- 倡导健全、灵活、高效的第三方安全保障机制。
- 通过选择、评估、调配、配置和操作设备、解决方案及平台，促进安全标准的采用。充分发挥印度在制定影响支付行业的全球标准方面的领导地位。
- 发展金融部门必备的事故响应与应急响应能力。
- 推动负责及时地披露为交易处理而调配的设备、解决方案和平台的漏洞和事故报告。

- 彻底改革保障体系，使其更加灵敏、与威胁保持同步且智能驱动。
- 促进努力和合作，以有针对性、稳固以及可扩展的方式让人们意识到支付安全的重要性。

5. 部门准备

数字化正日益导致 IT 的垂直化，每个部门都在向满足其需求垂直化的技术堆栈发展。他们的数字足迹正在增加，扩大了对威胁的暴露程度。这些部门可能还没有准备好，或者还未处理影响其前景的安全事务。

- 分析部门及其数字化计划、架构发展、技术采用、可能的风险敞口与可能的后果，以便确定干预措施的优先事项。
- 确保对行业和其中的特定公司进行评估，评估它们在关键供应链中的作用，以确定安全漏洞对国家网络安全可能产生的影响。
- 特别关注那些依赖操作环境来增强 SCADA/OT/IoT 安全性的部门，并将其与组织安全功能相结合。
- 通过制定和维护指数，以及建立一个持续监测行业成员风险敞口的机制，密切关注行业网络安全准备情况。
- 尽可能提高监管能力，以创建和推动各部门的网络安全议程，并使其更具针对性和客观性，以应对部门挑战。
- 推动敏感部门框架、政策、指导和技术标准的制定。
- 授权并确保公司的安全职能和领导能力得到发展，使安全职能独立于日常 IT 和业务运营。
- 在评估备灾水平的部门建立审计、保险与评估的生态系统，助力风险管理文化的构建。
- 推动对行业部门调配的设备、解决方案和体系结构的安全能力进行评估、测试和评级的总体工作。
- 鼓励行业为发展网络安全技术作出贡献，鼓励他们与初创企业、学术界和孵化基地进行合作，鼓励他们在网络安全关键领域进行投资。
- 促进行业信息共享、漏洞报告和事故报告，并呼吁在高度优先的部门进行网络安全演习。

6. 州级网络安全

州是实现印度 5 万亿美元经济目标的关键。目前印度的许多州正在共同努力，将经济杠杆数字化，并通过数字渠道提供公共服务。如果不考虑各州所需的努力，国家网络安全战略工作就不完整。

- 确保各州在工业化和数字化努力中把网络安全放在议程上。
- 通过呼吁采取以下措施，促进、承认和推动各州在网络安全方面给予适当的关注和投资：

促进制定州层面的网络安全政策；

授权网络安全职能部门的任务和责任；

分配专项资金；

激励加强安全备灾；

建立基础设施并加强能力；

接受关键审查、验证和授权的数字化计划；

发布增强安全架构、操作和治理的指南；

倡导共享威胁信息/情报，以应对来自国家/非国家行为者的目标攻击；

推动各州负责任地使用网络空间和数据。

- 发展国家机构应对网络安全挑战的能力。
- 建立一个监督和监测州级网络安全准备和表现的机制。
- 推进州级技能人才培养计划。
- 协调州级别的努力，通过合作使印度成为全球网络安全产品和服务的中心。
- 通过电子政务（eGov）的中央资助，在各州启动网络安全能力（Cyber Security Capability）建设计划。

7. 中小企业（SMB）安全

这种（中小企业）部门正展现出越来越多的线上与数字化趋势。出现了一股推进 ERP 实施的力量、敦促利用电子商务的浪潮，以及 GST 的过渡。此外，支付的数字化、"云"化和工业化 4.0 正在迅速进行。这种情况下如果不重点关注安全问题，就将阻碍数字化、削弱供应链，并破坏促进 SMB 和相关印度制造可能性的目标。

- 确保对中小型企业部门及其在技术供应链中的作用进行评估，这对于确定优先部门和工作类型的经济和战略利益非常重要。
- 关注 SMB 部门、杠杆和车辆的数字化、它们对技术和设备的采用及其面临的威胁。
- 利用相关杠杆和工具，在与 SMB 的有针对性活动中提高网络安全和隐私意识。
- 通过政策干预引起对中小企业网络安全的关注，比如：

采购激励措施，以提高网络安全准备水平；

对网络安全投资的拨款/补贴；

开发网络保险产品；

推动相关部门、中小微企业（MSME）发展倡议（州和中央级别）和行业机构将网络安全提上议程；

网络安全备灾和漏洞的报告。

- 促进采用物联网和工业化4.0的技术标准、框架和参考架构，以增强网络安全、隐私和安全性。
- 根据敏感度水平开发依赖自我认证和第三方认证的保证框架。
- 推动针对中小企业部门的网络安全技术的发展。

8. 先进技术

先进技术［5G、无线、云、移动、物联网（IoT）、人工智能（AI）/机器学习（ML）、机器人、增强现实（AR）/虚拟现实（VR）、硬件/半导体、高性能计算（HPC）和量子计算、分布式账本技术（DLT）、无人机（UAV）、服务设计创新（SDI）和材料科学］：技术变革和突破将为网络安全带来全新的范式。这里列出的许多先进技术将为我们带来直接的挑战，而其他技术将开始塑造我们对网络安全范式的长期讨论。为未来五年设想的2020年国家网络安全战略应制定应对技术变革的方案。

- ［未来方案1］投资于可以预测技术的工作，包括这些技术在塑造社会、工业、企业和经济中可能扮演的角色。通过对以下方面的影响评估网络安全的重要性：

私人交易程序；

社会交易；

业务和金融交易程序；

国家经济转型；

跨界交易：交易、数据流、贸易等。

- ［未来方案2］推动以下方面的努力和研究：

对当前状况有全面且结构性的理解，对未来要素进行关联、测绘和分类，并对威胁进行评估；

评估当代技术演变和正在进行的基础研究，从而决定未来的技术路线图，通过评定带来结构变化的范式，例如，将语音转化为文本的人工智能使基础设施的大部分方面都可以支持语音；

研究这些演变的网络安全后果。

- ［未来方案3］确定战略利益领域或将带来变革的领域：

测绘对其至关重要的当前技术和能力；维持初创企业、私营部门、公共部门、学术界和研究机构的工作知识库。评估技术能力在关键产品线供应链中的作用；评估印度对它们的贡献。从供应链安全的角度确定关键领域。

- 保障对技术、设备、解决方案和平台进行安全评估的机构和基础设施的发展。

- 确保积极参与规范新技术发展的标准制定活动。

- 促进对关键技术领域的初创企业和机构研究的投资，尤其是网络安全。

- 倡导开发用于识别和评估网络安全问题的沙盒（Sandbox）及所需干预措施的类型。

- 为核心网络安全能力建设提供风险资本，重点解决科技转型中存在的问题。

- 为吸引投资创造有利环境，从而形成网络安全的新模式。

- 促进利基技能和专业知识的发展，以解决新技术领域复杂的网络安全问题。

- 鼓励在开发安全技术方面所作的努力和贡献，以应对新技术产生的新用例。

（二）增强

1. 结构、制度和治理

技术转型、广泛的数字化和不断发展的威胁环境的挑战，要求我们重新审视印度的治理和制度结构（Governance and Institutional Structures），将从印度学到的知识和来自世界各地不断发展的模式考虑在内。当前的挑战和预期的未来威胁，要求发展与印度作为一个规模国家所具有的复杂性和网络风险相称的国家网络安全和治理机构。

协调国家的网络战略和执行路线图，将职能从简单的协调提升到制定国家的网络战略和规划，并通过已确定的中央和国家机构指导其执行。中央机构的主要优先事项如下：

- 最大限度地减少网络风险对1万亿美元数字经济目标的阻碍。

- 国家级别的倡议和计划，以加强备灾与国防，并确保迅速反应。

- 协调各机构的作用和职能，根据国家战略和执行蓝图调整其作用和职能职责。

- 指导和协调各机构，包括关键部门机构的工作。

- 评估国家、州和部门层面的备灾情况，并安排所有相关工作，以推动进一步加强国家的网络准备的成果。

- 确保战略和关键资产符合地缘政治和经济利益以及国家增长议程，

并使印度成为先发制人进行网络防御与应对的榜样。

- 为国家制定网络安全创新议程和研发战略,培养政府—学术界—行业合作伙伴关系,以实现与战略相一致的成果。
- 使政策和法律研究能够解决未来技术发展、对社会和经济的影响,以及在真正利用下一代技术造福公众方面的潜在网络风险。
- 对国家网络突发事故及其应对措施负责,并在应对过程中协调所有相关机构。
- 协调政府在双边、多边、区域网络合作以及参与全球论坛和影响方面的所有努力,推动议程符合印度在网络空间和安全方面的利益。

2. 预算规定

由于网络安全对国家安全和数字经济至关重要,建议设立一个单独的预算负责人。

- 工会预算应该有一个独立的网络安全负责人,合并不同部门和机构的相关预算。建议将印度政府年度预算总额的至少 0.25% 投资于网络安全,随着印度逐渐增长为 5 万亿美元的经济体,这一比例随后可提高到 1%,其中的 20% 将是数字经济。
- 除了业务费用的预算要求外,在安全基线改进、研发和技术开发的投资、激励、基础设施的加强,以及所有其他发展举措方面的新投资都应体现在实践当中。
- 鉴于目前的备灾状态和迅速演变的威胁,我们建议所有部门和机构的 IT/技术总支出中有 15%—20% 用于网络安全。
- 预算拨款应与产出挂钩,并应设计一种机制来衡量相关产出。

3. 研究、创新和技术发展

研究、创新和技术发展需要齐心协力,更重要的是,它们的商业化将对国家的战略和商业利益至关重要。

- 确保在信息和通信技术(ICT)、现代化和数字化方面的大量投资通过适当的规范和激励措施推动网络安全技术的发展。
- 促进识别新用例和支持针对它们的技术开发的努力。
- 强调网络安全研发投资的产品化和商业化,公布相关绩效标准,呼吁行业之间的联系,并支持重点工作和计划。
- 通过一个有重点的基于结果的项目,为网络安全制定短期和长期的研究议程。支持预测研究以确定研究重点。
- 确保在开发满足长期需求的技术方面进行相称但以结果为导向的投资。

- 为优先领域的研究分配预算，以获得及时和充分的支持。
- 鼓励工业界与学术界和初创企业合作，为网络安全技术开发作出贡献；为工业界提供公共资助研发的产品化和商业化的机会。
- 通过支持孵化基地、提供深度技术网络安全创新所需的风险资本以及创建支持增长阶段的投资生态系统，为网络安全产品创业创造有利环境。
- 拟设立网络安全专项基金（Fund of Funds for Cyber Security）。
- 通过降低与初创企业合作的风险和责任，确保创新网络安全技术产品的健康和充满活力的市场。
- 改革公共采购流程，使得在网络安全方面按比例投资，并使公共机构能够与初创企业合作。
- 吸引对网络安全研究和产品开发的投资，识别和确定此类投资的领域和区域，并为此在全球市场定位我们的国家。
- 投资于开发核心研究和产品开发所需的利基技能（niche skills）。通过专业计划和举措促进安全技术思考。
- 安排区域和国家层面的挑战，以吸引技术人员对网络安全的关注。
- 吸引安全研究人员、初创企业和公司关注国家关键领域。

4. 能力和技能建设

印度是网络安全技能的领先提供商。一个全面的技能战略不仅有助于保持印度的全球领导地位，而且可以最大限度地发挥其潜力。此外，它还将有助于满足印度1万亿美元数字经济日益增长的需求。

- 建立一个全面的国家框架，充分纳入市场提供的项目、全球专业认证、机构干预措施，如 NOS（NSDC）和信息安全教育和意识（ISEA），以及学术贡献。
- 发展网络安全技能的过程较为紧凑，因此需要有良好的基础设施。这可以通过在正式和非正式部门为参与者提供适当的激励来实现。
- 推进和表彰网络安全能力建设卓越中心。
- 强调将网络安全纳入更广泛的公众再培训（public reskilling）工作，以扩大劳动力。
- 通过推动黑客竞赛和挑战的举办、实践研讨会的举办、对技术发展方面的关注、模拟和网络范围的构建，共同努力培养利基技能。
- 专注于技术、运营、治理和领导方面的政府和公共部门企业能力建设特别计划。
- 创建"网络安全服务"利用印度工程服务（Indian Engineering Serv-

ices）为政府和公共企业创建一个安全领导者库。

- 通过提高认知水平、举办有针对性的活动和提供吸引人的职业机会，吸引聪明的年轻人进入网络安全领域。举办相关的国家项目，将非计算机专业的理工科本科毕业生或研究生过渡到网络安全领域，尤其是电子和数学等领域。
- 通过不断的研究和跟踪，密切监测供需缺口。
- 支持在网络安全领域缩小多样性差距的努力。

5. 审计和保障

安全威胁格局正在不断演变，体现为更具针对性、更先进和更持久的攻击。另一方面，数字化的势头越来越大，数字足迹和随之而来暴露的弱点也在不断增加。因此，我们的审计和保障职能需要彻底改革，以解决规模、速度和复杂性的问题。

- 倡导一种更加细致的方法，为我国构建一个审计和保障的生态系统，提高审计人员/评估人员评议过程的稳健性。

使评估标准或参考更加具体、详细和相关，以考虑所有可能的妥协情景。

确保在审计、评估和保障项目上调配熟练的资源。

使评估、审计和保障过程智能化，以衡量对新发现的漏洞和威胁的准备情况。

呼吁进行持续的监测和评估，而不仅仅是一次演习。

提倡使用技术来监测准备情况、基线改进和风险量化。

呼吁对审计专业人员进行定期培训和技能培训，密切关注所调配的新设备、解决方案和架构；公布相关的标准、实践和审计指南。

- 倡导开发有关基准和安全基线监测的评估和审计情报。
- 呼吁采取完备的治理流程，及时解决已发现的问题和不符合项（non-conformances）。
- 尽可能发展监管能力，扩大审计和保障的范围，使之适用于成为网络攻击目标的部门和主体。

6. 事故/危机管理

投资最多的安全计划也不能幸免于可能导致重大危机的事故。科学、工艺创新和技术在识别和管理事故，以及更可预测和更有效地处理由此产生的危机方面作出了很大贡献。

- 推进并优先考虑情景持续识别和盘点工作，以确定哪项工作导致了重大的分歧。

- 提倡事故和危机管理计划的情景规划，设计其执行的角色和责任。
- 进行场景规划和模拟演习：

加大网络安全演习的力度，以扩大其覆盖范围，并包括现实生活中的场景。

倡导企业层面的演习，以明确什么事故会导致更严重的后果，需要国家的关注。

呼吁对关键部门进行模拟演习：企业、工业部门和国家层面；部门和跨部门。

跨境情景的国家间模拟练习。

- 确保从事故和危机中获得经验，以有效地管理未来的事故。
- 促进使用最先进的威胁信息共享机制、威胁情报收集、威胁搜寻行动和安全研究，以确定可能的弱点和暴露的缺点。
- 促进利用现代技术确定事故、及时通知并确保采取所需行动、传播可采取行动的情报以及有效管理这一进程。
- 促进参与事故分类的全球合作和共同体的构建，找到新攻击的 IOC 和 IOA，并为采取程序的步骤给出建议。

7. 数据安全和治理

数字化的基础是以数据为中心的产品和服务。在数字化记录、收集数据、用数据丰富决策、寻找利用数据的新方法和新想法以及共享数据以服务于其他目的方面有了显著的增长。因此，国家网络安全战略应强调加强国家的数据治理，使数据的安全性系统化。

- 促进采用依赖于检测、可见性、分类和基于风险等思路的数据治理实践。
- 确保政府机构和公共部门采用数据治理做法。
- 在规划、设计、部署和操作阶段强调以数据为中心的安全性方法。

（三）协同作用

1. 互联网基础设施

2019 财年，印度 IT 产业价值 1810 亿美元，其中超过 76.3% 的收入来自出口。到 2025 年，这一数字预计将达到 3500 亿美元。印度对互联网基础设施的态度应该根据我国的经济情况来制定。在技术、跨境数据流、产品供应链、基础设施事务、间谍活动和网络空间军事化等地缘政治动态的背景下，印度应谨慎制定战略，以促进我们战略利益的实现。

- 积极参与塑造网络规范、管理网络空间和监管数据流的举措。

- 在塑造全球网络空间的各种外交努力中,对推进印度事业的学习和研究进行适当的投资。

- 促进利益攸关方的参与,努力在确定国家立场时考虑到所有关键方面和观点。

- 通过建立国内治理能力、增强与国内外多个利益相关者的信任以及积极的说服等多层面举措,为国家取得控制和治理基础设施和根服务器的权力。

2. 标准制定

到目前为止,除了少数例外,国家的作用一直是通过采用标准或推动确立行政或管理标准。安全事务的管理越来越成为技术问题,因为处理决策所需的信息量已经超出了人力干预的范围。技术创新的步伐以及它们的采用(如物联网),正在给安全管理带来前所未有的工作量和复杂性。在制定技术标准方面投入时间和精力将变得至关重要。

- 培养对技术标准发展的贡献意识,吸引最优秀的人才。

- 推动核心技术和安全标准的能力和技能建设。

- 激励个人、机构和公司为标准作出贡献。

- 对技术标准制定工作的认可和肯定。

- 推动吸引产品和深度科技公司关注标准制定计划的活动。

- 密切关注制定标准的全球努力以及相关机构和制度,以确定具有重要战略和商业利益的基本标准。

- 发展现有机构的能力或建立一个新的体制机制,以扩大印度对标准制定倡议的参与。

3. 网络保险

网络保险正在发展成为网络风险管理的关键工具之一。到2024年,全球网络保险市场将从2017年的42亿美元达到224亿美元。印度的网络保险市场还处于早期阶段,尽管我们正在迎头赶上。有必要在全国范围内共同努力,在我国开发网络保险市场。

- 在行业、公共部门和中小企业部门传播网络保险意识。

- 促进精算科学(actuarial science)的发展,以应对复杂的网络安全风险,这些风险包括行业部门的细微差别、特定的业务和技术场景、威胁暴露和覆盖类型。

- 推动与利益攸关方〔如基础设施所有者和运营商、保险公司、首席信息安全官(CISO)和风险经理〕的磋商。

- 推动制定网络事故存储库和共享信息的措施,以支持精算决策。

- 促进风险管理、网络精算、评估和法医调查方面的技能和专业知识的发展。
- 提倡为关键信息基础设施（尤其是 SCADA/OT 环境）开发网络保险产品。
- 提升风险量化和计量的科学性。激励提高风险管理评级/措施。
- 倡导发展中小微企业网络保险产品。
- 确保网络保险市场的发展和增长，并密切监控其采用情况。

4. 品牌印度

印度在 IT 和商业服务的全球交付方面有着长期的经验，为数字经济作出了积极的努力。因此，国内市场的不断增长、网络安全服务的出口不断增加、更多的新兴安全初创企业，以及越来越多地成为全球安全工程运营的首选目的地，使印度成为网络安全领域的一支全球力量。印度在塑造网络空间治理开放、公平和包容方面发挥了建设性作用。为了我们的战略和商业利益，有必要在国内和全球平台上对印度的价值主张进行定位和品牌推广。

- 设计品牌和定位的目标。

吸引和发展利基和认知密集型网络安全领域的人才和技能；

促进网络安全的研究、创新、产品创业和投资；

促进印度成为网络安全产品和研究的目的地，并吸引投资；

展示印度在网络安全领域的能力和经验；

促进印度成为一个负责任的国家，在塑造全球事务方面处于领先地位，并在发展全球能力方面作出贡献。

- 密切关注网络安全领域的优势、能力、价值交付、成功案例、创新和实验。
- 在网络安全领域开展协调一致的品牌推广活动。
- 在现有品牌印度计划、计划和活动中制定网络安全议程。
- 设计营销和沟通活动，以持续推广我们的计划。
- 在国家和国际范围内推广利用现有工具和渠道的行动，并确定新的方法。
- 鼓励展示印度在全球出口和吸引投资市场的能力。
- 在印度驻各国代表团和多边机构制定网络安全议程。
- 支持印度吸引全球市场力量、领导者和行业的努力。

5. 网络外交

持续和规模化的努力，以培养印度在网络空间全球治理中的领导地位。

- 从全球第二大互联网用户群、全球技术中心、第三大创业生态系统以及全球研发目的地快速向产品经济转型,成为领先的技能提供商——面向包容性和充满活力的数字化的成功建筑实验的地位,以及活跃的数字产品和服务市场。
- 推动印度成为网络安全产品和投资的目的地,吸引对网络安全的外来投资,并谨慎地为印度开发提供产品和服务的市场。利用印度加入军民两用技术(dual-use technology)出口管制制度(如 Wassenaar 协议),吸引核心网络安全研究和产品开发。
- 通过协调一致的项目、交流,并在行业的帮助下提供支持,推动对国家战略目标至关重要的关键区域区块的网络安全准备,如 BIMSTEC 和 SCO。
- 促进学术界、工业界和政府多个层面的伙伴关系,以吸引战略和商业利益。
- 促进和激励积极参与全球标准制定计划,特别是技术标准。
- 采取谨慎的努力将品牌印度提升为网络安全领域负责任的参与者,以及创新、研究、产品、服务和技能的全球目的地。
- 为重点国家/地区打造网络特使角色(role of Cyber envoys)。

6. 网络犯罪调查

使用先进的技术工具和解决方案(包括数字取证技术、方法和法律程序)调查网络犯罪和传统犯罪将是国家网络安全战略的一个重要领域,因为技术在犯罪的实施和侦查中的作用无处不在。

- 立法改革:投入资源和努力,确保在立法议程上采取协调一致的行动。

识别和解决即时关注的领域,如垃圾邮件和假新闻。

从执法角度评估技术变革、业务采用、技术和业务的平台化以及新角色的演变。

为未来五年的立法议程制定路线图,考虑可能的技术变革。

- 倡导有关网络犯罪案件、作案手法和模式的信息、数据及报告的汇编和有效、及时的传播。
- 在全国范围内设立专属法院,处理网络犯罪案件,以便迅速追查。
- 根据 2000 年《信息技术法》(Information Technology Act)第 79A 节建立更多提供与数字证据有关的意见的中心,调查网络犯罪并解决过程中的积压(backlog)。

- 促进以有针对性和可扩展的方式培养执法人员、检察官和司法机构的能力。
- 鼓励在人工智能（AI）/机器学习（ML）、区块链（Blockchain）、物联网（IoT）、云（Cloud）、自动化（Automation）的时代建立先进的取证培训和调查能力。
- 大力推进取证调查（forensics investigation）新技术的开发。
- 呼吁制定一个国家在网络犯罪调查中的准备情况指数，该指数将综合考虑所作的投资、努力的范围和规模、进行的试验、破案的及时性以及定罪率的提高。
- 鼓励政府机构成立自己的网络犯罪/网络安全漏洞事故响应小组，以有效地应对第一事故（first incident response）。
- 确保对破坏公共秩序、妨碍经济利益和破坏网络空间健康的特定类别的网络犯罪进行监测。倡导一项具体的行动计划，以改善以上各种状况。
- 呼吁建立有效的协调与合作机制，解决国家间网络犯罪案件。
- 促进与海外执法机构和其他机构的伙伴关系，寻求向海外服务提供商获取信息。
- 倡导国家积极参与解决跨境网络犯罪调查问题的国际努力和相关制度。
- 强烈提议建立一个电子系统的国际平台，使我们可以根据印度政府签署的《司法互助条约》（MLAT）提交、管理、响应、寻求援助。
- 在执法部门（Law Enforcement）内设立独立/特别的网络犯罪调查人员队伍。
- 推动在双边、地区和多边层面加强交流与合作的方案与倡议。

第十二节　韩国：国家网络安全战略

一、前言

大韩民国在信息和通信技术（ICT）与相关基础设施方面处于世界领先地位，多样化和便利的网络空间的发展拓宽了人民的眼界。此外，当前网络空间已成为提供政府行政服务和运营国家关键设施的基础。

然而，最近网络犯罪和恐怖主义的增加威胁到普通人的生命和公司的商业活动。系统且复杂的网络攻击对国家安全构成严峻挑战。

为了应对这些日益增长的威胁，韩国政府制定了这项《国家网络安全战略》。我们将维护人民的安全和权益，打击网络犯罪；我们将迅速发现和阻止网络威胁，以保证政府的关键行动继续下去；我们将培养网络安全人才，继续支持网络安全行业的发展。

网络安全的核心在于人民，政府制定了三项基本的网络安全原则来保护人民。保障公民的基本权利，开展以法治为本的安全活动。我们将确保公民参与实现清晰透明的网络安全战略。

政府、公司和公民需要合作，共同保障我们的网络空间的安全。政府将不遗余力地创造一个开放、安全的网络环境。我呼吁广大韩国同胞加入这些努力，使韩国成为一个领先的网络安全国家。

——韩国总统文在寅

二、背景

（一）环境变化与新挑战

1. 网络空间的脆弱性增加

大韩民国利用我们世界一流的信息和通信技术及相关基础设施，建立了最便利和繁荣的网络空间环境之一。

今天，网络空间对人们的日常生活以及企业的经济活动和政府的运作，包括提供基本服务至关重要。

然而，各种信息和通信设备之间的互联正急剧增加网络空间的复杂性，使其更难以安全的方式进行管理。

网络空间的无国界性质使某些信息和通信技术设备的脆弱性威胁到整个网络空间。

此外，随着融合技术（convergent technologies）的日益使用，网络空间威胁开始影响我们的物理环境，物联网（IoT）为家用电器、医疗设备、智能工厂和关键基础设施提供了支持。

2. 网络威胁的严重性

过去，恶意网络活动主要是由个人或黑客团体进行的。随着国家行为者支持下的犯罪和恐怖组织越来越多，网络攻击正变得越来越有组织，执行的规模也越来越大。

网络攻击的方法也在多样化，从窃取机密信息和金钱，到为政治目的造成社会动荡，甚至到网络恐怖主义破坏或摧毁基础设施。

网络战争的可能性也在增大，网络攻击可能造成的损害不低于传统武装攻击造成的损害。

3. 各国之间网络安全竞争加剧

国家间的政治、经济和军事争端正在升级为网络空间的冲突。在某些情况下，网络攻击会伴随物理攻击之前或之后发生。

由于网络能力是一种不对称的权力，有可能对国家安全产生重大影响，因此各国政府长期以来培养了网络安全专家，并扩大了网络安全的组织结构。

此外，各国政府投入大量预算，开发基于人工智能（AI）和大数据分析的最先进网络技术，并加强收集网络情报、干扰互联网和破坏主要设施的能力。

4. 网络犯罪对公众的伤害增加

随着先进技术的日益使用和网络攻击的复杂化，网络犯罪对企业和人民的损害继续增加，如窃取和加密个人信息。

国家行为者和恐怖组织的参与也造成了更大和更严重的网络犯罪损害，增加了威胁国家安全事故的数量。

（二）审查和评估

大韩民国在成为 IT 强国方面取得了显著成功，但我国的网络空间容易受到一系列威胁。

政府不断加强国家网络安全体系建设，在发生重大事件时，与有关部委和机构共同制定和实施综合措施。

尽管如此，网络空间的快速发展和网络安全威胁的增加需要更积极主动的关注和行动。

1. 反应能力

政府通过建立一个实时检测和应对网络攻击的系统，以及将政府内部网络与公共互联网分开，继续增强国家的网络防御能力。

然而，现在需要做的是进一步提高国家核心服务的恢复力，并对不断演变的网络攻击采取积极的应对措施。

2. 人力资源及预算

韩国政府不断增加网络安全预算，投资培养更多网络安全人员，同时企业也扩大了网络安全专用（人力）资源。

然而，政府网络安全预算与国家预算的比例仍然低于发达国家，人才网络安全专家仍然短缺，而对安全技能和经验的需求也在不断增加。

3. 行业和技术

政府制定了相关法律法规，以提高安全产业的竞争力和创造更多的就业机会，并制定和实施了相关技术的研发计划。

然而，人们仍然认为安全的成本太高，对基础和下一代安全技术缺乏足够的投资和研究，限制了我们缩小与其他领先国家技术差距的能力。

4. 安全意识

政府努力提高人们的安全意识，再加上恶意网络攻击造成的损害增加，个人和公司对网络安全重要性的意识有一定提升。

尽管如此，许多人仍未遵守基本的安全规则，而许多公司没有采取必要的行动来保护信息和安全，这在认知水平和实际行动之间造成了差距。

5. 国际合作

为了应对跨国网络威胁，政府正努力与盟国和联合国（UN）、国际电联（ITU）等国际组织建立合作机制。

同时，我们要开展系统且务实的国际合作活动，如加入国际公约、共享信息技术以及制定网络安全国际规则等。

（三）新的行动方针

网络空间的变化和挑战，加上我国面临的现实，要求对国家网络安全采取更具战略性和系统性的做法。

为了应对威胁，实现国家繁荣，我们必须加强网络能力，在一致的战略下促进跨部门合作。

认识到国家安全所面临的网络威胁，政府根据《国家安全战略》（National Cybersecurity Strategy）制定了第一个《国家网络安全战略》（National Security Strategy）（以下简称《战略》），从而整合应对网络威胁的所有努力。

在制定《战略》的过程中，我们对以往政策所取得的成就、反应系统、制度和能力进行了广泛评估。

《战略》阐述了大韩民国未来网络安全的愿景和目标，战略主体覆盖了个人、企业和政府。

《战略》进一步阐述了所有社会成员在创造国家安全实践文化、最终提高国家网络防御能力方面的作用和责任。

此外，《战略》旨在保护我们的网络空间免受威胁，让全体人民都能够安全地享受网络空间。

三、前景和目标

（一）前景

创建一个自由但安全的网络空间，支持国家安全、促进经济繁荣，并为国际和平作出贡献。

（二）目标

（1）确保国家的稳定运行：增强安全和国家核心基础设施的恢复力，保证在面对任何网络威胁的情况下仍能够持续运行。

（2）响应网络攻击：增强安全功能以阻止网络威胁，快速检测并阻止威胁，并迅速响应任何（安全）事件。

（3）建立强大的网络安全基础：培养一个公平自治的"生态系统"，充分发挥网络安全技术、人力资源和行业具有的竞争优势。

（三）基本原则

（1）在个人权利与网络安全之间取得平衡：在保护网络空间与维护人民的基本权利（例如隐私）之间取得平衡。

（2）依法开展安全活动：执行政府的网络安全政策和活动时，要公开透明且遵守国内外法律。

（3）建立参与和合作体系：鼓励个人、企业和政府参与网络安全活动，并寻求与国际社会的紧密合作。

四、战略目标

（一）提高国家核心基础设施的安全性

"加强国家核心基础设施的安全性和抵御网络攻击的恢复力，可以确保关键服务的持续提供。"

1. 加强国家信息和通信网络安全

（1）实施分阶段的安全措施，确保国家信息和通信网络在建立、运营和处理过程中免受网络威胁。

（2）制定全年检查和改进的方法，以检测和防止国家信息和通信网络及相关设备中的安全漏洞威胁。

（3）采取措施加强国家信息和通信网络服务的恢复力，包括提高系统性能和扩大备用设施，以保证在面临各种网络攻击时提供服务。

（4）及时开发和应用包括移动和云设施在内的安全技术和系统，从而保护信息和通信技术环境。

（5）推进密码和机密信息安全系统（cryptographic and confidential information security systems），使政府的机密信息免受数据泄露或损坏。

（6）在建设国家信息和通信网络的过程中强化对国内和国际技术标准的遵守，以便在发生安全事故时迅速作出反应。

2. 改善关键基础设施的网络安全环境

（1）政府需要改进识别与迅速保护关键基础设施的计划，防止关键基础设施发生袭击时中断而严重扰乱人们的日常生活。

（2）支持运营关键基础设施的机构建立专门负责网络安全的部门，并为网络安全分配足够的预算。

（3）为机构制定建立关键基础设施初始阶段的安全性指南，以及相关的检查计划。

（4）在私营部门营造一种基础设施运营商购买网络/信息设备时自愿进行安全评估的氛围。

（5）制定特定行业安全漏洞的评估标准，并采取相关措施确保在发生安全事故时仍能继续提供服务。

3. 发展下一代网络安全基础设施

（1）制定新的技术计划和制度计划，以应对技术融合和新技术出现而引发的新安全威胁。

（2）在直接影响人们生活的信息和通信技术产品和服务中实施"设计安全"（security by design），以确保其安全。

（3）开发和分配高保障网络（high-assurance networks），从根本上防止网络威胁。

（4）建立下一代的安全认证基础设施，使公众能够在超连接（hyper-connected）和人工智能驱动的（AI-driven）环境中方便、安全地使用在线服务。

（二）增强网络攻击响应能力

"扩大有效防范网络攻击，及时应对安全事故的能力。"

1. 确保网络攻击威慑力

（1）通过集中国家能力，积极应对一切侵犯国家安全和国家利益的网络攻击。

（2）通过建立一个有效收集、管理和消除网络空间漏洞的系统，加强预防能力。

（3）具备分析网络攻击原因和找出网络罪犯的实际能力。

2. 加强对大规模网络攻击的准备

（1）评估并加强相关机构对网络攻击或危机的信息共享、调查和响应系统。

（2）扩大网络攻击检测范围，实现实时检测和拦截，开发基于人工智能的响应技术。

（3）通过公私军事联合演习（public-private-military joint drills），包括"乙支演习"（Eulji Exercise）等国家危机管理演习，提高全国应对网络危机的能力。

（4）促进公私军事合作的任务和职能，包括发布网络危机警告、共享威胁信息、履行联合检测和调查的职责。

（5）制定网络危机定量分类计划，使个人、企业和政府能够迅速应对此类危机。

3. 制定全面且主动的网络攻击应对措施

（1）在发生重大网络安全威胁时，审查所有的应对手段并使其与国际规则保持一致，制定具体的措施。

（2）制定各种战略和战术，增强军事实力，培养保障国家安全和网络战争利益的核心技术。

（3）培训网络战专家、建立应对网络战的专门机构，以便有效地开展网络安全活动。

4. 加强网络犯罪应对能力

（1）加强对用于网络犯罪的设施和服务的管理，建立网络安全体系，让所有相关的机构、企业、组织和个人参与进来。

（2）增强调查网络犯罪的专业知识，与国内外相关机构进行合作，提高政府识别、逮捕和起诉网络罪犯的能力。

（三）建立基于信任与合作的治理

"执行面向未来的网络安全框架，基于个人、企业和政府之间的互信与合作，涵盖公共、私营和军事部门。"

1. 促进公私军事合作体系

（1）建立一个治理体系，使包括政府在内的所有实体都分担网络安全合作的角色和责任。

（2）支持个人和企业进入国家网络安全愿景，提高其履行职责的能力。

（3）建立国内外专家合作网络，深入研究网络安全战略、政策等相关问题。

（4）通过改善网络攻击应对措施、加强相关机构之间的合作以及扩大支持机构的资源，努力减少私营部门的网络安全盲点。

（5）扩大专门机构和专家，并促进与私营部门的合作，以建立公共部门安全的自我管理体系。

（6）加强国家网络安全防御，积极应对国防部门面临的信息和通信网络威胁。

（7）国家安全局（National Security Office）应监督公私军事合作，制定和实施国家层面的网络安全政策。

2. 建立和推进全国信息共享体系

（1）建立一个涵盖所有公共、私营和国防部门的国家信息共享系统，以促进网络威胁信息的及时共享。

（2）制定相关措施，使公私军事部门最大限度地共享网络威胁信息，并改进这些系统的操作方式。

（3）制定法律措施，确保信息的机密性，并防止在共享信息时出现侵犯隐私等非目的使用（non-purpose use）的现象。

（4）积极推动与国内外专业组织的信息共享，从而更好地应对跨国网络威胁。

3. 强化网络安全的法律基础

（1）通过最大限度地提高公共、私营和军事部门的网络安全能力，改进有关法律和机构，从而系统地应对网络安全威胁，并集中国家能力。

（2）制定相关法律措施，允许公共、私营和军事部门系统地共享、分析和利用网络威胁信息。

（3）强化法律基础，以应对不断变化的网络安全环境，例如，人工智能技术的使用所带来的新漏洞。

（四）奠定网络安全产业发展基础

"为网络安全行业创造一个创新的生态系统，确保对国家网络安全至关重要的技术、人力资源以及行业的竞争力。"

1. 扩大网络安全投资

（1）推动监管体系的改革，支持网络安全行业在提高国家网络安全水平方面发挥关键作用。

（2）继续扩大政府在信息安全方面的预算，并制定在紧急情况下（例如在应对大规模网络攻击时）采用的拨款措施。

（3）推广"信息安全公开通知"（Public Notification of Information Security）制度，从而鼓励对私营部门的投资，并扩大对安全系统和研发投资的税收支持。

2. 增强安全人力资本和技术的竞争力

（1）为从事网络安全的工作人员配备世界一流的专业知识和竞争力，

使其得以应对复杂的网络安全威胁。

（2）强化专业的人员发展计划，为企业、政府、军队和社会提供一支具备多种能力的网络劳动力队伍。

（3）制定有关措施，提高现有人员网络安全专业知识的同时，招聘更多优秀的人才。

（4）大幅增加网络安全研发预算，以缩小与发达国家的技术差距；获取创新的核心源技术，引领全球市场。

3. 为网络安全企业营造增长环境

（1）营造一个产业、学术和研究机构相互合作的创业环境，建立一个信息安全集群（information security cluster），使创新技术和构想能够商业化。

（2）加强政府对网络安全初创企业和中小企业（SEMs）的支持，并不断完善培育计划，使它们成长为具有竞争力的公司。

（3）鼓励与全球公司建立战略伙伴关系，扩大海外基地，从而加强国内安全行业的全球竞争力，为其进入全球市场提供支持。

4. 确立网络安全市场公平竞争的原则

（1）通过将网络安全产品和服务的采购系统从价格主导（price-centric）转变为性能主导（performance-centric），提高市场的技术竞争力。

（2）设计出保障网络安全服务合理定价的方式，彻底调查和纠正"分包"（subcontracting）等非法行为。

（五）培养网络安全文化

"人民应认识到网络安全的重要性，努力实践基本的安全规则；政府在执行政策促进公民参与的同时，应尊重公民的基本权利。"

1. 提高网络安全意识，加强网络安全实践

（1）制定和发布网络安全的基本规则，使人们认识到网络安全的重要性，从而在日常生活中主动地将这些规则付诸实践。

（2）开发和使用针对特定社会阶层（如学生、政府官员、军事人员和公司员工）的网络道德与安全的教育计划。

（3）加强企业保护网络空间的社会责任，促使其保障产品和服务必要的安全性。

2. 平衡基本权利与网络安全

（1）在自由开放的网络空间中，尊重公民的基本权利，防止政府侵犯或非法干预公民权利。

（2）制定多种方式收集公众意见，提升公众对国家网络安全决策过程的参与和信心。

（3）在不损害国家利益的前提下，积极、透明地向公众披露有关网络安全的信息。

（六）领导网络安全国际合作

"加强国际伙伴关系并指导国际规则的制定，使我国成为网络安全领域的领先国家。"

1. 丰富双边和多边合作体系

（1）探索双边和多边务实合作的途径，建立互助体系。比如，开展网络政策磋商，加强与国际组织的伙伴关系，以及加入国际协议等。

（2）促进国防、情报和执法等部门的合作，并加强与私营部门的交流，以应对包括网络战、恐怖主义和网络犯罪在内的网络安全威胁。

（3）设计一种机制，使有关机构能够为政府提供政策建议，并在整个国际合作过程中共享收集到的信息。

2. 在国际合作中保持领导地位

（1）更多地参与制定普遍接受的网络安全国际规则的进程，并带头传播国际规则和最佳做法。

（2）积极加入建立（国家间）信任的讨论，以防止因网络空间的任何误解而导致国家间矛盾的升级。

（3）以互惠的方式扩大对发展中国家网络安全能力建设的对外援助项目，共享网络安全技术和系统。

五、执行计划

政府将与公民、企业和国际社会合作，履行职责，发挥领导作用，实现《战略》的愿景和目标。

我们将制定并实施《国家网络安全基本规划》和《国家网络安全实施方案》，为实施这一战略做好准备。

各部门、各机构要按照《战略》确定的目标，遵循基本原则，在推进网络安全相关法律、制度、政策等方面落实战略任务。

国家安全局将定期监督《战略》的执行情况以及个人、企业和政府实体在网络安全方面的改进情况。

此外，国家安全局将审查执行《战略》所需的网络安全框架的适用性，包括预算、人员和机构，并在必要时努力改进。

　　根据不断变化的安全环境，国家安全局进一步审查网络安全执行和实施战略的效率，纠正任何存在的缺陷，并根据需要在《战略》中进行调整。

　　网络安全不仅需要政府的参与，也需要个人和企业的参与，因此政府将为此加强合作和敞开大门、主动提高政策透明度。我们的最终目标是在公众信任的基础上持续执行网络安全政策。

第四章 "一带一路"背景下中国治网理念和形象的国际传播

习近平总书记指出,"大国网络安全博弈,不单是技术博弈,还是理念博弈、话语权博弈"①。加强国际传播建设,是提升全球治理中一国国际话语权最为关键的路径。因此,本部分主要围绕以下方面展开,首先回顾"一带一路"国际传播与网络空间治理理念研究,其次聚焦我国所提出的特色治网理念,探析"一带一路"背景下"网络空间命运共同体"的国际传播研究,聚焦网络安全典型事件与重要网络事件国际媒体传播,探究中国网络形象的国际媒体话语建构,最终为提升我国网络空间国际话语权、构建我国良好的网络安全形象提供路径和策略。

第一节 网络空间治理理念与国际传播

随着全球热点问题的此起彼伏、持续不断以及气候变化、网络安全、难民危机等非传统安全威胁的持续蔓延,目前全球治理体系和多边机制受到冲击,面临着"治理赤字"问题。② 作为全球治理的重要议题之一,网络空间国际治理受到了世界各国的普遍关注,各国纷纷从战略、政策和法律上予以高度重视,从而形成了不同的国际治网理念。在网络空间大国博弈的背景下,中国提出了网络空间命运共同体、网络主权等治网理念,诠释了中国负责任大国的形象,展示了中国在全球网络空间治理领域的大国担当。正如本书第一章所述,中国治网理念日益得到国际社会的广泛认可。

"一带一路"倡议为中国多个领域的国际传播提供了新机遇,因此"一带一路"背景下特定领域的媒体话语构建得到了学界的广泛关注。本

---

① 参见 2016 年 4 月 19 日习近平在网络安全和信息化工作座谈会上的讲话,中华人民共和国国家互联网信息办公室,http://www.cac.gov.cn/2018-12/27/c_ 1123907720.htm? from = groupmessage(访问于 2021 年 10 月 8 日)。

② 参见习近平在中法全球治理论坛闭幕式上的讲话(全文),中华人民共和国中央人民政府,http://www.gov.cn/xinwen/2019-03/26/content_ 5377046.htm(访问于 2021 年 10 月 8 日)。

研究以"一带一路"和"国际传播"为关键词在中国知网官方网站进行关键词搜索,对所获取的所有文献进行了可视化分析,其中相关研究的学科分布如图 4.1 所示。由图 4.1 可见,学者们探究了一系列领域的"一带一路"国际传播,比如体育文化(陈刚,2017)、中医药文化(钟俊,等,2021)、中国武术(王国志,等,2018)和中国影视剧(张雷,甄鑫,2017)等。这些研究皆强调了"一带一路"倡议作为各个领域国际化传播的交流和发展平台作用,剖析了传播过程中的机遇与挑战,并提出了相应的对策和路径。此外,从学科分布可见,"一带一路"国际传播不仅仅是新闻与传媒问题,也与国际政治和国际关系密切相关。新闻对事实的描述并不是价值中立的(Fowler,1991),而是基于一定标准和价值以维护特定的利益(Kim,2014)。同理,"一带一路"国家和地区的新闻也不是价值中立的,而受"一带一路"沿线国家复杂的、多样化的地缘政治环境、经济因素和文化习惯的影响。

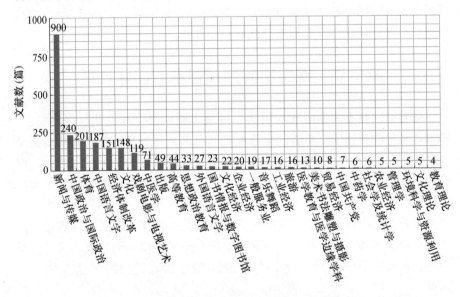

图 4.1 "一带一路"国际传播相关研究的学科分布情况

中国全球网络空间治理理念通过世界互联网大会以及习近平总书记在重要场合的发言向世界传播,已引起了各方的普遍共鸣,其国际传播的必要性和重要性已引起了国内学者(毕晟,2020)的关注。虽然网络空间命运共同体这一重要理念和倡议得到了不少海外媒体的关注,发表了多篇报道和评论,但是国际社会和境外舆论对这一理念仍缺少了解,因而应从以下几方面做好"网络空间命运共同体"理念的对外传播:(1)进一步加强国际合作,边做边说、做好说好;(2)借"网络空间命运共同体"这个关键词,传播好中国的"网络观";(3)利用好机制化的交流平台,加强权威阐释;(4)推动中外学者开展深入研究,提供理论支撑;(5)借助各方力量,讲好中外共建网络空间命运共同体的故事。[①] 整体而言,学界关注程度尚欠缺,并且缺乏从"一带一路"视角、结合具体新闻报道数据和内容对中国治网理念的国际传播进行研究。因此,本章节基于 Lexis Nexis 新闻数据库,采用内容分析和比较的研究方法,主要关注"一带一路"以及国际主流媒体对网络空间命运共同体等中国治网理念是如何构建的,以及中国网络形象是如何构建的,聚焦中国治网理念和形象国际传播的现状和问题,并为推动中国治网理念和形象国际传播提供可参考和借鉴的路径与策略。

第二节 "一带一路"背景下"网络空间命运共同体"的国际传播研究

Lexis Nexis 数据库是目前全球权威且知名的资料信息数据库,新闻服务的内容涵盖了全球多个国家和地区的九千多个数据源,以各国家和地区的较为权威、具有代表性的报纸媒体为主。基于 Lexis Nexis 数据库新闻模块(News)的 International By Country and Region,以"一带一路"国家 GCI 分数超过 50 分的国家为研究对象(参见第二章表 2.1),本研究以"a community with a shared future in cyberspace"为检索词探究了"一带一路"国家和地区新闻报纸媒体中"网络空间命运共同体"的构建情况。结果显示,表 4.1 所示 7 个国家在其主要新闻媒体报道中提及了"网络空间命运共同体"的中国治网理念。

表 4.1 "一带一路"国家和地区网络空间命运共同体的新闻构建情况

国家	新闻篇数	国家	新闻篇数
泰国	14	阿塞拜疆	1
印度	6	孟加拉国	1
巴基斯坦	3	约旦	1
俄罗斯	1		

[①] 参见中国网,对外传播好"网络空间命运共同体"理念,孙敬鑫,2016,http://opinion. china. com. cn/opin ion_ 76_ 144976. html(访问于 2021 年 10 月 8 日)。

从表 4.1 可见，总体而言，"一带一路" 国家和地区新闻媒体对 "网络空间命运共同体" 关注程度浅，对这一理念的深入解读与转化较少，尚未形成广泛影响，国际传播有待进一步加强。通过对表 4.1 所列新闻进行内容分析，这些国家关于 "网络空间命运共同体" 的新闻报道以世界互联网大会和中国外交部发言人的答记者问为主。泰国是对 "网络空间命运共同体" 进行报道最多的国家，大多发布在 Thai News Service 和 The Nation 两个新闻报纸上，新闻标题以中国外交部发言人的例行记者招待会发言、中国发布的相关文件以及世界互联网大会为主，例如，2021 年 6 月 1 日王文斌例行记者招待会、2021 年 3 月 30 日华春莹例行记者招待会、2019 年 9 月 25 日耿爽例行记者招待会和 2020 年 4 月 24 日耿爽例行记者招待会等。此外，还报道了中国发起的《全球数据安全倡议》（Global Initiative on Data Security）和《中国对欧盟政策文件》（China's Policy Paper on the European Union）。新闻报道内容以招待会以及有关文件内容呈现为主，较少有报道进行主观性评价，因此内容较为客观。

印度也对 "网络空间命运共同体" 有关新闻在 Zee News、IANS-English 和 Hindustan Times 上进行了报道。但是，较为不同的是，除了对世界互联网大会进行的有关报道，印度有关媒体对中国的治网理念和实践进行了无根据的抨击。例如，在提及中国 "网络空间命运共同体" 理念的同时，着重指出中国黑客攻击印度 COVID-19 疫苗制造商。[①] 此外，印度媒体在有关世界互联网大会的报道中指出，互联网大会被视为一个有偿组织的平台以用来展示中国在互联网领域的发展、宣传习近平主席关于网络空间的理念和政策。[②] 巴基斯坦在 Pakistan Observer 和 The Statesman 等新闻媒体平台进行了有关 "网络空间命运共同体" 的报道，也主要以世界互联网大会为主。此外，巴基斯坦有关媒体[③]还对中国 "网络空间命运共同体" 等有关治网理念进行了积极的评价，认为中国政府对互联网和社交媒体的管控是以维护社会

---

① 参见 Zee News, We don't rely on stealing, China plays victim card on hacking and cyber attacks, https：//zeenews. india. com/india/we-dont-rely-on-stealing-china-plays-victim-card-on-hacking-and-cyber-attacks-2345322. html（访问于 2021 年 10 月 8 日）。

② 参见 Hindustan Times, President Xi's thoughts and little tech at China's top internet conference, https：//www. hindustantimes. com/world-news/president-xi-s-thoughts-and-little-tech-at-china-s-top-inter-net-conference/story-szJH6BZ9RfMKlwnTk24iiJ. html（访问于 2021 年 10 月 8 日）。

③ 参见 The Statesman, China's cyber power makes the world a safer place, http：//advance-lexis-coms. webvpn. zju. edu. cn：8001/document/? pdmfid = 1000516&crid = ad441cae-62f2-4858-95d4-ea2f14ae4043 &pd docfullpath = % 2Fshared% 2Fdocu ment% 2Fnews% 2Furn% 3AcontentItem% 3A5VSN-W841-JDKC-R1DV-0000000&pdcontentcomponentid = 377736&pdteaserkey = sr0&pditab = allpods&ecomp = ydgpk&earg = sr0&prid = a6b07a18-4b3f 4824-b67c 3ab7a6ff9433#（访问于 2021 年 10 月 8 日）。

和政治稳定为目的的，目前并没有无可辩驳的证据表明中国参与了或者旨在参与摧毁性的网络攻击，且中国也是互联网受攻击最频繁的国家之一。

为了进一步探究中国治网理念的国际传播现状，本研究以"a community with a shared future in cyberspace"、"cyber sovereignty"和"cyberspace sovereignty"为关键词在国际媒体官网上进行了搜索，国外主流媒体关于中国治网理念和主张的部分报道内容摘录参见表4.2。

表4.2　国外主流媒体关于中国治网理念和主张的部分报道内容摘录

报刊	新闻标题	新闻内容（翻译）
《华盛顿邮报》	Cybersovereignty①	将网络主权视为一国对数字领域的控制权，将割裂网络空间。主权意味着有权制定规则。主权应用于网络空间，意味着政府将控制如何在其边界内使用互联网以及如何处理生成的数据。 中国采用的模式将严格的数据控制与广泛的内容限制结合在一起。来自脸书、谷歌、推特和其他美国公司的服务被拒之门外（这也为诸如微博、百度和微信等本土的科技巨头扫清了道路）。
《金融时报》	China ranks worst in world for internet freedom, says report②	这条新闻字里行间充斥着对中国互联网治理模式的消极评价，例如"全世界最差的互联网自由"，一些言语引用表示了对中国网络治理模式的担忧，例如报道称，国际特赦组织中国研究员威廉·尼（William Nee）称，"最令人担忧的发展之一是根据新的《网络安全法》，公司有更大的责任进行用户审查"。
《卫报》	Reasserting cyber sovereignty: how states are taking back control③	凭借其新的网络安全法以及全面推动人工智能在全球范围内的霸权地位，中国可能看起来像是国际舞台上的无赖行为者（rogue actor）。
《纽约时报》	China's New Cybersecurity Law Leaves Foreign Firms Guessing④	《网络安全法》措辞含混不清，担心该法律给中国执政党提供很大的回旋余地。法律的不确定性会使很多外国科技公司不愿将最佳创新带到中国。尽管中国官员表示新规定将有助于防范网络攻击和网络恐怖主义，但是批评者（其中许多来自企业界）对此表示担忧。

---

① 参见 The Washington Post，Cybersovereignty，https：//www.washingtonpost.com/business/cybersovereignty/2019/10/28/1b7cc73a-f9b8-11e9-9e02-1d45cb3dfa8f_story.html（访问于2021年10月8日）。

② 参见 Financial Times，China ranks worst in world for internet freedom，says report，https：//www.ft.com/content/4110a3e8-c915-11e7-ab18-7a9fb7d6163e（访问于2021年10月8日）。

③ 参见 The Guardian，Reasserting cyber sovereignty：how states are taking back control，https：//www.theguardian.com/technology/2018/oct/07/states-take-back-cyber-control-technological-sovereignty（访问于2021年10月8日）。

④ 参见 The New York Times，China's new cybersecurity law leaves foreign firms guessing，https：//www.nytimes.com/2017/05/31/business/china-cybersecurity-law.html（访问于2021年10月8日）。

通过分析表4.2的报道内容发现，外媒对基于中国治网理念的有关概念存在不同程度的误解、片面认知和偏见。对"网络空间命运共同体"的报道很少，而对网络空间主权的报道，大多从消极和否定的视角进行批判，经常与"互联网控制"、"割裂网络空间"和"监视用户"等字眼联系起来。可见，就网络空间治理理念和主张的国际传播而言，中国国际话语权处于失衡和被动的局面，国际舆论场被国外主流媒体所占据。总体而言，这些媒体对中国治网理念的报道具有以下方面的特点：第一，国外媒体的报道大多从消极的层面，伴随着浓厚的、固有的意识形态偏见。此外，还错误地将"网络主权"概念视为一种保护主义和以个人利益为导向的观念，认为此行为可为国内互联网企业提供在国内市场发展的机会，从而减少其竞争对手。第二，网络空间命运共同体也被曲解，赋予浓厚的意识形态偏见色彩，被视为旨在重新利用当前的国际秩序来创造一种以中国为核心的制度。第三，外媒新闻中，中国"网络主权"的舆论形象已自带成见地被固化，被认为是一种绝对控制权、封闭主权，而且片面地将网络主权定位到数据与信息的范畴，并且在数据的审查和监管方面夸大中国对互联网的控制。外媒的片面和错误言论可导致中国治网理念难以影响、引导国际舆论，难以获得更多国际受众的认可，不利于增强中国治网理念的传播。媒体已成为大国网络空间博弈的重要话语战场之一，从目前的传播现状和实践来看，中国在中外舆论战中仍处于被动的状态，因此应充分重视中国网络治理领域国家形象的媒体构建。

第三节　关于"印度封禁中国 App 事件"的国际媒体传播研究

2020 年 6 月 16 日，中印边境再次爆发冲突。2020 年 6 月 29 日，印度信息技术部发布公告，援引《印度信息技术法案》第 69A 条和《印度信息技术（组织公众获取信息的程序和保障措施）规则》，以"有损印度的主权和完整、印度国防、国家安全和公共秩序"为由，封禁 59 款中国 App，主要涉及百度、阿里、腾讯、字节跳动等公司。2020 年 7 月 1 日，印度总理莫迪宣布退出微博关闭账号，上百条微博被手动删除。2020 年 7 月 8 日，印度军方要求所有军人卸载 89 款软件，涉及社交、杀毒、音乐、网购等 18 个门类的手机应用软件。其中脸书（Facebook）、Line、Snapchat、Instagram、Tumblr 等软件也都在禁止之列。印度军方称，此举是为了防止信息泄露。军方要求所有人在 7 月 15 日之前完成卸载，违规者将受到严惩。本研究将结合近来中印事件详情以及美国和印度知名媒体对禁止中国 App 的相关报道，探讨造成印度禁止中国 App 的可能原因、造成的后果以及从中国立场可采取的应对措施。表 4.3 为美国和印度知名媒体对封禁中国 App 的相关报道。

表 4.3 美国和印度知名媒体对封禁中国 App 的相关报道

媒体	报道内容（翻译）
《华尔街日报》①	印度官员和分析人士说，印度禁止中国应用程序，旨在表明其有意解除两国之间的重要经济联系，以给北京施压使其在边境争端中后退。 "经济决策必须基于实用主义和实际情况。抵制中国产品是错误的呼吁，"印度贸易促进委员会主席莫希特·辛格拉（Mohit Singla）说，"我们有许多行业依赖中国进口。"
《纽约时报》②	印度国家安全委员会前顾问布拉马·切拉尼（Brahma Chellaney）周一在推特中指称："中国移动应用程序公司和其他科技公司根据中国法律需要对中国共产党履行义务。""作为中国国家的延伸，它们构成了国家安全风险。" 在印度，还有一个问题是政府将如何执行周一宣布的禁令。一种选择是向苹果和谷歌等应用商店的运营商施加压力，使其不再提供下载服务。这可能会引发中国采取进一步的报复行动。 据路透社报道，在印度政府悄悄告诉两家国营电信公司停止使用中国设备，转而使用当地供应商设备之后，周一采取了这一行动。而且在 4 月，政府通过了立法，要求需要政府批准中国实体的任何投资。 "倡导技术民族主义在印度已经流行了一段时间，它把数据视为一种国家资产。"印度科技分析网站 MediaNama 的创始人尼基尔·帕瓦（Nikhil Pahwa）说。该组织提倡自由开放的互联网。帕瓦先生补充说，尽管印度政府长期以来一直担心中国公司将主导当地市场并击败印度应用开发商，但印度对中国如何处理其收集的数据也存在国家安全方面的担忧。

---

① 参见 The Wall Street Journal, India's retaliation against china carries economic costs，https：// www. wsj. com/articles/indias-retaliation-against-china-carries-economic-costs-11593869295（访问于 2021 年 10 月 8 日）。

② 参见 The New York Times, India bans nearly 60 Chinese apps, including TikTok and WeChat: The move is part of the tit-for-tat retaliation after the Indian and Chinese militaries clashed earlier this month, https：//www. nytimes. com/2020/06/29/world/asia/tik-tok-banned-india-china. html（访问于 2021 年 10 月 8 日）。

续表

报刊	报道内容（翻译）
美国有线电视 新闻网①	这两个国家都面临着高风险，由于新型冠状病毒大流行，这两个国家今年都面临着巨大的经济打击。这场冲突已经引起贸易问题，中止了商业交易，并呼吁抵制中国商品和在印度的中国公民。根据世界银行的数据，印度从中国进口的商品数量超过任何其他国家，2018年购买了价值超过900亿美元的产品，包括机械和电子、化工和消费品。它对中国的出口量不到其中的五分之一。现在，这场争执正蔓延到技术领域，威胁着中国科技巨头向印度投资的数十亿美元。对于中国的智能手机制造商来说，印度现在是最大的海外市场，它们已经在印度建立了工厂并创造了就业机会。对中国应用程序的抵制可能会损害中国主导全球技术的雄心，印度被视为字节跳动等互联网公司的主要增长市场。 英国智库查塔姆大厦（Chatham House）亚太项目高级研究员加雷斯·普莱斯（Gareth Price）表示，禁止使用该应用程序是印度政府捍卫自身实力，鼓励印度人使用本地商品的新战场。 普莱斯说："威胁抵制中国商品或禁止中国应用程序可能会损害中国，但除非印度有其他选择，否则这是一个空洞的威胁。""中国制造了印度想要购买的东西。" 如果禁令仍然存在，中国应用程序可能会失去在印度蓬勃发展的数字广告市场上的地位，据广告媒体公司群邑预测，印度数字广告市场今年将增长26%，达到近2800亿卢比（37亿美元）。
路透社②	抖音海外版TikTok首席执行官凯文·梅耶尔（Kevin Mayer）在6月28日致印度政府的一封信中说，中国政府从未要求提供用户数据，如果提出要求，该公司也不会上交。 梅耶尔写道："我可以确认中国政府从未向我们索要印度用户的TikTok数据，"他补充说，"印度用户的数据存储在新加坡的服务器中。即使将来收到了这样的请求，我们也不会遵守。" 一位印度政府消息人士本周告诉路透社，该禁令不太可能很快撤销。律师们表示，鉴于印度已引用了该禁令对国家安全的担忧，因此法律上的挑战不太可能取得成功。
《印度快报》③	上周，在与中国的紧张边界僵持之中，政府禁止了59个与邻国建立链接的移动应用程序。印度快报揭示了中国公司如何在印度的数字市场中占据主导地位——从应用程序到设备和配件，我们手机上与中国相关的不只一小部分。

---

① 参见 CNN, Beijing says it's 'strongly concerned' by India's decision to ban Chinese apps, https：//edition. cnn. com/2020/06/30/tech/india-china-app-ban-intl-hnk/index. html（访问于2021年10月8日）。

② 参见 Reuters, TikTok distances from Beijing in response to India app ban, https：//www. reuters. com/article/us-tiktok-india/tiktok-distances-from-beijing-in-response-to-india-app-ban-idUSKBN2442GZ（访问于2021年10月8日）。

③ 参见 The India Express, Stop app：How Chinese companies came to dominate India's digital space, https：//indianexpress. com/article/technology/tech-news-technology/china-apps-ban-tik-tok-india-smartphones-6490460/（访问于2021年10月8日）。

从表 4.3 可以看出，美国和印度的新闻媒体认为印度禁止中国 App 有如下原因：（1）对 20 名士兵在边境冲突中死亡的报复，旨在表明其有意解除两国之间的重要经济联系；（2）维护国家安全、网络安全、保密等；（3）根据印度政治生态和主流意识形态，"经济民族主义"和"科技民族主义"不断蔓延，印度政府担心中国企业会主导印度本土市场，尤其是其互联网生态系统，击败印度的应用开发商。造成的影响包括：（1）对印度的影响：在这些 App 平台上搞创作与工作的印度人将失去收入来源和工作；影响中国企业赴印投资，不利于印度在疫情之后的经济发展。（2）对中国的影响：给中国被禁的互联网企业造成直接的利益和市场损失；影响中国在印度数字市场上的地位，包括应用程序、设备和配件等；影响中国硬件和软件电子产品的出海；影响中国应用程序和其他硬件设备等电子产品安全性问题上的全球声誉。

针对上述原因以及造成的影响，本章节认为应从以下方面采取应对措施：第一，审视"以国家安全名义"概念，采取反制、立法等系列措施。印度在未提出任何事实和证据支持的情况下，将中国企业及其产品定为"有损印度的主权和完整、印度国防、国家安全和公共秩序"的做法，与美国"美式国家安全观"如出一辙，即"国家安全"作为一个概念，可以视为一个筐，什么都可以往里面装。2020 年 6 月 30 日，美国联邦通信委员会（FCC）发布官方声明，正式将中国电信设备制造商华为和中兴通讯认定为"国家安全威胁"，禁止电信运营商使用政府资金向这两家中企进行采购。在美国被贴上涉及"国家安全"标签的案件，司法的天平总有偏向"国家安全"一端的倾向与惯性。结合印度事件可见，对"以国家安全名义"的滥用以实现打压中国企业的行为，有可能在将来发展成为国际事件。因此，一方面，建议在中国的相关立法中，尤其是网络安全相关的立法，突出"国家安全"的重要性；另一方面，建议针对国外的滥用"以国家安全名义"的行为采取反制措施。

第二，在印度市场发展的中国企业，应做足本地化。针对目前的形势，中国互联网企业在印度将面临发展艰难的情况。因此，建议在印度市场发展的中国企业，应做足本地化，与印度实现深度捆绑，可从以下方面开展：（1）在员工招聘上，多使用本地员工，为当地人提供就业机会；（2）在印度设立工厂；（3）建立印度数据中心，存储印度用户数据；（4）在印度设立办事处和研发中心。

第三，积极做好外宣、增强透明性，维护中国电子产品安全的国际声誉。近来发生的华为案（与美国）和 App 禁止事件（与印度）都严重影响了中国应用程序和其他硬件设备等电子产品安全性问题上的全球声誉。因此，一方面，在当前形势下，政府应积极做好网络安全外宣工作，营造于中国有利的国际舆论环境，塑造中国电子产品安全性的良好国际声誉；另一方面，企业在电子产品安全问题上，应不断增强其数据处理方面的透明性，尤其在数据生产、数据采集、数据传输、数据存储和数据共享等各环节。

第四节　关于中国网络形象的国际媒体话语构建

通过社交媒体所进行的国际传播对中国海外网络形象的传播和建构起着显著的作用。多年来，美国通过其媒体和官方发言多次将中国视为网络攻击者、网络间谍和黑客，并联合其盟友污蔑中国，给中国贴上"种族灭绝"和"反人类"的标签。[①]中国海外网络形象的构建是多方面的，本节将从关于黑客的媒体话语构建入手去探究中国网络形象的构建，第一部分为中美媒体关于黑客的话语构建，第二部分为"一带一路"国家和地区关于中国黑客的话语构建。

由于缺乏官方认可的定义，黑客这个概念的含义会随着时间的变化而变化，不同团体也会对其有不同的理解。黑客一词的现代含义起源于20世纪60年代的麻省理工学院，当时黑客被视为"一种荣誉称号而非贬义词"，指的是"将计算视为世界上最重要事物的计算机程序员和设计师"（Levy，2010：ix）。20世纪80年代是黑客发展的分水岭，因为它标志着网络空间的出现和个人计算机的普及。自20世纪80年代以来，黑客开始被广泛地描述为计算机罪犯或入侵者，尤其是在主流媒体中。[②] 在20世纪90年代，黑客的形象不断被构建为局外人（outsider）、威胁和危险（Levy，2010）。因此，黑客一词在过去几十年中发生了变化，含义从技术专家、计算机革命英雄变为恶意闯入计算机系统的网络犯罪分子。此外，不同的话语群体对黑客一词也有不同的理解。黑客倾向于以积极的方式描述自己，将其与专业知识和热情相关联。例如，黑客Raymond（1996：234-235）将黑客定义为"任何类型的专家或爱好者"和"擅长快速编程的人"，赋予黑客积极和赞美的内涵。然而，媒体和大众经常将黑客描绘成恶意的罪犯（Thomas，2002）。正如Thomas（2002）所述，黑客在司法话语中的呈

---

① 参见 Global Times, US enlisting allies to smear China only exposes diffidence：Global Times editorial，https：//www.globaltimes.cn/page/202107/1229070.shtml（访问于2021年10月8日）。

② 参见维基百科，https：//en.wikipedia.org/wiki/Hacker#cite_note-15（访问于2021年10月8日）。

现也集中在其犯罪行为方面。

一、中美主流媒体关于黑客的英文报道研究[①]

国家新闻报纸在构建国家身份和意识形态方面扮演着关键角色，本节主要比较分析 21 世纪从 2001 年至 2020 年间《中国日报》（*China Daily*）和《纽约时报》（*The New York Times*）关于黑客的媒体话语构建。数据收集主要包括以下两方面：基于《中国日报》官方网站，以 *hack* * 为关键词搜索新闻标题含有 *hack* * 的新闻；基于 Lexis Nexis 新闻数据库，以 *hack* * 为关键词搜索《纽约时报》新闻标题含有 *hack* * 的新闻。关键词 *hack* * 指的是 *hack* 的所有变体词，包括 *hacker*，*hacking* 和 *hacked* 等。时间设置为 2001 年 1 月 1 日至 2020 年 12 月 31 日。经过去除重复和不相关新闻的数据清洗，共得《中国日报》文章 315 篇（124539 字符），《纽约时报》文章 1226 篇（1002761 字符）。研究方法上，此研究采用语料库的定量研究方法，利用 WordSmith Tools Version 7.0（Scott，2018）语料库分析软件处理所采集数据，主要利用词频（frequency），搭配分析（collocate analysis）和索引行（concordance lines）等功能。

对于黑客的话语构建而言，*hackers* 和 *hacker* 是最为相关的两个概念。该词 *hackers* 在《中国日报》中词频是 463（占 0.37%），在《纽约时报》中是 3327（占 0.33%）；该词 *hacker* 在《中国日报》中词频是 235（占 0.19%），在《纽约时报》中是 784（占 0.08%）。为了探究黑客话语是如何通过这两个词构建的，此研究进一步分析了这两个词的形容词和名词性搭配词。这些搭配词通常作为修饰语出现在 *hackers* 和 *hacker* 前面，而且具有特定的描述性、评价性含义。因此，*hacker* * 的 L1 位置搭配词（即左边第一个位置的搭配词）被检索、确定，如表 4.4 所示。

表 4.4 *hacker* * 排名前 10 的具有评价性的形容词和名词性搭配词

语料库	搭配词
中国日报	hat（35），Chinese（20），computer（16），overseas（8），young（6），Internet（6），old（5），global（4），based（5），professional（4）
纽约时报	Russian（279），Chinese（110），Iranian（59），computer（55），Korean（37），sponsored（25），ethical（18），criminal（17），state（15），government（14）

① 本部分的部分内容摘自笔者同步写作，且已表于 *Discourse and communication*（《话语和交际》）的期刊文章，Media portrayal of hackers in China Daily and The New York Times：A corpus-based Critical discourse analysis，2022，16（5）：598-618。

表4.4数据表明,黑客的积极含义开始受到两大媒体的广泛关注。在《中国日报》中,*hat* 是 *hacker* * 最常见的搭配,进一步检查其相关词组会发现所有 *hat hacker* * 的实例都是指白帽黑客(white-hat hackers)。词组 *white-hat hacker* * 是 *hacker* * 最常见的搭配,这说明了《中国日报》中黑客积极含义的呈现。同样,《纽约时报》中的 *hacker* * 搭配词 *ethical* 也体现了黑客的正面描述。因此,不同于传统上将黑客视为罪犯和恐怖分子的负面媒体建构(Vegh, 2005),媒体话语中出现新型黑客的描述,如《中国日报》中的白帽黑客(white-hat hackers)和《纽约时报》中的道德黑客(ethical hackers)。因此,两个语料库中对黑客的总体态度都不是总是消极的,也出现了其积极意义的描述。

如表4.4所示,这两个语料库在修饰黑客方面存在着偏向性的差异。在《纽约时报》中,*hacker* * 的高频搭配词 *Russian*、*Chinese*、*Iranian*、*Korean* 和 *government* 表明,《纽约时报》倾向于将黑客与政府行为联系起来,从而将国家作为黑客活动的主要行为者。在《纽约时报》的37个 *Korean hacker* * 中,36个检索行指代 *North Korean hacker* *(朝鲜),1个指代 *South Korean hacker* *(韩国)。这表明,俄罗斯、中国、伊朗和朝鲜被《纽约时报》构建为黑客的主要来源,参见图4.2所示的《纽约时报》中 *Russia* 及其搭配词 *China* 的部分检索行。《纽约时报》通过指称/命名策略对黑客进行了消极的他者建构,从而强调了黑客的外来性(foreignness)。这种命名策略常被广泛应用于排除性(exclusion)的话语建构(Reisigl & Wodak, 2001;Erdogan-Ozturk & Isik-Guler, 2020)。《纽约时报》中黑客的他者身份构建反映了美国对这些与美国或多或少历史上有冲突的国家的地缘政治敌意。正如 Douglas 和 Wildavsky(1983)所述,所构建的风险可能与真正的危险无关,而是受社会文化因素的影响。这也不是中国(Ooi & D'Arcangelis, 2017)、俄罗斯(Bolshakova, 2016)和朝鲜(Kim, 2014)等国家在西方媒体中第一次被负面地塑造为他者。这也与占主导地位的西方媒体根深蒂固的反共意识形态是一致的(Herman & Chomsky, 1988;Stone & Xiao, 2007)。此外,根据 van Dijk(1998:44)提出的意识形态正方形(ideological square)的"消极他者呈现"(negative other-representation),《纽约时报》的黑客话语构建也会受到记者所代表的偏好或利益的影响。

在《中国日报》中,*hacker* * 除了 *Chinese* 外,很少与表示国家的词汇搭配。实际上,《中国日报》中的 *hacker* * 常与 *Chinese* 搭配,这是令人奇怪的,因为黑客在这两个语料库中整体而言还是以消极的方式构建的。一般而言,外团体(out-groups)通常用中性或者消极词汇描述,而内团体(in-groups)用中性或者积极词汇描述(van Dijk, 1998:270)。通过进一

步研究 *Chinese hacker* * 的检索行发现,《中国日报》中除中国外,很少用 *hackers* 或 *hacker* 这两个词来修饰特定国家,参见下列来自《中国日报》呈现 *Chinese hacker* * 检索行的四个摘录。

```
40  10 years ago," only major world powers like China, Russia or the United States were able to hack into
41  . The U.S. started with a huge advantage, but Russia and China have nearly caught up, and Iran
42  have been wrestling with how to better deter China, Russia and other nations from trying to hack into
43  in kind and in greater magnitude" to cyberattacks. "Russia and China see cyber operations as part of a
44  to inflict major damage. The bigger cyberpowers, Russia and China in particular, seemed to exercise
45  system was highly vulnerable to hacking by China, Russia, Iran and other states. The official said the
46  hard to rig the system. Little did she know China, Russia, one of our many, many friends, came in and
47  he will have to rely on for analysis of China, Russia and the Middle East, as well as for covert
48  result of a hacking attack that originated in China, Russia or North Korea. This tendency was apparent
49  cripple American corporations. Hackers from China, Russia and elsewhere would soon infiltrate other
50  Iranian computer systems, as well as those used by Russia, China and other adversarial countries. But if
```

图 4.2 *Russia* 及其搭配词 *China* 的部分检索行

摘录 1:China rejected accusations from US officials that *Chinese hackers* gained access to the sensitive background information submitted by intelligence and military personnel for security clearances on Monday.

(*China Daily*, 15 June 2015)

摘录 2:A Foreign Ministry spokesman on Tuesday said allegations of *Chinese hacker* attacks are groundless, reiterating the government's position on fighting cybercrime.

(*China Daily*, 19 February 2013)

摘录 3:The remarks came after a top US intelligence official claimed that *Chinese hackers* continue to carry out "low-to moderate-level cyberattacks" that target US interests, ranging from national security information to sensitive economic data and intellectual property.

(*China Daily*, 12 September 2015)

摘录 4:www. mcdonalds. com. cn, the official website for fast food giant McDonald's China operations, was attacked by a person or persons calling themselves "*Chinese Hacker*."

(*China Daily*, 28 December 2004)

据观察,*Chinese hacker* * 要用于以下两种情况:一是描述来自美国的黑客指控(见摘录 1 和 2),二是直接或间接引用他人的话(见摘录 3 和 4)。此外,表 4.4 中高频搭配词 *overseas* 和 *global* 表明,《中国日报》倾向于使用更广泛的宏观术语来修饰黑客,而不是特定国家。因此,《纽约时报》和《中国日报》在命名黑客方面存在差异。命名是制造敌人的重要策略（Aho，1994：28）。《纽约时报》中"其他国家＋黑客"的广泛用法表明，美国是一个面临其他国家外部威胁的国家。与《纽约时报》对其他国家的负面表述不同，《中国日报》很少使用特定国家来修饰黑客一词。这符合中国固有的有关自我—他者关系的意识形态观念，"这种自我—他者关系主要源于当代中国社会政治生活中盛行的和谐（不为敌）哲学"（Li，2020：168）。求和理念深深植根于中国传统哲学，如儒家或道家。正如 van Dijk（1998：314）所指出的，意识形态植根于整个社会或文化的普遍信仰中。因此，文化意识形态解释了《中国日报》在阐明黑客与其他国家之间的关系时所采取的更为中立的方式。此外，黑客行为的归属问题一直是国际上一个悬而未决的问题。由于黑客可能会使用多种技术工具来掩盖他们的数字轨迹，因此很难决定性地指出黑客行为的施行者（Newman，2016）。

二、"一带一路"部分国家关于黑客的媒体话语研究

为了进一步探究"一带一路"国家和地区媒体对于黑客，尤其是西方媒体所称的"中国黑客"是如何构建的，本章节基于 Lexis Nexis 新闻数据库，选取印度、巴基斯坦、伊朗、俄罗斯和爱沙尼亚为研究对象，以"Chinese hackers"为检索关键词，通过报道篇数、新闻标题和内容等，来探究这些国家对中国网络形象的构建，结果如表 4.5 所示。选取印度、巴基斯坦、俄罗斯和伊朗是基于地缘政治的因素，选取爱沙尼亚是因为其为"一带一路"中东欧地区 GCI 最高的国家（参见第二章表 2.1）。

表 4.5 印度、巴基斯坦、俄罗斯、伊朗和
爱沙尼亚有关 "Chinese hackers" 的新闻报道情况

国家	篇数	新闻标题示例
印度	1310	（1）Chinese hackers stole Mekong River data from Cambodian ministry: Sources, *Indian Technology News*, 27 July 2021 （2）Chinese hackers target State Bank of India users via phishing, gift scams, *Indian Economic & Political News*, 8 July 2021 （3）Chinese hackers are reportedly now deploying malware on targets in Russia, *Indian Technology News*, 5 August 2021 （4）Nepal Telecom call details stolen by Chinese hackers, *Indian Technology News*, 16 July 2021 （5）Chinese cyber warfare? Hackers with Chinese, North Korean, Pakistani links attack Indian websites, *India Today Online*, 26 June 2020

续表

国家	篇数	新闻标题示例
巴基斯坦	126	（1）Chinese hackers fish for naval secrets, *Pakistan and Gulf Economist*, 17 March 2019 （2）Chinese hackers got US security files: report, *Bangladesh Government News*, 14 June 2015 （3）India: Chinese hackers hack Indian Embassy's website, *Daily the Pak Banker*, 19 April 2010 （4）Chinese hackers invade senior US officials, *Daily The Pak Banker*, 2 June 2011 （5）India: We're not hackers but victims: China, *Right Vision News*, 21 January 2010
伊朗	61	（1）Federal Agencies Claim Dozens of US Pipeline Companies Breached by Chinese Hackers in 2011, *FARS News Agency*, 21 July2021 （2）Not necessarily Chinese hackers attacked US agency: ex-Pentagon official, *Press TV*, 6 June 2015 （3）US for first time accuses China of cyberattacks, including Microsoft hack, *Press TV*, 19 July 2021 （4）US Accuses Chinese Hackers of Stealing COVID-19 Vaccine Research, *FARS News Agency*, 22 July 2020 （5）After New York Times, Wall Street Journal Reports Attack by Chinese Hackers, *FARS News Agency*, 2 February 2013
俄罗斯	166	（1）Chinese hackers targeted Russian state structures for years, RusData Di-aLine-*Russian Press Digest*, 14 May 2019 （2）Nothing confirms some Chinese hackers attacked design bureau Rubin-coordination, *ITAR-TASS*, 18 May 2021 （3）Chinese Hackers Breached 13 US Gas Pipeline Firms From 2011 to 2013- Cybersecurity Agency, *Sputnik News Service*, 20 July 2021 （4）Kaspersky Lab says Chinese hackers attack Russian state projs in Q3, *Engineering & Hi-Tech*, 17 November 2017 （5）Chinese hackers attack website of Russian consulate general in Shang-hai, *ITAR-TASS*, 20 February 2009
爱沙尼亚	2	（1）Lithuania's Game Insight hit by Chinese hackers-sources, *Baltic News Service*, 27 July 2020 （2）Developing of Baltic defense plan suggests of progress in NATO-Russian relations-Latvian formin, *Baltic News Service*, 12 November 2010

　　表4.5中，经比较报道篇数，可以看出印度最为频繁地采用"Chinese hackers"的说法进行了报道。从所选取的部分新闻标题可以看出，印度主流媒体中所构建的中国黑客的攻击涉及印度、俄罗斯和尼泊尔在内的多个

国家，而且采用成员分类策略（membership categorization strategy）将中国、巴基斯坦和朝鲜分类为攻击者。成员分类分析，为分析与日常文化政治有关的机制提供了分析方法（Housley & Fitzgerald，2009）。这类似于同前文所述的《纽约时报》将俄罗斯、中国、伊朗和朝鲜分类构建为黑客，皆是受意识形态和语境因素驱动的，即由地缘政治和历史上的冲突和敌意所导致的。巴基斯坦、伊朗、俄罗斯和爱沙尼亚媒体有关"Chinese hackers"的报道较少，而且从其新闻标题可以看出，一方面这些国家或多或少都会直接将中国构建为黑客来源地，另一方面很多报道会受到包括美国和印度等其他国家在内的有关"Chinese hackers"新闻报道的影响。因此，可以看出，"一带一路"国家和地区对中国网络形象的构建很大程度上受到了西方主流媒体对中国网络形象构建的影响。

黑客网络攻击是一个全球性问题，例如2013年斯诺登事件曝光的美国对驻外使领馆的窃密事件和2015年维基解密披露的美国国家安全局对各国总统电话的窃听事件。中国外交部发言人赵立坚在2021年7月21日的例行记者会上，针对美国指控中国政府的网络入侵问题指出，"美国是对中国网络攻击的最大来源国。数据显示，2020年，中国相关机构捕获了超过4200万个恶意程序样本，在境外来源的恶意程序样本中，有53%来自美国"[1]。此外，赵立坚指出，"中方再次强烈要求美国及其盟友停止针对中国的网络窃密和攻击，停止在网络安全问题上向中国泼脏水，中方将采取必要措施坚定维护中国的网络安全和自身利益"[2]。根据中国国家计算机网络应急技术处理协调中心（2021：17，18）发布的《2020年我国互联网网络安全态势综述》显示：美国是攻击中国网络的最大来源地，2020年约1.9万台位于美国的木马或僵尸网络控制服务器控制了中国境内约446万台主机，这两个数字较上一年分别增长了10.2%和4.1%；在2020全年捕获超过4200万个恶意程序样本，其中境外来源的恶意程序样本中，主要来自美国（53.1%）和印度（7.2%）。

上述数据表明，中国也是全球遭受网络攻击最严重的国家之一，美国和印度等国家的新闻媒体描述的已不是黑客事件本身，而是通过命名策略和成员分类策略将黑客行为政治化、外来化。从国际社会层面来说，

---

① 参见中国青年报，赵立坚：美国是对中国网络攻击的最大来源国，https://baijiahao.baidu.com/s? id = 1705882861266224009&wfr = spider&for = pc（访问于2021年10月8日）。

② 参见人民资讯，外媒：美颠倒黑白编造"中国黑客"谎言，https://baijiahao.baidu.com/s? id = 1705861303804443566&wfr = spider&for = pc（访问于2021年10月8日）。

这种他者策略及其背后的意识形态可导致"国家间产生更深的分歧和敌意"（Bolshakova，2016：448），也会掩盖黑客的真实本性，给黑客活动的溯源和归因造成很大的困难。从中国层面来讲，外媒对中国治网理念和网络形象的消极构建，不利于提升中国在网络治理方面的国际话语权。

第五节 总结：路径与策略

结合目前中国治网理念及其网络形象的"一带一路"乃至全球媒体传播现状，本章节认为从战略和路径选择而言，可围绕加强内容建设、拓宽传播渠道、提升传播效果、注重网络空间实践合作和制定激励政策等内容，从媒体、国际会议和国际组织等平台、设立"一带一路"传播奖奖项、学术成果出版、有关治网理念成果的多语种发布等几方面重点切入，不断提升中国网络空间治理的国际话语权和制度话语权。

第一，需要厘清中国治网理念之间的内在逻辑，推动各个概念之间系统性、整体性和协同性的内在统一。如前所述，总体上，中国的治网理念和网络形象常被西方主流媒体所怀疑和扭曲，国际舆论场对中国提出的"网络主权"和"网络空间命运共同体"等治网理念的认知仍然片面而且停留在表面，错误地将网络主权视为一种绝对控制权、将网络强国思想视为中国威胁论。因此，需要加强此方面的国际舆论引导，通过外文报纸详细阐述中国治网理念之间的内在逻辑，尤其是其与网络强国和网络主权之间的关系。

第二，要扩大、深化"一带一路"以及全球网络合作领域，夯实网络空间命运共同体的全球共识。传统网络合作包括打击网络犯罪、网络恐怖主义和网络间谍以及建设网络信息基础设施等。随着经济社会发展，应不断寻求在新领域的合作，如数字经济、反腐败、互联网医疗、大数据疫情防控、人工智能和网络文化，以及合作打击（疫情）网络谣言和不实信息等。通过深化上述领域的合作，"网络空间命运共同体"的国际秩序观可得以深度展现，这有助于夯实网络空间命运共同体的全球共识。

第三，需要加大对中国外文媒体的扶持，敢于并善于针对具有争议性的国际事件发声，提升中国外文媒体对国际事务、重大国际事件以及关键概念界定的主动性，从而增强中国外文媒体的影响力和对外传播能力。中国媒体事业起步较晚且系统尚不成熟，而因受语言影响，国际上最具实力和影响力的传播媒体基本上在西方国家。尽管这种局势很难在短时间内扭转，但是作为国家战略，我们很有必要加大对中国海外媒体的扶持，增强中国外文媒体的影响力和对外传播能力。此外，应变革中国外文媒体的宣传方式，丰富新闻报道文章题材，推动从"是什么"到"为什么"的转变。经关键词搜索发现，中国外文媒体关于网络空间命运共同体等中国治网理念的媒体文章大多以事件性或介绍性新闻为主，大多从"是什么"出发。因此，建议丰富新闻报道文章题材，不断增加解释性或评论性新闻报道，进而从"为什么"的视角去阐释网络空间命运共同体等中国治网理念。从另一方面来讲，这种举措也是对国外受众对中国治网理念的疑虑和误解的一种对话回应，是"放眼全球受众、强化受众连接和互动，回应海外用户关切"（张志安，李辉，2021：21）的一种体现，能有效提升中国外文媒体对国际用户的吸引力。

在撰写有关媒体文章和著作等作品进行中国治网理念的国际传播时，应注重从中国视角进行解读，消除国际上对中国理念和主张的误解。彼得·沃克（Peter Walker），全球管理咨询公司麦肯锡的荣誉退休高级合伙人，出版了《权力、差异和平等：克服中美之间的误解与分歧》（*Powerful, Different, Equal: Overcoming the Misconceptions and Differences Between China and the US*）一书，在这本书中他从中国的视角、采用中式思维，从中国哲学、历史、文学、经济和文化的视角解读中国，指出每一个国家的发展路径与其自身独特的历史、文化和思维方式有关。因此，应注重从中国视角对我国治网理念和主张进行解读，以论证中国治网理念和主张的存在合理性、空间可行性以及国际适用性。

在网络空间命运共同体等中国治网理念的内容宣传方面，应坚持正确舆论导向，抵制西方意识形态渗透。通过分析西方主流媒体报道可以看出，其大多报道为消极的、负面的，而且本质上其所讨论的并不是网络空间问题，而是意识形态问题，是出于意识形态偏见和根深蒂固的共产主义恐惧症，其背后原因本质上是两种制度之间的角力。因此，建议在网络空间命运共同体等中国治网理念宣传方面，坚持正确舆论导向，抵制西方意识形态渗透。此外，这种由于政治、经济和文化差异等因素造成的长期偏见，西方主流媒体对中国治网理念和网络形象的偏见短期难以改变。因此，建议中国治网理念和网络形象的国际传播设立承认、理解和认同的三层次目标，"从长时间的'认同'降低到先争取'承认'，再增进'理解'"（张志安，李辉，2021：24）。

第四，以"一带一路"建设重要时间节点和场合为契机，全面设置议题传播中国治网理念，着力提升网络空间命运共同体理念的传播力和影响力。全面提升国际议题设置能力，特别是把握重要场合提前策划有针对性、有指向性、有专题性的对外传播议题与内容。利用关键时间节点主动设置议题，有利于传播效果事半功倍。因此，应注重利用博鳌亚洲论坛、上海合作组织峰会、中非合作论坛、世界互联网大会、"一带一路"国际合作高峰论坛等重要多边平台和主场外交活动，重点阐释中国网络空间命运共同体和网络主权的理念与主张；在年末岁初、国家网络安全宣传周等年度节点，重点阐释中国治网理念和主张。

第五，加强与相关国际组织的合作，推介中国网络空间命运共同体等治网理念，提升中国网络空间制度性话语权。首先，在通过国际组织制定网络空间政策、规则、标准以及国际机制等方面，争取国家对国际事务、重大国际事件以及关键概念的命名权和定义权，推动国际舆论形象"自塑"而非"他塑"。其次，在重量级国际会议平台上，要掌握议题设置的主导权，并将构建网络空间人类命运共同体等中国治网理念融入国际规则的制定、审议和修订过程中，推动网络空间治理中国方案的国际化。最后，要不断推动国人在国际组织高级和中级等各个岗位上任职，不断增强话语权和影响力。

第六，应利用多层次、多形态的"一带一路"媒体，打造"一带一路"舆论场。近年来，"一带一路"媒体之间的合作趋于常态化。2016年7月，人民网、南非时代传媒集团、韩国中央日报、巴西红网、俄罗斯自由媒体网站等全球16家媒体集团成立"一带一路"国际新媒体联盟。2016年8月，中国丝绸之路经济带报业联盟成立，9月中哈四方媒体签署了国际协作体合作协议。2019年4月，"一带一路"新闻合作联盟首届理事会议在人民日报社成功召开，标志着"一带一路"新闻合作联盟的成立。据报道，已有86个国家的182家媒体确认加入"一带一路"新闻合作联盟，未来联盟将共同打造咨询共享平台、交流合作平台和媒体传播平台。目前，此合作联盟已经有了网站（www.brnn.com），其成立及其网站的构建可对中国治网理念和主张的传播起到关键的推动作用。因此，应充分利用已建立合作关系的多层次、多形态的"一带一路"媒体，与其进行资讯共享和交流合作，发表中国治网理念和主张的相关英文报道和评论，打造"一带一路"舆论场，提高中国理念和方案在"一带一路"舆论场的引导力。

第七，注重发展中国家治网理念的引领，传播中国治网理念、主导话语权。由于不同的国家利益和互联网技术发展水平，发展中国家和发达国家在网络空间治理理念方面存在着很大的差异。例如，关于网络犯罪，欧美国家一直在推动把《布达佩斯网络犯罪公约》推广适用于各国，而广大发展中国家包括中俄则坚决反对，因其与发展中国家网络安全发展现状不符；关于网络战，发达国家推出《塔林手册》以期作为国家之间网络冲突规则范本，而适用于发展中国家的网络战规则尚阙如。"一带一路"倡议一直主张让发展中国家发声，中国作为发起国家，可联合"一带一路"国家，尤其是发展中国家，关注与发展中国家网络空间国家利益密切相关的全球性问题，比如，网络犯罪和网络战，提出替代治理方案，占据"网络犯罪"和"网络战"领域的法理要地。

第八，设立专门针对中国治网理念和主张的传播奖项，鼓励其在"一带一路"沿线国家传播。例如，设立于 2010 年的国际传播奖极大地促进了媒体进行国际报道的动力，使其成为对外新闻传播尖兵，并且促进了这些媒体在叙事层次、叙事视角、报道模式和话语报道形式方面的不断改进和创新（李晓娟，韩信，2020）。

因此，本章节建议基于"一带一路"新闻合作联盟的平台设立"一带一路"国际传播奖，分模块设立各种奖项，将中国治网理念和主张设为其中的一个特别模块，来自"一带一路"沿线国家国内知名主流媒体、顶级咨询公司、社交媒体、新媒体等媒体平台作为参评对象，从"一带一路"地区传播数量、传播渠道丰富度、传播效果与转载量等不同维度对参评媒体进行综合评价，对为中国治网理念和主张在"一带一路"国家地区传播作出贡献的媒体进行奖励。通过这个奖项，一方面推动中国治网理念和主张在一带一路地区的广泛传播，另一方面可促进"一带一路"沿线国家和地区治网理念的交流和融合。

第九，推动有关中国治网理念和主张的多语种发布。只有语言相通，才能有效进行沟通和传播，从而获得相互理解和相互认同。根据有关研究成果①，"一带一路"沿线 64 个国家语言资源丰富，其中 63 个国家在其宪法中明确规定其官方语言（波黑除外），共 78 种官方语言。现代标准阿拉伯语使用最为广泛，是阿联酋、阿曼、科威特、沙特阿拉伯、叙利亚、也门、约旦、埃及、巴林、卡塔尔、巴勒斯坦、黎巴嫩、伊拉克和以色列 14 个国家的官方语言；其次为英语，是巴基斯坦、菲律宾、孟加拉国、印度

---

① 参见中国社会科学网，充分掌握沿线国家语言国情，梁琳琳、杨亦鸣，2017，http：//www.cssn.cn/djch/djch_djchhg/zggcq_93365/201702/t20170217_3419904.shtml（访问于 2021 年 10 月 25 日）。

和新加坡 5 个国家的官方语言；再次为俄语，是俄罗斯、白俄罗斯、哈萨克斯坦和吉尔吉斯斯坦的官方语言；马来语是文莱、马来西亚、新加坡的官方语言，而斯里兰卡和新加坡则同将泰米尔语作为官方语言。排除上述同一种语言作为多个国家官方语言的情况，"一带一路"沿线国家的官方语言（不包括华语）共计 54 种。截至目前，中国治网理念和主张仅以官方英文版发布，这与语言资源丰富且多样的"一带一路"沿线国家语言现状严重不符。"一带一路"新闻合作联盟官方网站上，共有中文、英语、法语、俄罗斯语、阿拉伯语和西班牙语六种语言。因此，结合"一带一路"沿线国家的语言现状，本章节建议将中国治网理念和主张以中文、英语、俄罗斯语和阿拉伯语四种语言进行官方发布。

第十，推动有关中国治网理念和主张的学术出版物的出版。学术出版是一个国家思想创新、科技文化、文化传承的最直接体现，是国家文化软实力的重要载体（张娜，2019）。学术出版物的海外传播对于构建中国话语体系具有重要意义，可为国际舆情引导提供学理支撑，让世界了解中国（曲建君，葛吉艳，2020）。第二届"一带一路"国际合作高峰论坛成果清单中，人民日报社与有关国家媒体共同建设"一带一路"新闻合作联盟，中国与有关国家（地区）出版商、学术机构和专业团体共同建立"一带一路"共建国家出版合作体。本章节认为，可基于"一带一路"共建国家出版合作体出版有关中国治网理念和主张的成果，并对这些成果进行英语及"一带一路"其他主要官方语言的多语种发布。成果形式包括文章、专著、编著、译著和研究报告等，主要阐释中国以及"一带一路"国家和地区网络空间治理的理念主张、法律法规和政策等，探求可开展的网络空间治理、网络技术研发和标准制定、打击网络犯罪和恐怖主义等方面的国际交流与合作。

参考文献：

Aho, J. 1994. This Thing of Darkness: A Sociology of the Enemy [M]. Seattle: University of Washington Press.

Bolshakova, A. 2016. Russia as the other: Corpus investigation of Olympic host construction in *The New York Times* [J]. *Journal of Language and Politics* 15 (4): 446-467.

Douglas, M., Wildavsky, A. 1983. Risk and Culture: An Essay on the Selection of Technological and Environmental Dangers [M]. Berkeley and Los Angeles: University of California Press.

Erdogan-Ozturk, Y. & Isik-Guler, H. 2020. Discourses of exclusion on Twitter in the

Turkish Context: #ulkemdesuriyeliistemiyorum (#idontwantsyriansinmycountry) [J]. *Discourse, Context & Media* 36. https: //doi. org/10. 1016/j. dcm. 2020. 100400.

Fowler, R. 1991. Language in theNews: Discourse and Ideology in the Press [M]. London: Routledge.

Herman, E. S. & Chomsky, N. 1988. Manufacturing Consent: The Political Economy of the Mass Media [M]. New York: Pantheon.

Housley, W. & Fitzgerald, R. 2009. Membership categorization, culture and norms in action [J]. *Discourse & Society* 20 (3): 345-362.

Kim, K. H. 2014. Examining US news media discourses about North Korea: A corpus-based critical discourse analysis [J]. *Discourse & Society* 25 (2): 221-244.

Levy, S. 2010. Hackers: Heroes of the Computer Revolution [M]. Sebastopol: O'Reilly Media.

Li, T. 2020. How does China appraise self and others? A corpus-based analysis of Chinese political discourse [J]. *Discourse & Society* 31 (2): 153-171.

Newman, L. H. 2016. Hacker lexicon: What is the attribution problem. WIRED. https: //www. wired. com/2016/12/hacker-lexicon-attribution-problem/ (accessed 24 March 2021).

Ooi, S. & D'Arcangelis, G. 2017. Framing China: Discourses of othering in US news and political rhetoric [J]. *Global Media and China* 2 (3-4): 269-283.

Raymond, E. S. 1996. The New Hacker's Dictionary [M]. Cambridge: The MIT Press.

Reisigl, M. & Wodak, R. 2001. Discourse and Discrimination: Rhetorics of Racism and Antisemitism [M]. London: Routledge.

Scott, M. 2018. WordSmith Tools. Version 7. Stroud: Lexical Analysis Software.

Stone, G. C. & Xiao, Z. 2007. Anointing a new enemy: The rise of anti-China coverage after the USSR's demise [J]. *International Communication Gazette* 69 (1): 91-108.

Thomas, D. 2002. Hacker Culture [M]. Minneapolis: University of Minnesota Press.

Van Dijk, T. A. 1998. Ideology: A Multidisciplinary Approach [M]. London: Sage.

毕晟. 2020. 应对"逆全球化"中国全球网络空间治理理念的传播 [J]. 中国出版, 4: 50-53.

陈刚. 2017. "一带一路"战略实施中推进体育文化国际传播的研究 [J]. 首都体育学院学报, 29 (1): 4-7.

国家计算机网络应急技术处理协调中心. 2021. 2020 年我国互联网网络安全态势综述 [EB/OL]. https: //it. ynnu. edu. cn/_ _ local/6/02/D6/801A4A55CB0A64FB15F1A8FBE13_ 81E7C77E_ 1921EF. pdf (访问于 2021 年 12 月 30 日).

李晓娟, 韩信. 2020. 中国新闻奖国际传播奖的十年变迁之路——兼论中国媒体国际话语权创新思路 [J]. 新闻传播, 15: 4-8.

曲建君, 葛吉艳. 2020. 从人文社会科学图书海外传播看中国对外话语体系构建 [J]. 出版发行研究, 12: 69-74.

王国志，张宗豪，张艳.2018."一带一路"倡议背景下中国武术国际传播偏向与转向［J］.武汉体育学院学报，52（7）：70-74＋87.

张雷，甄鑫.2017."一带一路"战略与我国影视剧国际传播路径创新［J］.电视研究，2：4-7.

张娜.2019.我国学术出版走出去现状、问题及对策［J］.出版参考，1：29-34.

张志安，李辉.2021.平台社会语境下中国网络国际传播的战略和路径［J］.青年探索，4：15-27.

钟俊，林国清，王明军.2021."一带一路"背景下中医药文化的海外传播效果研究［J］.世界中医药，16（11）：1764-1768＋1774.

第五章　新形势下的"一带一路"网络空间国际治理

本章节基于当下国际社会所面临的新形势和建构的新理念，主要探讨"一带一路"网络空间国际治理，主要包括新冠肺炎疫情对国际网络空间安全的影响、新冠肺炎疫情下"一带一路"网络舆情风险管控、网络外交下的"一带一路"网络空间治理，以及网络空间命运共同体下的"一带一路"网络治理，以期为有效治理"一带一路"国际网络空间提供新视角、注入新动能、激发新潜能。

第一节　新冠肺炎疫情对国际网络空间安全的影响

在"你中有我，我中有你"的全球化时代，网络空间安全是全球经济社会可持续发展的重要影响因素，安全与互信的网络环境对未来的社会经济发展至关重要。随着新冠肺炎疫情在全球范围内的蔓延，病毒对世界的影响已不仅仅局限于健康和经济，也推动了网络空间成为国际抗疫的第二战场。疫情暴露了诸多网络安全防护的薄弱环节和问题，因此网络空间全球治理的呼声越发高涨。由于疫情、舆论、网络的多重交叠因素在物理域、信息域和认知域的三重空间扩散，使得本次疫情造成的网络空间威胁的传播烈度加大，扩散速度变快，防控难度增强（宋汀，2021）。因此，这场全球公共卫生危机是对国际网络安全的一场考验，对各国网络空间的安全性、灵敏性和机密性都提出了新挑战。

此次新冠肺炎疫情为网络犯罪分子提供了大量的攻击机会，使网络空间发酵为网络犯罪分子的温床。例如，疫情期间，各国基础设施的被攻击次数不断攀升，而且大部分都集中在医疗健康机构，医疗部门成为网络攻击的主要受害者之一。根据中国信息通信研究院发布的《2020 数字医疗：疫情防控期间网络安全风险研究报告》显示，2020 年 1 月 31 日，黑客对医疗行业的暴力破解攻击达到了单日 80 万次的高峰。① 捷克最大冠状病毒研究实验室的布尔诺大学医院在 2020 年 3 月 12—13 日遭到网络攻击，其医疗系统遭到严重的破坏。② 2020 年 3 月 16 日，美国卫生与公众服务部（HHS），即美国应对快速蔓延的新冠病毒的关键部门的计算机网络系统遭到数百万次的攻击。③ 2021 年 12 月 10 日，巴西卫生部网站遭受了重大勒索软件攻击，导致数百万公民无法获得 COVID-19 疫苗接种数据。④ 由于关键基础设施在很大程度上依赖于国际互联网，此种类型的网络对随机故障有很强的恢复力，但是在有针对性的攻击面前却是非常脆弱的，即很容易受到系统的、持续性的、针对关键节点的攻击的影响（郭宏生，2016）。对关键资产、系统和网络的集中攻击会立刻破坏关键功能，产生的破坏进而会通过政府、社会和经济部门逐渐传递。一旦其能力丧失或遭到破坏，就会削弱国防安全、国家经济安全、公众健康或安全，或者这些重要方面的任意组合（NIST，2014）。

对社会经济而言，此次疫情催生了远程办公、远程医疗、在线教育和电子商务等线上行业，这也促使经济社会对网络空间安全的需求变得越来越高。许多政府部门和企业都决定以远程方式执行所有工作以应对新冠病毒的传播，被迫在家工作的人员分散了公司业务及其运营，防火墙、数据泄露防护系统（DLP）和网络监控在大多数业务人员在家工作的情况下不再有效。攻击者现在有更多的接入点来探测或利用，这导致网络安全风险呈几何级数上升。对政府和企业来说，随着远程办公重要性的提升，必须确保员工使用的所有端点得到充分保护，但正如 Absolute《2019 年全球端点安全趋势报告》⑤ 指出，在任何给定时间，有 42% 的端点不受保护。这说明了企业重要数据泄露的可能性很大，根据 Apricorn 于 2020 年 3 月 25—

① 参见《2020 数字医疗：疫情防控期间网络安全风险研究报告》，http：//dsj. guizhou. gov. cn/xwzx/gnyw/202003/t20200317_ 55286076. html（访问于 2021 年 8 月 8 日）。
② 参见 Cyberattack on Czech hospital forces tech shutdown during coronavirus outbreak. Healthcare IT News. Https：//www. healthcareitnews. com/news/emea/cyberattack-czech-hospital-forces-tech-shutdown-during-coronavirus-outbreak（访问于 2021 年 8 月 8 日）。
③ 参见 Cyberattack hits U. S. health department amid coronavirus crisis，Reuters，https：//www. reuters. com/article/us-healthcare-coronavirus-usa-cyberattac-idUSKBN21320V（访问于 2021 年 8 月 8 日）。
④ 参见 Brazilian Ministry of Health suffers cyberattack and COVID-19 vaccination data vanishes，ZDNet，https：//www. zdnet. com/article/brazilian-ministry-of-health-suffers-cyberattack-and-covid-19-vaccination-data-vanishes/（访问于 2021 年 12 月 30 日）。
⑤ 参见 Absolute，https：//abt-umbraco-qa-webapp-frontend. azurewebsites. net/go/study/2019-endpoint-security-trends/（访问于 2021 年 8 月 8 日）。

27 日所作的调查①显示,超过一半的(57%)IT 决策者承认远程工作使其组织面临着数据泄露的风险。而根据 Ponemon 的《2021 年数据泄露成本报告》,每次数据泄露的平均成本如今已达到惊人的 424 万美元,是此类报告 17 年历史中最高的平均成本,且因疫情导致的远程办公是成本增加的重要影响因素。②

对用户来说,随着全球范围内新冠感染率的不断上升以及对病毒宣传力度的加强,越来越多的网络不法分子和民族主义者利用这场公共危机作为网络攻击的载体,各国以新冠病毒作为诱饵的网络恶意活动不断激增,不法分子利用人们的好奇或恐惧心理,通过钓鱼软件、垃圾邮件、勒索软件和伪造 URL 等路径以窃取敏感信息或传播恶意软件,从而牟取暴利。例如,在 CheckPoint 于 2021 年 12 月 6 日发布的《威胁情报报告》③ 中提到,在英国的一项新的网络钓鱼活动中发现,威胁行为者正在利用新的 COVID-19 变体Omicron通过向受害者发送有关免费 Omicron PCR 测试的电子邮件来引诱受害者,最终窃取他们的付款详细信息。根据 CheckPoint 报告,自 2020 年 1 月,16000 多个与新冠病毒有关的新域名被注册;自 2020 年 2 月下旬以来的三周内,全球新域名注册数量同比增长 10 倍,这些域名的 0.8% 都是恶意的,另外 19% 被发现是可疑的。④

从国家基础设施建设方面看,新冠肺炎疫情已经展现了应用 5G 的一批"新基建"的优势,如基于 5G 技术进行医学影像传送的远程会诊与远程医疗发挥了重要作用,5G 直播让网友"云监工"火神山、雷神山医院建设进展等。但随着新基建的加快推进,网络空间的全球性、开放性、虚拟性、动态性和不可预测性等特点将不断提升数字化、网络化和智能化基础设施的危险系数。鉴于关键基础设施安全直接关系到国家的战略安全和国计民生,因此疫情背景下网络空间需要构建更加自主高效的安全防御模式。

---

① 参见 Over half of organizations expect remote workers to be a data breach vector, https://www.continuitycentral.com/index.php/news/technology/5086-over-half-of-organizations-expect-remote-workers-to-be-a-data-breach-vector(访问于 2021 年 12 月 30 日)。

② 参见 Data Breach Report 2021, IBM, https://www.ibm.com/security/data-breach(访问于 2021 年 12 月 30 日)。

③ 参见 Threat Intelligence Report, https://research.checkpoint.com/2021/6th-december-threat-intelligence-report/(访问于 2021 年 12 月 30 日)。

④ 参见 Check Point 官网, https://blog.checkpoint.com/2020/03/19/covid-19-impact-as-retailers-close-their-doors-hackers-open-for-business/(访问于 2021 年 12 月 30 日)。

从社会经济角度看,新冠肺炎疫情加速了行业信息化的升级,得益于5G、大数据、云计算、人工智能和物联网等数字技术的强力支撑,在线授课、远程办公、线上招聘和电子商务等一系列数字工具得到广泛应用,全面保障了疫情期间的企业生产与个人生活。在安全方面,医疗行业、教育行业以及电子政务对远程办公质量和安全的要求极大提升,个人隐私与数据安全、移动协同办公,以及数字政府、智慧城市,远程招标、电子签章等业务和云数据中心的安全建设将是国际社会所面临的网络安全重点。尤其是与此次疫情联系紧密的医疗健康行业,从疫情期间世界各国医疗基础设施所遭受的大量网络攻击可以看出,医疗方面的网络空间安全尚有许多待完善之处,只有确保数字化医疗系统安全的情况下,才能为各方救治和防控提供必要的保障。此外,国际社会对数字化转型和信息化升级的需求都将加大,企业及机构为了保障其业务连续性和可靠性,会继续加强其信息化升级转型的力度,"疫后时代"数字化转型会成为传统企业的新常态。

鉴此,"一带一路"国家可在数字化转型方面加强合作,此举措不仅可以推动"一带一路"国家的产业数字化发展、促进其产业结构优化升级,也可推动工业的绿色低碳转型,推动共建绿色丝绸之路。一方面,可合作推动远程医疗、在线办公、在线教育、无人机、机器人、大数据等数字化新兴产业在防疫过程中发挥更大的作用。通过数字赋能,助推"一带一路"国家合作建设数字经济、数字社会和数字政府,打造其数字治理新格局。正如数字化平台不断融入我国"碳达峰、碳中和"战略,数字化、5G、智能交通和全球能源互联等新基建亦可融入"一带一路"国家的经济社会可持续发展中,从而推动建设绿色丝绸之路。例如,在工业领域,可利用数字化技术推动工业绿色低碳转型,提升工业用能低碳化水平,鼓励研发推广低碳工艺技术,实施绿色制造工程。

此外,"一带一路"国家要推动网络信息共享。同疫情发展一样,国际网络空间安全牵一发而动全身,同政治、经济、军事、文化和社会等其他方面的安全密切相关。此外,网络攻击的影响面和影响力具有不可预测性,某个网络攻击造成的破坏性效果可能远超攻击者预期,即使防范最严密的国家也无法完全实现自我保护,除非将内部网络与全球互联网断开连接,但这种做法是冒险的,因为它将对国民经济、军事以及所有其他依赖高级信息技术的系统造成严重后果。开展国际合作以改善网络安全是一条更为现实、可行的路径。信息共享是最常见的国际合作方式,"一带一路"国家可以使用各种类型的信息共享以各种方式提高网络安全性,比如,进行多边实践演习，共享有关威胁和漏洞、共同制定基础设施的网络保护规范等，鼓励遭遇网络安全威胁的私有部门与政府共享有关信息，共同完善国际网络安全应急响应机制，促进国际网络空间安全，保障全世界人民利益。新冠肺炎疫情正迫使全球各国政府、企业和社会加强应对特殊时期经济孤立、网络危机的能力，若想在开放的疫后秩序中恢复原来社会各个行业的运作，就需要建立以多元思维为基础的、稳定发展的大国关系，即在尊重核心利益的基础上，求同存异，让共同利益最大化，寻求一个良好的平衡。

在全球网络空间共治方面，世界各国都应该做到"信息透明，情报共享，标准监督"，威胁情报共享比断网可取，只有大家交流互鉴、取长补短才能使网络空间安全蓬勃发展。总之，无论是医疗健康还是网络空间安全，世界各国都需要共同的应急计划、规范和条约作为缓解众多共同风险的手段，国际网络空间的稳定需要大国的审慎克制和包容性的竞争，通过制度化的方式，构筑一种新的安全观。

第二节 新冠肺炎疫情下"一带一路"网络舆情风险管控

如今，通过互联网技术和新媒体的传播，短时间内就能形成巨大的舆论风暴，网络舆情对政府乃至国家和社会的影响越来越大。当然，这种影响既包括积极的正面影响，也包括消极的负面影响。正面影响可以扩大政府的影响力，提升政府形象，而负面影响则会给政府带来舆论压力，甚至产生舆情危机，严重影响政府的形象和公信力。2019 年冠状病毒病（COVID-19）期间，就其命名的网络舆情问题，西方媒体试图通过将COVID-19冠名"中国"（China/ Chinese）和"武汉"（Wuhan）等字眼以形成巨大的舆论风暴，以对中国以及中国人民带来污名化和感情伤害。表5.1 描述了美国主流媒体《纽约时报》和《华盛顿邮报》有关 COVID-19 的文章标题，例如"Chinese Coronavirus"、"Wuhan Coronavirus"、"China virus"和"Wuhan virus"等。

表 5.1　《纽约时报》和《华盛顿邮报》对 COVID-19 的命名

报刊	报刊标题	日期
纽约时报	Japan and Thailand Confirm New Cases of Chinese Coronavirus①	2020 年 1 月 21 日
	Three U.S. Airports to Check Passengers for a Deadly Chinese Coronavirus②	2020 年 1 月 21 日
	To Understand the Wuhan Coronavirus, Look to the Epidemic Triangle③	2020 年 1 月 21 日
	Wuhan Coronavirus Looks Increasingly Like a Pandemic, Experts Say④	2020 年 2 月 20 日
	Amid China Virus Fears, Even a Haircut Is a Major Operation⑤	2020 年 2 月 24 日
华盛顿邮报	Travelers at 3 U.S. airports to be screened for new, potentially deadly Chinese virus⑥	2020 年 1 月 17 日
	China virus: Expert says it can be spread by human-to-human contact, sparking concerns about the massive holiday travel underway⑦	2020 年 1 月 21 日
	What's Being Done to Limit the Spread of the China Virus⑧	2020 年 1 月 27 日

---

① The New York Times. https：//www. nytimes. com/2020/01/15/world/asia/coronavirus-japan-china. html? searchResultPosition＝50（访问于 2020 年 6 月 20 日）。

② The New York Times. https：//www. nytimes. com/2020/01/17/health/china-coronavirus-airport-screening. html（访问于 2020 年 6 月 20 日）。

③ The New York Times. https：//www. nytimes. com/2020/01/30/opinion/wuhan-coronavirus-epidemic. html（访问于 2020 年 6 月 20 日）。

④ The New York Times. https：//www. nytimes. com/2020/02/02/health/coronavirus- pandemic-china. html? searchResultPosition＝30（访问于 2020 年 6 月 20 日）。

⑤ The New York Times. https：//www. nytimes. com/aponline/2020/02/24/world/asia/ap-as-china-outbreak-barbers-take-a-haircut-. html? searchResultPosition＝18.

⑥ The Washington Post. https：//www. washingtonpost. com/health/2020/01/17/coronavirus-us-airports-screening/（访问于 2020 年 6 月 20 日）。

⑦ The Washington Post. https：//www. washingtonpost. com/world/asia_ pacific/china-virus-surge-in-new-cases-raises-concerns-about-human-transmission-ahead-of-holiday-travel-season/2020/01/20/06d077fc-3b6a-11ea-971f-4ce4f94494b4_ story. html（访问于 2020 年 6 月 20 日）。

⑧ The Washington Post. https：//www. washingtonpost. com/business/whats-being-done-to-limit-the-spread-of-the-china-virus/2020/01/27/4d8ede96-4104-11ea-99c7-1dfd4241a2fe_ story. html（访问于 2020 年 6 月 20 日）。

续表

报刊	报刊标题	日期
华盛顿邮报	What you need to know about the deadly Wuhan virus found in the U. S. ①	2020 年 1 月 28 日
	OPEC Only Faces One Choice in China Virus Crisis②	2020 年 2 月 17 日

世卫组织总干事谭德塞强调，COVID-19 的名称并非指地理位置、动物、个人或群体。为该疾病命名很重要，因为可以防止使用其他不准确或污名化的名称，同时也为未来可能出现的其他冠状病毒提供命名的标准格式。③ 2015 年，世界卫生组织等机构提出了对新发现传染性疾病命名的指导原则（WHO，2015），提倡使用中性、一般的术语代替人物、地点、动物、食物和职业的名称来命名。这是因为过去一些传染性疾病的名称曾导致污名化和其他不良后果。比如 2009 年，"猪流感"这个名称曾让一些国家"谈猪色变"，甚至限制猪肉贸易、下令屠宰生猪，后来世卫组织宣布这种疾病的正式名称为甲型 H1N1 流感。2012 年在中东一些地方出现的"中东呼吸综合征（MERS）"，由于疾病名称中含有"中东"这个地理名称，也曾引发争议。为了吸引目标受众、产生点击量，媒体有关 COVID-19 的命名选择往往难以中立，呈现具有政治动机的疾病命名亦是不可避免的（Prieto-Ramos et al. 2020）。

在国际舆论场上，突发事件 COVID-19 的相关命名已经形成对中国以及中国人民的负面舆情，可能严重影响政府的形象和公信力。外交部发言人耿爽表示，"近来，美国一些政客把新冠病毒同中国相联系，这是对中国搞污名化。我们对此强烈愤慨、坚决反对。世界卫生组织和国际社会明确反对将病毒同特定的国家和地区相联系，反对搞污名化。我们敦促美方立即纠正错误，立即停止对中国的无端指责"④。同时，印度政府也曾面临关于病毒命名的污名化情况，对此，印度政府电子和信息技术部向各大社

---

① The Washington Post. https：//www. washingtonpost. com/video/world/what-you-need-to-know-a-bout-the-deadly-coronavirus-found-in-the-us/2020/01/21/56c41c27-f859-4339-8f16-d97f1d2c33c6 _ video. html（访问于 2020 年 6 月 20 日）。

② The Washington Post. https：//www. washingtonpost. com/business/energy/opec-only-faces-one-choice-in-china-virus-crisis/2020/02/02/20cb6482-4592-11ea-99c7-1dfd4241a2fe _ story. html（访问于 2020 年 6 月 20 日）。

③ World Health Organization. https：//www. who. int/director-general/speeches/detail/who-director-general-s-remarks-at-the-media-briefing-on-2019-ncov-on-11-february-2020（访问于 2021 年 6 月 6 日）。

④ 参见观察者网，https：//baijiahao. baidu. com/s? id = 1690002357052712291&wfr = spider &for = pc（访问于 2022 年 1 月 30 日）。

交媒体平台发出了政府命令（Advisory to Remove False Information on Corona Variant①），其中指出，"此种说法'印度变种'（Indian variant）正在全国蔓延，这完全是错误的。世界卫生组织从未用过此种说明来命名 COVID-19的变体……因此，请您立即从您的平台中删除所有提及或暗称'印度变种'的内容"。因此，需要政府积极监测媒体和政客关于COVID-19命名方面的负面舆情，一方面协调有关部门和单位迅速开展应对处置工作，例如统一国内社交媒体对COVID-19的命名，确保信息发布客观、准确、及时；另一方面应积极主动地采取措施，发表官方讲话、发布官方文件和政策等，以明晰的话语和态度以及科学的解释来表明COVID-19的正确命名。

"我们不仅在与疫情（epidemic）作斗争，也在与信息疫情（infodemic）作斗争。假新闻比病毒传播得更迅速、更容易，而且同样危险。"② 信息疫情指的是，"疫情暴发期间，线上和线下有太多的信息，其中包含众多的虚假的、误导性信息。它可能导致有损健康的混乱和冒险行为，还可能导致对卫生当局的不信任并破坏公共卫生的应对措施"③。除了有关COVID-19的中国污名化现象外，还有诸多其他与疫情有关的谣言、不实信息和假新闻，如新冠病毒由5G信号塔传播、服用甲醇可杀死病毒、饮用牛尿可抗病毒等。这些包括谣言、污名和阴谋论等在内的信息疫情，会对公共健康产生严重的影响，政府和其他机构必须了解有关COVID-19的谣言、污名和阴谋论在全球传播的模式，以便制定适当的风险交流信息（Islam，2020）。针对这些信息疫情，各国纷纷颁布有关政策法规来予以规制，尤其是"一带一路"的东南亚国家，表5.2列举了部分"一带一路"国家有关遏制COVID-19假消息的法律法规。

---

① 参见印度政府电子和信息技术部官网，https：//www.meity.gov.in/writereaddata/files/advisory_ to_ social_ media_ platforms_ Corona%20variant_ 21May2021.pdf（访问于2022年1月30日）。

② 参见世界卫生组织官网，Speech by the director-general at the Munich security conference，https：//www.who.int/dg/speeches/detail/munich-security-conference（访问于2022年1月30日）。

③ 参见世界卫生组织官网，https：//www.who.int/health-topics/infodemic（访问于2022年1月30日）。

表 5.2　部分"一带一路"国家有关遏制 COVID-19 假消息的法律法规

国家	日期	法律法规及其有关内容
中国	—	根据《最高人民法院关于审理编造、故意传播虚假恐怖信息刑事案件适用法律若干问题的解释》第 2 条的规定，编造、故意传播虚假疫情，具有下列情形之一的，应当认定为本罪中的"严重扰乱社会秩序"：（1）致使机场、车站、码头、商场、影剧院、运动场馆等人员密集场所秩序混乱，或者采取紧急疏散措施的；（2）影响航空器、列车、船舶等大型客运交通工具正常运行的；（3）致使国家机关、学校、医院、厂矿企业等单位的工作、生产、经营、教学、科研等活动中断的；（4）造成行政村或者社区居民生活秩序严重混乱的；（5）致使公安、武警、消防、卫生检疫等职能部门采取紧急应对措施的；（6）其他严重扰乱社会秩序的。 《中华人民共和国刑法》第 291 条之一第 2 款规定，编造虚假的险情、疫情、灾情、警情，在信息网络或者其他媒体上传播，或者明知是上述虚假信息，故意在信息网络或者其他媒体上传播，严重扰乱社会秩序的，处 3 年以下有期徒刑、拘役或者管制；造成严重后果的，处 3 年以上 7 年以下有期徒刑。 根据《治安管理处罚法》第 2 条的规定，扰乱公共秩序，具有社会危害性，依照刑法的规定构成犯罪的，依法追究刑事责任；尚不够刑事处罚的，由公安机关依照本法给予治安管理处罚。根据《治安管理处罚法》第 25 条第 1 项的规定，散布谣言，谎报险情、疫情、警情或者以其他方法故意扰乱公共秩序的，处 5 日以上 10 日以下拘留，可以并处 500 元以下罚款；情节较轻的，处 5 日以下拘留或者 500 元以下罚款。
俄罗斯	2019 年 3 月	《假新闻法》（Fake News Bill）和《侮辱国家法》（Internet Insults Bills） 《假新闻法》规定，个人传播"假新闻"的，罚款高达 10 万卢布，公职人员为 20 万卢布，企业为 50 万卢布。《侮辱国家法》规定，诋毁和侮辱国家以及包括普京在内的俄政府高官将被处以高达 30 万卢布的罚款，重犯者可获最多 15 日监禁。
菲律宾	2020 年 3 月	《第 11469 号共和国法例》［Bayanihan to Heal As One Act（Republic Act No. 11469）］ 该法案对有关 COVID-19 的假信息制造、散播者施以最高 2 年监禁和 19500 美元的罚款。此法案采取列举法介绍了假信息（fake information）的内涵，此类信息"对公众没有起到有效或有益的影响，并明显旨在加剧混乱、恐慌、无政府状态、恐惧或困惑"。
马来西亚	2021 年 4 月	《2021 年第 2 号紧急条例法案》［The Emergency（Essential Powers）（No. 2）Ordinance 2021 "Fake News Bill"］ 该法案规定对假新闻的制造、散播者施以最高 3 年监禁和 10 万马来西亚令吉罚款的惩罚。该法案将假新闻定义为"与 COVID-19 或紧急情况宣布有关的完全或部分虚假的任何新闻、信息、数据和报告，无论是以特征、视觉或录音形式，还是以任何其他形式提出言辞或想法的形式"。

续表

国家	日期	法律法规及其有关内容
印度	—	《灾难管理法》（2005 Disaster Management Act）第 54 条规定：对灾害或其严重程度或规模作出或传播虚假警报或警告，导致恐慌的，应处以最高一年的监禁或罚款。 《印度刑法典》（1860 Indian Penal Code）第 505 条规定：任何人编造、发布或散发可能引起公众恐惧的言论、谣言或报告，将被处以三年以下有期徒刑，或罚款或两者兼施。 《信息技术法》（2008 Information Technology Act）第 66D 条：任何人通过冒充通信设备或计算机资源进行欺骗，将被处以最高 3 年监禁和 10 万卢比的罚款。
越南	2020 年 4 月	15/2020/Decree 新法令规定，利用社交媒体分享任何虚假、不实、歪曲或诽谤信息的人，将被罚款 1000 万至 2000 万越南盾（约合人民币 3000 元至 6000 元），这相当于越南普通工人三到六个月的工资。
泰国	2021 年 7 月	《紧急情况下公共管理紧急法令》（Section 9 of the Emergency Decree on Public Administration in Emergency Situations）第 9 条该法案规定禁止报道、出售或出版"包含可能引起公民恐慌的信息或故意伪造可能在紧急状态下引起误解的信息"的信件、出版物或其他媒体。
新加坡	2019 年 5 月	《防止网络假信息和网络操纵法案》［Protection from Online Falsehoods and Manipulation Act 2019（POFMA）］ 若某个陈述是虚假的或误导性的，无论是全部还是部分，无论是单独呈现还是出现在某语境中，则该陈述被视为虚假的。 此法案规定，无论在新加坡内或境外，个人不得散布有害新加坡安全，或有害公共卫生、公共安全、公共安宁或公共财政，或有害新加坡与他国友好关系，或有害总统选举、国会议员普选、国会议员补选或公投之结果，或及其不通过个人或种族间敌意仇恨或恶意之情感，或降低公众对政府、国家机构与法定机构在执行公务或行使权力的信赖感之陈述。
柬埔寨	2020 年 4 月	《国家紧急状态法》（State Emergency Law） 该法案允许政府"控制媒体和社交媒体，禁止或限制传播可能引起公众恐惧或骚乱，或可能损害国家安全的信息"。

　　从表 5.2 可以看出，遏制编造、故意传播虚假疫情信息的行为已成为"一带一路"国家的共识，若造成了严重后果，编造者和传播者将面临严厉的惩罚，被监禁或罚款或两者兼施。例如，"2020 年 1 月 24 日，刘某利用微信号编造了其'感染新型冠状病毒，并到公共场所通过咳嗽方式向他人传播'的虚假信息，发送至其另一微信号，并将该聊天记录截图后发送至微信朋友圈、1 个微信群、2 个微信好友及 3 个 QQ 群，直接覆盖人员共

计 2700 余人,并被其他个人微博转发",最终刘某因犯编造、故意传播虚假信息罪被判处有期徒刑八个月。① 在印度拉贾斯坦邦,一名医护人员因发布有关 COVID-19 病例数的误导性数据而被捕;在奥里萨邦,一名男子因在脸书上发布关于一名疑似感染者的"假新闻"而被捕。②

可见,网络已经改变了社会舆论的生态环境,形成了新的网络舆论场。网络舆情的管控是网络内容生态治理的重要要素之一。建设良好的网络生态,有利于发挥网络引导舆论、反映民意的作用。党的十九大作出了"加强互联网内容建设,建立网络综合治理体系,营造清朗的网络空间"的战略部署,这是"牢牢掌握意识形态工作领导权"的重要举措,是"坚定文化自信,推动社会主义文化繁荣兴盛"的必然选择,是以习近平同志为核心的党中央准确把握网络空间成为当今世界人类生存第五大疆域的重大历史变革,提出的新时代中国特色社会主义文化建设的创新思想。2019年 12 月 15 日,国家互联网信息办公室第 5 号令公布《网络信息内容生态治理规定》,从网络信息内容生产者、网络信息内容服务平台、网络信息内容服务使用者、网络行业组织等维度对网络信息内容生态治理制定了制度性规定,为网络内容生态系统建设奠定了重要的制度基础。方向已明确,制度已初成,然而,良好的网络内容生态系统建设依然任重而道远。因而,在"一带一路"网络舆情管控过程中,要注重建构良好的"一带一路"网络生态系统,尤其应注重以下四个方面的建设。

第一,网络内容生态系统构成。要享受网络内容生态系统的馈赠,就须对其有正确的认知。网络内容生态系统孕育于互联网生态系统,国际互联网协会给出了互联网生态系统的基本框架,"一带一路"各国互联网生态系统有自己的特色,也有很多与国际互联网生态系统相同的特征,而国际互联网生态系统与自然生态系统也有很多相似的特征。运用系统科学的思想,结合生态学的理论,研究"一带一路"各国网络内容生态系统的构成,既要从构成要素的维度进行研究,更要从有机整体的维度进行研究,能根据特定的场景界定目标系统的边界,能了解目标系统及其环境的关系,能从系统之系统的视角认识各类系统。

第二,网络内容生态系统规律。要发挥网络内容生态系统的作用,就

---

① 参见和田网警巡查执法, https://baijiahao.baidu.com/s? id = 1711476013349737805&wfr = spider&for = pc (访问于 2022 年 1 月 30 日)。

② 参见 Foreign Policy, https://foreignpolicy.com/2020/04/17/fake-news-real-arrests/ (访问于 2022 年 1 月 30 日)。

须对其规律有足够的了解。系统总是变化的，有其行为和演变规律，网络内容生态系统也不例外。网络中的行为主体（个人或者组织）发布信息或获取信息的行为通常是自发的，网络舆情事件的爆发呈现出明显的涌现性特征，这和自然生态系统中生物个体的自发行为及涌现现象非常类似。因此，要注重从系统动力学的维度，结合信息论思想，研究网络内容生态系统的运动规律和动态平衡规律。

第三，网络内容生态系统优劣判定。网络空间天朗气清、生态良好，符合人民利益。网络空间乌烟瘴气、生态恶化，不符合人民利益。要营造良好的网络内容生态，必须具备判断一个网络内容生态系统是处于良好状态还是恶化状态的能力。网络内容生态系统属于大型复杂系统。大型复杂系统的状态难以由人工进行判定。因此，可在对"一带一路"各国网络内容生态系统规律进行观察的基础上，运用复杂系统科学理论，借助大数据分析和人工智能的手段，研究网络内容生态系统状态好坏的自动化判定方法。

第四，网络内容生态系统能量激发。建设网络内容的良好生态系统，就是要培育积极健康、向上向善的网络文化，让广大网民享有风清气正的网络空间。根据系统科学思想，系统在能量的作用下运动。因此，可与"一带一路"各国合作探究网络内容生态系统的能量激发机制，以便借助外部能量的影响，积极引导网络内容生态系统趋向平衡，进入良好状态，使正能量得以弘扬。

综上所述，就"一带一路"网络舆情风险管控与国际合作机制的构建，应注重以下方面：

首先，推动构建"一带一路"网络舆情风险管控平台。如遇严重突发事件，则各国组织成立国家突发公共卫生事件应急指挥部，作为临时应急工作最高指挥机构，协调应急处置工作，其他相关部门配合。此平台的构建有利于提升应对重大突发事件的跨境、跨区域乃至全球卫生治理和国际合作机制能力建设。此外，通过此平台，政府、医院、疾控中心及科研机构利用先进设备及时沟通信息，共享数据，协调一致行动。在对此类重大事件有关舆论的媒体报道和政策宣传上，统一平台的构建有利于推动各个舆论场秉持以人为本原则和科学发展原则。

其次，推动"一带一路"各国在网络内容生态治理方面的共识和区域性规则的制定。网络内容生态治理是我国对网络空间国际治理体系所提出的中国方案和中国视角。《网络信息内容生态治理规定》促进了我国网络综合治理法制体系的完善，推动一体化的国家战略体系和能力构建，体现了以人民为中心的发展思想，丰富了"以人为本"的网络空间治理理念的内涵；体现了我国对全球网络空间治理体系改革和建设的积极参与和正确引领，对推动构建人类命运共同体以及制定网络空间国际治理相关规则具有重要的借鉴意义。鉴于网络内容生态治理对网络舆情管控发挥的从源头上减少负面影响的作用，应推动"一带一路"各国在网络内容生态治理方面的共识和区域性规则的制定，在网络内容生态系统优劣判定方法以及网络内容生态系统能量激发机制方面探究合作的可行性以及形式，以净化"一带一路"网络空间，把握正确的舆论导向。

第三节　网络外交下的"一带一路"网络空间治理

一、"一带一路"网络外交现状

网络空间或网络安全不仅涉及技术领域，也涉及政治和外交层面。网络安全政治外交化的演变和伙伴关系的形成主要是由以下三个原因导致的。第一，日益互联、全球化的世界会加剧网络犯罪、网络恐怖主义、网络间谍和黑客攻击等网络攻击的规模、影响和后果。第二，政府在保障网络安全方面所发挥的作用随着时间的推移而不断演变，从 Barlow（1996）谴责政府干预网络空间发展，到现如今的政府在颁布法律法规和政策以监管网络空间方面发挥越来越重要的作用。第三，网络空间成为大国竞争与合作的新舞台。一方面，世界各国政府在网络技术、网络空间治理理念和网络空间规则制定等领域加强了竞争；另一方面，他们也认识到需要通过合作与对话、积极开展双边或多边外交以建设更为开放的全球网络空间。

网络安全政治化问题已得到了学界学者的广为关注。例如，Dunn Cavelty 和 Wenger（2020：7）将网络安全视为一个政治问题，并声称网络安全"正逐步演变为一项政治议程，并作为一个问题正扩散到众多其他政策领域中去"。因此，网络空间已成为国际关系的焦点，一个由不同利益、规范和价值观塑造的富有争议的政治舞台（Barrinha & Renard，2017）。Renard（2018）从外交视角，将欧盟网络伙伴关系定义为"两个国际行为者基于共同利益和目标、基于共同商定的规范和机制，就网络相关问题形成的合作形式"。网络外交通常通过"两国之间的双边关系和协议或多边论坛"进行（Monahan，2021）。在这方面，网络外交互动和谈判的核心是由包括政府和国际组织在内的国际参与者建立的网络伙伴关系。这些行为者，根据 Buzan 等人（1998）提出的安全分析框架，可以是受威胁的指涉对象（referent objects）、安全化行动者（securitizing actors）或威胁（threats）。

随着网络政治化的逐步兴起，网络外交作为与网络安全政治和国际关系密切相关的新概念催生了诸多学术生长点。Barrinha 和 Renard（2017：355）将网络外交定义为"网络领域的外交，换言之，通过使用外交资源和履行外交职能以确保国家在网络空间方面的利益"。Monahan（2021）将其定义为"旨在影响国家行为和保护国家网络空间利益的外交活动"。在实践中，网络外交通常通过双边平台（如中美对话，China-US Dialogue）或多边平台（如联合国信息安全政府专家，UN GGE）进行。因此，网络外交的实际实施主要取决于国家和国际组织形成的网络伙伴关系。

在"一带一路"背景下，网络外交的开展也主要通过国家间的双边合作以及多边平台，如上海合作组织、中国—东盟"10＋1"、亚太经合组织（APEC）、亚信会议（CICA）、亚洲合作对话（ACD）、亚欧会议（ASEM）、中阿合作论坛、中国—海合会战略对话、大湄公河次区域（GMS）经济合作和中亚区域经济合作（CAREC）等。近年来，我国与"一带一路"国家间的网络空间国际合作不断深化拓展，已取得了一系列成就，尤其是在数字经济和信息通信基础设施方面。根据中国国家发展和改革委员会 2020 年 11 月 13 日消息称，截至目前，中国已与 138 个国家、31 个国际组织签署了 201 份共建"一带一路"合作文件。[①] 根据国家网信办发布的《数字中国发展报告（2020 年）》[②]，"截至 2020 年底，我国已与16 个国家签署'数字丝绸之路'合作谅解备忘录，与 22 个国家建立'丝路电商'双边合作机制。网络互通深入推进，我国与'一带一路'沿线十几个国家建成有关陆缆海缆"。此外，我国与一系列多边平台也加强了合作，例如，2020 年《中国—东盟关于建立数字经济合作伙伴关系的倡议》、2020 年《G20 数字经济部长应对新冠肺炎声明》和《G20 数字经济部长宣言》，等等。

近年来，WTO、G20、G7 和 APEC 等国际组织已常设数字议题。根据中国信通院发布的 2021 年《全球数字治理白皮书》，上述组织在数字议题的侧重点上存在着区别。WTO 主要关注跨境贸易/电子商务方面的议题，G20 主要关注人工智能、区块链、加密资产、宽带/数字基础设施、消费者

---

① 参见中国一带一路官网，https：//www.yidaiyilu.gov.cn/xwzx/gnxw/155114.htm（访问于2022 年 1 月 30 日）。

② 参见中华人民共和国中央人民政府官网，国家互联网信息办公室发布《数字中国发展报告（2020 年）》，http：//www.gov.cn/xinwen/2021-07/03/content_ 5622668.htm（访问于 2022 年 1 月 30 日）。

政策、数字经济、数字政府、数字税和跨境贸易/电子商务方面的议题，G7 主要关注人工智能、消费者政策、数字经济和跨境贸易/电子商务方面的议题，而 APEC 主要关注宽带/数字基础设施、消费者政策、数字经济和数字隐私方面的议题。WTO、G20、G7 和 APEC 有关数字议题所形成的成果参见表 5.3 所示，其中本表对 G20 和 G7 的成果总结参考了 2021 年《全球数字治理白皮书》中的总结。

表 5.3 **WTO、G20、G7 和 APEC 有关数字议题的成果**

WTO 部长级会议有关数字议题的成果	
时间地点	成果
1996 年新加坡	《关于信息技术产品贸易的部长级宣言》
1998 年日内瓦	《全球电子商务宣言》
2001 年多哈	电子传输免征关税
2005 年香港	电子传输免征关税
2009 年日内瓦	电子传输免征关税
2011 年日内瓦	电子传输免征关税
2013 年巴厘岛	电子传输免征关税
2015 年内罗毕	《关于扩大信息技术产品贸易的部长宣言》
2017 年布宜诺斯艾利斯	《关于电子商务的联合声明》
2019 年达沃斯	《关于电子商务的联合声明》（非正式部长级会议）
G20 有关数字议题的成果	
时间地点	成果
2016 年杭州	《G20 数字经济发展与合作倡议》《G20 创新增长蓝图》《二十国集团全球投资指导原则》《二十国集团全球贸易增长战略》
2017 年汉堡	《汉堡行动计划》《G20 数字经济部长宣言》《数字化路线图》
2018 年布宜诺斯艾利斯	《G20 数字经济部长宣言》《G20 数字政府原则》《弥合性别数字鸿沟》《衡量数字经济》《加快部署数字基础设施以促进发展》
2019 年大阪	《贸易和数字经济声明》《G20 人工智能原则》
2020 年利雅得	《可信人工智能的国家政策和国际合作的建议》《G20 智慧出行指南》《G20 数字经济安全相关实践案例》《G20 数字经济部长应对新冠肺炎声明》

续表

G7 有关数字议题的成果	
时间	成果
2017 年	以人为本的创新、技术与劳动行动方案
2018 年	人工智能未来图景
2019 年	开放、安全、自由的数字化转型行动计划
2020 年	关于数字支付的宣言
2021 年	关于自由、开放、现代、数字化贸易的宣言
APEC 有关数字议题的成果	
时间	成果
1998 年	《APEC 电子商务行动蓝图》
2000 年	《新经济行动议程》
2001 年	《数字 APEC 战略》
2002 年	《APEC 领导人关于执行贸易与数字经济政策的声明》
2004 年	《APEC 隐私框架》
2014 年	《APEC 促进互联网经济合作的倡议》
2017 年	《APEC 跨境电子商务便利化框架》 《APEC 互联网和数字经济路线图》
2018 年	《APEC 数字经济行动议程》

在参与具体数字议题谈判时，我国应注意以下方面。其一，要关注最新领域以及我国的优势领域，如跨境电子商务、新基建 5G 建设、"一带一路"数字经济等。其二，要分离处理谈判议题中的经济和政治问题，可优先突破矛盾较为缓和的经济层面问题，后续再处理分歧较大的、受地缘政治严重影响的议题。其三，在跨境数据流动、本地化要求和知识产权保护等关键议题方面，建议提出更加开放的中国方案，并探究如何找到安全与发展之间的平衡点，在保证数据安全、国家安全和社会安全的前提下，确保数据流动。其四，要在全球尚未形成统一方案的领域积极发声，如数字税。鉴于发达国家和发展中国家在网络治理关键方面的严重分歧以及全球地缘政治等多因素影响，因此要分梯队选择合作伙伴。一方面，我国积极寻找与"一带一路"发达国家网络合作的共赢模式，不断扩大领域开放；另一方面，建立与"一带一路"发展中国家的对话和磋商机制，定期组织各国就网络具体规则议题进行讨论，扩大网络规则和标准共识。可与"一带一路"基于共同的利益关切共同缔造经济层面的议题"联盟"，与利益

与诉求相近的国家联合提交提案。

另外，在"一带一路"网络外交实践过程中，要坚持立字当头、立破并举的科学导向。换言之，一方面要积极去建构与"一带一路"国家之间的网络空间合作网络，共建"一带一路"网络空间命运共同体；另一方面，要破除美国的网络霸权，尤其是严重阻碍全球数字合作与发展的行径。例如，美国国务院于2020年推出的"清洁网络"计划（Clean Network Program），虽被美国美化为"民主自由与威权监控之战"，但实质为争夺5G全球主导权、全面遏华、维护网络霸权的行为（戴丽娜，郑乐锋，2021：55）。

总体而言，我国的"一带一路"特色外交应以"网络伙伴关系外交"为前提，即在对话而不对抗、结伴而不结盟的前提下广交"一带一路"朋友，从而进行网络合作。就平台而言，虽然我国通过上述多边平台已经就数字经济、打击网络犯罪和网络恐怖主义等方面开展了一系列合作，但目前尚未有专门性的平台强调建立"一带一路"网络合作伙伴关系。因此，建议尽快建立"一带一路"网络合作伙伴关系合作网络，并细化合作颗粒度，即根据重要合作领域和前沿领域设立特定工作组，如数字经济、大数据、智慧城市、信息通信基础设施、打击网络犯罪和网络恐怖主义、国际传播等。这有利于整合合作资源，与"一带一路"国家进行全领域、多层次、多样化的网络务实合作。在实际合作过程中，要根据"一带一路"国家在价值观念、建设目标和国家利益方面的耦合程度建立不同层面的伙伴关系，例如，同分歧较大的国家，可从功能性、议题化的伙伴关系入手，而对分歧与利益冲突较小的国家，可努力打造结构性、法律性的伙伴关系。

二、网络外交议题谈判示例：数字税

本部分以数字税议题为例说明网络外交议题谈判，主要涉及全球数字税谈判新动向及我国对策。在数字经济全球化的背景下，全球数字税谈判已成为网络空间国际治理的新议题。广义上的数字税指的是为应对全球数字经济带来的税收挑战而启动的新型收税机制；狭义上的数字税指的是数字服务税（digital service tax），即一个国家对特定数字商品或服务的收入进行的征税，主要针对搜索引擎、社交媒体、在线视频、即时通讯等数字服务（岳云嵩，齐彬露，2019），主要征税对象一般为大型互联网企业。广义上的全球数字税谈判始于经济合作与发展组织（OECD）和二十国集团（G20）最早于2015年提出的税基侵蚀和利润转移包容性框架（BEPS Inclusive Framework），后于2019年在此框架下提出"双支柱"的全球数字税工作方案,① 强调由于现有的国际税收体系不能恰当地反映经济的数字化,鼓励 130 多个国家开展谈判,以适应国际税收体系。2020 年 10 月,OECD 发布《数字化带来的税制挑战—支柱一/二（Pillar One/Two）蓝图》② 报告。2021 年 4 月 7 日,由意大利担任主席国的第二次 G20 财长和央行行长会议召开,OECD 秘书长安赫尔·古里亚在会议报告③中认可了OECD 在应对经济数字化税收挑战方面所做的工作,并致力于 2021 年中期达成一项全球共识的解决方案。

狭义上的全球数字税谈判始于 2018 年欧盟委员会发布的立法提案,拟调整对大型互联网企业的征税规则,即任何一个欧盟成员国均可对境内发生的互联网业务所产生的利润征税。2020 年 12 月 15 日,欧盟委员会颁布了《数字服务法》和《数字市场法》两项法律草案,旨在打破互联网公司的垄断,促进欧洲数字经济健康可持续发展。此后,欧盟委员会发布的一项《预算协议》描述了一种新的数字税,预计将在 2023 年初正式实施。由于当前欧盟内部尚未实施统一的数字税政策,奥地利、法国、匈牙利、意大利、波兰、西班牙、土耳其等一些成员国已开始实施本国的数字税立法。

随着数字经济全球化的不断加深,数字税已成为国际网络空间治理的一项重要内容,关系着各个国家的网络空间安全。而随着各国际行为体对数字税关注程度的增强,近期全球数字税谈判进程明显加速;事实上,全球数字税谈判体现出大国博弈,且明显有逐步加剧的趋势,也逐渐出现了一些值得关注的新动向。基于以上情况,本小节首先梳理和分析国际社会在数字税领域的新进展,包括美国、欧盟和联合国针对数字税的相关谈判进程和最新动向,并对中国在全球数字税谈判中的定位作出深度分析,提取出我国面临的威胁与挑战,从而提出一系列有针对性的政策建议以供参考。

---

① 参见经济合作与发展组织（OECD）官网, Addressing the Tax Challenges of the Digitalisation of the Economy-Policy Note, https：//www.oecd.org/tax/beps/policy-note-beps-inclusive-framework-addressing-tax-challenges-digitalisation.pdf（访问于 2022 年 1 月 30 日）。

② 参见经济合作与发展组织（OECD）官网, Tax Challenges Arising from Digitalisation-Report on Pillar One Blueprint, https：//www.oecd.org/tax/beps/tax-challenges-arising-from-digitalisation-report-on-pillar-one-blueprint.pdf; Tax Challenges Arising from Digitalisation-Report on Pillar Two Blueprint, https：//www.oecd-ilibrary.org/taxation/tax-challenges-arising-from-digitalisation-report-on-pillar-two-blueprint_abb4c3d1-en（访问于 2022 年 1 月 30 日）。

③ 参见经济合作与发展组织（OECD）官网, G20 Finance Ministers and Central Bank Governors Meeting, Remarks by Angel Gurría, https：//www.oecd.org/about/secretary-general/oecd-sg-remarks-at-g20-finance-ministers-and-central-bank-governors-meeting-7-april-2021.htm（访问于 2022 年 1 月 30 日）。

（一）全球数字税谈判新动向

拜登上台以后，美国对于全球数字税谈判的态度和立场发生明显改变，其中美国对于全球数字税"双支柱"框架谈判的表态与拜登政府最新发布的税改政策密切相关。2021 年 3 月 31 日，拜登政府发布《情况简报：美国就业计划》，指出由于美国将在未来 10 年内耗资 2 万亿美元用以投资包括基础设施在内的诸多领域，因此在未来 15 年内将实行"美国制造税收计划"，预期增加 2.5 万亿美元的财政收入。而美国对全球数字税"双支柱"方案提出的新建议也体现出对拜登税改需求的配合：美国财政部部长耶伦在 4 月 7 日的 G20 财长和央行行长会议上呼吁各国采纳美国对全球数字税最低税规则的建议，即对"双支柱"方案当中的第二支柱方案进一步简化，并将全球最低税率从 12.5% 上调至 21%。[①]

美国对于全球数字税谈判态度的转变，可以说与拜登上台之前美国对数字税的强烈反对形成鲜明对比——特朗普政府此前曾单方面宣布对法国、德国等欧盟国家实施加征关税等报复性行动。美国对数字税立场的这一转变，实际上是配合拜登税改，为其开出的美国国内的"天价"投资买单。一方面，提高数字税增加了政府收入，为美国顺利开展国内基础设施的投资提供了财政支持；另一方面，如果美国仅仅在国内大幅提高税率，长期以来许多数字科技企业可能会放弃在美国本土的投资，而其设定的最低税率如果可以在全球范围内统一推行，则可以防止美国的企业竞争力被削弱。

由于数字税的概念最早由欧盟提出，对于近期全球数字税谈判进程的加速，欧盟和欧洲国家起着关键性的推动作用，但是实际的谈判情况并非完全按照欧盟所期待的方向发展。对于耶伦在 2021 年 4 月 7 日的 G20 财长和央行行长会议上提出的建议，欧洲各国的态度体现出很大的分歧：英国、法国、德国等欧洲主要大国表示支持，认为这可以提高各国企业所得税收入，并防止跨国企业将利润转移至低税区；爱尔兰和卢森堡等欧洲低税率国家则持保留意见。而这另一方面也体现出欧盟与美国的利益冲突，尽管拜登上台以后美国对数字税的态度出现转变，但就跨境互联网企业征税的问题短期内难以协调，如美国 Facebook、Twitter、Amazon 及 Google 等在欧洲被广泛使用的数字巨头的征税问题。

---

① 参见 International Trade Union Confederation 官网，Outcome of the 2nd G20 Finance Ministers and Central Bank Governors Meeting，https：//www.ituc-csi.org/IMG/pdf/2104t_ g20fin-comments.pdf（访问于 2022 年 1 月 30 日）。

　　2021 年 4 月 29 日，欧洲议会以 549 票赞成、70 票反对和 75 票弃权的结果，通过、发布了针对 OECD 对数字税的谈判进展、数字公司的税务居所和未来可能达成的欧洲统一数字税的新决议。① 该决议强调对于数字税"全球性的多边协议"是"重要但不是唯一的选择"，并且强调由于新冠肺炎疫情的影响大大加速电子数据服务，呼吁在欧盟层面上就数字税立法尽快实施统一行动。基于上述情况，近期欧盟对于全球数字税谈判的态度呈现出"全力推动，两手准备"的态势，即一方面鼓励美国积极参与 OECD 框架下的数字税谈判；另一方面意识到一些内外部难以协调的利益分歧可能无限拖缓多边谈判进程，欧盟已做好"单干"的准备，即在欧盟内部率先建立统一的数字税政策，或者至少达成某些共识——这也是欧盟为应对后疫情时代的数字经济冲击所采取的次优策略。欧盟的这一策略或将导致未来出现数字税壁垒。

　　作为最具影响力的政府间国际组织，联合国也对全球数字税的征收进行了进一步规范。2021 年 4 月 20 日，联合国国际税务合作专家委员会批准了新的数字税收条款，即在《联合国关于发达国家与发展中国家间避免双重征税的协定范本》（以下简称《范本》）的 2021 年更新版本中在第 12B 条款下增加了有关数字税的新内容，有外媒②将其称为 OECD 数字税框架下"第一支柱"的替代方案。与第一支柱不同的是，12B 条款新规定的征税权利不受税收起征点的限制，且只适用于从事数字经济的企业，其对国家新数字税征税权的范围也限制于从自动化服务中获得的收入。

　　联合国作为 OECD 包容性框架之外的另一个全球数字税谈判平台，实际上给了发展中国家更多的话语权，而近期《范本》中 12B 条款的更新，也为两国在数字税实施过程当中过度征税和重复征税的问题提供了很好的解决方案。但是，当前联合国推动全球数字税谈判的效果显然比较有限：一方面，由于 OECD 方案在全球范围关注度更高，联合国委员会对数字税的讨论事实上仍局限于 OECD 框架；另一方面，由于 12B 条款的实施依赖于国家之间的双边条款，许多国家，尤其是数字巨头较多的国家，对其接受度较低，未来联合国应当致力于对多边的解决方案作出规范。

----

　　① 参见 Euorpean Parliament 官网，Digital Taxation：OECD Negotiations, Tax Residency of Digital Companies and a Possible European Digital Tax，https：//www. europarl. europa. eu/doceo/document/TA-9-2021-0147_ EN. html（访问于 2022 年 1 月 30 日）。

　　② 参见 MNE Tax, UN Committee of Experts Approves New Digital Tax Article for Model Treaty, https：//mnetax. com/un-tax-committee-approves-new-digital-tax-43504（访问于 2022 年 1 月 30 日）。

(二) 我国的定位与应对

首先，国内数字税立法仍不成熟。在当前全球尚未形成统一数字税征税方案的情况下，我国数字税立法尚处于研究阶段，这实际上使我国处于不利地位。其一，鉴于当前美国在人工智能和软件服务领域的互联网巨头在国际上占优势地位，欧盟积极推动全球数字税的一个重要原因是为了保护自己的互联网企业。尽管阿里、腾讯等国内互联网企业还没有完全走出国门，但中国作为欧美国家最大的数字竞争对手，国内数字税立法工作开展缓慢，不仅不利于我国在全球数字税谈判当中争取利益，而且不利于我国互联网企业未来谋求更加公平的国际竞争环境。其二，无论是 OECD 框架下"第二支柱"中的全球反税基侵蚀规则，还是联合国《范本》中 12B 条款的规定，都可能导致我国未来的税收政策工具使用受到限制，即税收主权的让渡，如果我国无法在全球数字税谈判达成统一意见之前完成数字税政策的落地，则无疑会陷入被动地位。

其次，我国互联网企业发展空间或受挤压。近年来，我国互联网企业的发展呈现上升态势，但是在海外市场的发展还面临重重困境，如中兴、华为、抖音海外版 Tik Tok、百度、微信国际版 WeChat 和 UC 浏览器等被美国、印度等国封锁。但是，在数字经济全球化的时代，我国互联网企业的国际化是大势所趋。如果全球数字税的谈判进程不能朝着有利于我国的方向发展，未来这些国内数字巨头真正走出国门以后，数字税的实行则无疑会挤压我国互联网企业的发展空间。

最后，美欧联手对我国构成潜在威胁。拜登政府对数字税态度的转变值得中国警惕，尤其是欧盟一些重要国家对美国的鼓励，包括法国等在正式场合表示要加强和美国在电子科技以及数字税领域的合作。美欧在"数字税"上可能达成的共识，使得大型互联网企业在跨境交易中面临的增税风险增强，同时还会削弱中国跨境互联网企业的全球竞争力。这表面上看是我国数字经济发展的潜在风险，其实背后蕴藏的是美欧对西方网络霸权共同的维持意愿，损害的是我国在网络安全领域国际规则和标准制定领域的话语权。

基于以上分析，我国可以采取以下应对措施：

第一，加速建立健全国内数字税立法。为了更好地制定全球数字税谈判的中国方案，避免国际法倒逼国内税法改革的情况出现，我国有必要在现有税制的基础上加速建立健全国内数字税立法和监管机制；在我国相关立法研究不够成熟的情况下，可以借鉴欧盟一些已经实施数字税国家的经验。鉴于数字税的特殊性和复杂性，建议聘请财政税收、网络安全、人工智能三个领域的技术专家，在立法实践的过程当中重点关注三个层面的问题：其一，注重立法弹性以避免全球数字税实施前后的重复征税问题；其二，国内数字税政策应当纳入已有的网络安全政策体系；其三，相关的法律条款须充分考虑中国互联网企业的业务特点。此外，国内数字税的落地规则应当尽可能细化，不建议仅仅停留在笼统的原则层面。

第二，积极参与"双支柱"方案谈判。当前全球数字税立法谈判进程持续加速，OECD框架下的"双支柱"方案也获得越来越多国家的关注和支持。作为互联网大国以及多边机制的捍卫者，我国应当派出专业人士密切关注OECD/G20、欧盟和联合国等在全球数字税谈判上的最新进展，尤其关注"双支柱"下各议题的细节，在持续跟踪的基础上及时向政策制定者提供报告和最新研究成果。在此基础上，我国应当在政府层面上积极参与"双支柱"方案谈判，了解并深入分析各国的谈判立场，并根据国内税收制度和数字经济发展的实际情况制定符合我国利益的谈判方案，从而增强我国在全球数字税谈判中的话语权。

第三，主动开展数字税谈判多边对话。尽管最近美欧之间有就数字税谈判达成一致意见的倾向，但应当注意到欧盟成员国内部意见的分化，以及欧盟整体对美国互联网巨头避税谋取巨额利润的不满，这为我国冲破美欧可能形成的数字税联盟提供了契机。我国可以主动开展数字税谈判多边对话，利用利益攸关方的分歧尽量多地达成对我国有利的多边条约；在此过程中还可以团结在数字税方面与我国具有共同利益的日、韩等国。

由于当前我国在数字税领域明显处于落后的不利地位。因此，不能只是被动地参与G20对全球数字税的讨论（因为"双支柱"框架主要由OECD国家主导，不利于发展中国家发声），还应积极利用"一带一路"（税收征管合作论坛）和金砖国家（税务局长会议）等平台，为我国互联网企业开拓国际市场创造公平环境的同时，以更加积极的姿态参与到全球数字税谈判进程当中。

第四节　构建"一带一路"网络空间命运共同体

构建网络空间命运共同体是新时代赋予世界的新声音和新使命，此概念的提出是基于习近平总书记所提出的人类命运共同体的理论和全球互联网治理体系变革的背景，对新时代全球复杂的网络安全态势、所面临的现实挑战的一种回应。网络空间是人类共同的活动空间，网络空间的前途命运由世界各国共同掌握，塑造一个安全、稳定、繁荣的网络空间，没有国家可以置身事外。本部分主要从文化基础、符号学和马克思主义哲学的视角探究构建"一带一路"网络空间命运共同体的可行性和路径。

一、文化视角

我国历史悠久的、优秀的传统文化以及深厚的哲学传统为"一带一路"网络空间命运共同体的构建提供了文化和哲学基础。和谐精神与和合文化是我国传统思想文化的重要组成部分。庄子曰:"与人和者,谓之人乐;与天和者,谓之天乐。"和合的"和"即为和睦、和谐、祥和,"合"即为合心、合力、合作。我国台州文化一直流传着寒山与拾得的故事,寒山与拾得因其互敬互让的情谊、和睦友爱的精神被称为"和合二圣",成为中华和合文化的符号象征。和合精神提供了国家交往的范式,即"一带一路"各国应恪守平等互利、互相尊重的原则,以共同协商的方式解决有关网络空间治理的问题,共建网络空间命运共同体。

我国儒家思想强调"和而不同"的思想,"和"与"不同"是一个辩证的统一体,前者表示和谐、平衡,后者强调尊重、承认差异(方浩范,2011:204)。换句话说,一方面要承认、包容和尊重各国在网络治理理念、规则、标准和文化等方面的个体差异性,另一方面各国在差异的基础上要努力寻求有关网络空间治理的和谐对话和观念共享。冯友兰(1999)将"和而不同"的理念视为中国哲学的传统和世界哲学的未来,此理念也被广泛应用到政治生活中,强调各国之间的平等交流、相互认同、共同发展。中庸思想是孔子综合自然之规律总结且倡导的哲学思想,其强调充分考虑各方的利益,制定一个各方皆能接受、各方利益皆能得到满足的方案,实现合作共赢(方浩范,2011:213)。"一带一路"网络空间命运共同体的构建即强调在重视、追求自身国家于网络空间领域的利益的同时,要尊重、不损害他国利益,反对网络霸权主义。道家学派哲学家老子在其《道德经》第四十二章提到"道生一,一生二,二生三,三生万物",即事物的运动发展会随着时间和空间的改变而不断发生变化。"一带一路"网络空间命运共同体中的各个国家存在着互联网技术发展水平、安全文化、治网理念等方面的差异性,但同时这种个体差异性体现并丰富着共性,差异性在一定条件下可转化为共性。

可见,"一带一路"网络空间命运共同体根植于我国深厚的哲学和文化沃土中,也呼应了习近平总书记所提出的网络空间命运共同体原则,即"平等尊重、创新发展、开放共享、安全有序"。我国与"一带一路"其他国家文化上亦有着一定的相通之处,存在着一定程度的文化认同。传统上，中日韩三国以儒家文化为文化背景与思想基础被称为东北亚共同体（方浩范，2011）。东亚共同体，包含东北亚的中日韩和东南亚的东盟 10 国，包括新加坡、马来西亚、柬埔寨、老挝、泰国、越南、菲律宾、印度尼西亚、文莱和缅甸，因在汉字、儒学、律令和佛教等方面存在的文化共性，常被视为东亚共同体（顾丽姝，2009）。

二、符号学和马克思主义哲学视角①

网络空间命运共同体是我国网络治理理念的重要组成部分，是我国所提倡的多边治理模式的重要体现，因此应从网络治理入手对其进行源头上的系统分析。"一带一路"网络空间命运共同体的建构有着一定的地缘政治依据。在"一带一路"倡议下，众多发展中国家积极与我国开展合作，经济发展动力得以提升。加强与"一带一路"沿线发展中国家合作有利于增强发展中国家在国际事务上的话语权，促进全球治理体制改革。在网络治理层面亦是如此，当今全球网络治理模式主要有两种，分别为多利益攸关方治理和多边治理模式。本部分将从符号学视角分析网络治理作为语言符号的意义是如何通过复杂的符号互动而建构的，并揭露不同网络治理话语背后的社会、政治和历史等语境影响因素。此外，鉴于符号学和马克思主义哲学之间的密切联系，以及马克思主义对哲学社会科学研究的重要指导作用，本部分对中国网络治理进行了从符号学到马克思主义哲学的学理性解读，尤其是网络空间命运共同体。

2003 年 12 月 12 日，多利益攸关方（multi-stakeholder）这个词首次出现在信息安全世界峰会日内瓦阶段会议通过的《行动计划》（*Plan of Action*）中。多利益攸关方治理模式下，学术界、企业家、技术人员与政府等其他行为者共同参与决策过程，有时甚至无政府参与（Haggart et al. 2021：3）。然而，有学者（Haggart et al. 2021；Gleckman，2018）批判，多利益攸关方治理模式偏向权力和特权，尤其是大公司和主导国家，从而边缘化了全球政治中较弱的参与者。该治理模式受到了美国、英国、加拿大、澳大利亚以及互联名称与数字地址分配机构（ICANN）等的推崇，具有意识形态立场，注重保护该模式构建者美国等国的利益（Carr，2015），因而经常被视为一种价值观而不是一种符合公共利益目标的理念（Denardis & Raymond，2013）。ICANN 是全球网络治理的核心机构，亦是

---

① 本部分的部分内容摘自笔者同步写作且已发表于《浙江工商大学学报》2022 年第 2 期的《中国网络治理的社会符号学阐释》。

实施多利益攸关方模式的最具代表性组织。2016 年 10 月 1 日，美国政府迫于国际社会压力正式将互联网域名管理权移交给"全球互联网多利益攸关社群"。在 ICANN 多利益攸关方治理框架下，由少数专业人士构成的董事会掌握着最高决策权，但董事会的人员构成是基于经济和技术实力而非国别和地域，这就造成了互联网巨头仍扮演着重要角色，发展中国家的利益诉求得不到反映（张心志，刘迪慧，2018）。可见，美国的移交行为是为了实现 ICANN 的私有化、去政府化，维护产业界或美国等特定群体的特殊利益，而非全球共同利益。因此，该模式遭到了发展中国家的强烈抵制，其担心被排除在网络空间治理进程之外（鲁传颖，2016）。有鉴于此，中国和俄罗斯等国提出了多边网络治理模式，强调在联合国系统内建立一个负责互联网治理的机构，同时赋予国家根本主权以制定自己的政策，同时包括欧盟在内的行为主体也开始注重保护其网络边界，以防止美国情报系统的监控（West，2014）。

多利益攸关方和多边治理皆强调全球网络治理中治理主体的多样性，主要区别在于谁占主导地位。不同于以去中心化为特征的多利益攸关方治理，多边治理强调在发挥政府在网络治理中主导作用前提下的多主体交流与合作。例如，中国坚持尊重网络主权原则，同时谋划与国际社会携手共同构建网络空间命运共同体。网络主权原则是中国治网理念的核心，在中国网络安全法中予以明确，其是国家主权在网络空间中的自然延伸和表现。相较之下，西方国家所推崇的网络自由，作为其自由主义意识形态的旗号之一，是为其对外意识形态输出服务的，其目的不是促进真正意义上的网络自由、平等和民主，而是为西方在网络空间推行其意识形态提供合法性的依据（张卫良，何秋娟，2016）。可以看出，某种程度上，网络治理的符号意义受到了国家意识形态和价值取向的影响。

综上，网络治理作为一个符号，不同意义建构主体对其有不同的解释，大国之间关于网络治理的博弈一方面为语言符号的博弈，另一方面本质上映照着各国的网络空间利益，因此对网络治理的符号性质和意义的诠释不能与其所属的政治和社会语境相脱离。可见，符号的意义存在于其所使用的社会语境中，不能将其意义简单地视为能指和所指之间的一种固定关系（Danesi，2017），网络治理只有在特定的时空语境里才能获得其含义。鉴于符号的意义产生于复杂的符号互动过程中（Van Leeuwen，2005：33），因而网络治理的意义产生于其与社会和政治等其他符号系统的互动关系中，存在于特定的空间情境中，是特定社会经济条件的产物。

网络治理所蕴含的符号学与马克思主义哲学具有密切的内在联系。其实，符号学与马克思主义哲学之间的密切联系由来已久。首先，两者皆强调物质和社会现实在意义构建和事物解释过程中的重要作用，根据马克思主义唯物史观，"人们的社会存在决定人们的意识"（马克思，恩格斯，2009：32），"观念是现实的反映，一切观念都来自经验，都是现实的反映——正确的或歪曲的反映"（马克思，恩格斯，2009：344），即社会形态源于意识形态，而意识形态和文化构成了每一个社会符号系统（Lagopoulos，1986）。物质和社会层面对于符号学分析至关重要，意识形态不能脱离符号的物质现实而存在，符号也不能独立于社会交际的具体形式而存在（Voloshinov，1973：21）。其次，时空语境亦是符号学与马克思主义哲学所共同强调的关键概念，社会符号学强调要在特定的时间和空间语境中解释某一事物的意义（李俭，2017），而历史唯物主义指出"一切存在的基本形式是时间和空间，时间以外的存在像空间以外的存在一样，是非常荒诞的事情"（马克思，恩格斯，2009：56），即强调时间性和空间性的辩证统一。马克思主义下的历史唯物主义注重从历史和社会的视角解释产生意识和知识的社会机制，被视为唯一能够为符号学建立牢固认识论基础的范式（Lagopoulos，1986：222，241）。

从上文网络治理的社会符号学分析可以看出，网络空间作为符号系统所具备的互动性、不可预测性、虚拟空间的现实化和治理主体的多元性等特点，决定了其具有动态性、时空性和社会性。首先，在网络安全领域，计算机和网络技术更迭日新月异，在线社交超越了地理界线，以复杂而多样的方式彼此重叠、互动，这些皆加剧了网络空间的不可预测性、不确定性和不可控性，所以网络空间的开放性和动态性是很必要的。其次，网络空间的开放性和动态性决定了其具有时间性和空间性：一方面，其含义可随着历史和社会条件的变迁和变革而发生变化；另一方面，不同国家或地区作为话语构建主体可对其赋予不同的意义。再次，网络空间作为符号系统，还具有社会性。社会符号学强调符号意义建构过程中，社会与文化所发挥的重要作用以及各种主体所发挥的交互作用（程乐，王春晖，2020）。研究表明，网络空间不单单是技术空间，而已成为社会空间（Strate，1999：386）以及大国博弈和网络外交兴起的政治空间（Barrinha & Renard，2017）。此外，人的原则是符号学的主要原则之一，人是符号的动物，其通过符号化行为给世界赋予意义，从而形成人类社会（吕红周，单红，2017：108）。习近平总书记明确指出国际网络空间治理应该充分发挥各种主体作用，其核心原因在于网络治理的核心在于主体性，即"人"，而不仅仅是"物"。换言之，网络治理的核心在于发挥政府、国际组织、行业企业及公民个人等的主体作用，而不单是治理网络空间的信息内容层、基础物理层和数字代码层等"器物"。从社会符号学和哲学角度来看，人是符号活动的主体、话语建构的主体，故中国网络治理模式对治理主体性的强调，符合习近平总书记"网络安全为人民、网络安全靠人民"的以人为本网络安全观和中国传统哲学。可以说，这是马克思主义在网络空间领域的新应用新实践，是我们党执政为民理念在网络安全方面的新形式、新表现（孙强，2016）。

鉴于网络治理作为符号所具有的社会性，需在特定的物质社会语境中阐释其意义，因此中国网络治理的意义也需结合中国的互联网发展状况、社会文化和政治制度等语境进行解释。中国强调网络主权原则，是结合当前全球网络治理现状和中国网络发展实践所作出的选择，结合了中国特色社会主义道路、理论、制度和文化，蕴含了马克思主义的科学性和实践性。强调网络主权的中国网络空间治理模式体现了从客观实际出发、实事求是的辩证唯物主义原则，这一模式的构建与运用结合了"本国的经济条件和政治条件"（马克思，恩格斯，2012：574）与国际社会的客观实际，有利于推动全球网络空间治理更加公正合理。其一，国际社会所面临的网络窃听、网络恐怖主义和网络间谍等行为与国家主权密切相关，例如，爱德华·斯诺登"棱镜门"事件和"维基解密曝光"事件严重侵犯了他国主权以及他国政要和各国公民的隐私权。网络主权应被视为国家主权在网络空间的体现和延伸，需要将网络空间置于国家主权的治理范围内。其二，鉴于不同国家在信息与通信技术水平、历史文化以及价值观方面的不同，其网络治理模式也存在一定的差异（程乐，裴佳敏，2018：134）。因此，要尊重网络主权，尊重各国根据其信息与通信技术水平、政治制度、价值观和文化传统等自主选择网络发展道路、自主制定互联网公共政策、自主选择其网络治理模式，如此才能推动全球网络空间治理朝着更公正合理的方向迈进（程乐，裴佳敏，2019）。

一个口头或书面词语的重要属性是它代表一个想法、观念；换句话说，这个作为能指的词设定了价值，而价值显然是意指中的一个要素（Raber & Budd，2003：517）。意义构建者将象征价值投射到一个对象中，使其成为某种社会关系的一种体现（Mortelmans，2005：509）。近年来，世界各国也通过自我与网络主权所表征的符号的互动，与中国网络治理理念产生了共鸣，产生了对网络主权和网络空间命运共同体的符号价值的认同。网络主权原则已获得国际社会的普遍认同，突出体现在许多重要的国际文件，例如，2003 年联合国信息社会世界峰会通过的《日内瓦原则宣言》，2005 年通过的《突尼斯议程》，2011 年、2015 年中俄等国的《信息安全国际行为准则》，2013 年、2015 年联合国信息安全政府专家组报告，2015 年二十国集团领导人《安塔利亚峰会公报》和 2016 年金砖国家领导人《果阿宣言》。欧盟作为全球重要经济体，也不断调整其网络空间治理模式，将主权概念适用于网络空间中。尽管传统上欧盟在网络治理方面很大程度上追随美国，较少强调发挥政府的主导作用，但数字世界的主权问题也逐步引起其关注。根据欧洲议会于 2020 年 7 月发布的报告《欧洲的数字主权》，欧盟担忧其公民、企业和成员国失去对数据、创新力和执法能力的控制力和竞争力，故提出了数字主权或技术主权的概念，其含义为"欧洲在数字世界中自主行动的能力，应该被理解为是一种保护性机制和防御性工具，用来促进数字创新（包括与非欧盟企业的合作）"（Madiega，2020）。

此外，中国网络空间治理强调要在尊重网络主权的基础上加强国际网络空间合作和对话，以构建安全有序的网络空间命运共同体，强调政府、国际组织、互联网企业、技术社群、民间机构、公民个人等多元主体参与网络空间治理。根据社会符号学和马克思历史唯物主义，符号的意义应结合历史和物质世界事实进行分析。网络空间命运共同体是基于技术社团或私营部门等单一主体，无法解决国际社会所面临的日益复杂严峻的网络安全挑战而提出的，是符合当前国际网络治理现状以及当下各个主体和网络空间的互动关系的。例如，国际电信联盟将网络安全定义为，"可用于保护网络环境、机构组织以及用户资产的政策、理念、技术等的集合"（ITU，2009），并从法律框架、技术手段、组织架构、能力建设和相关合作五个方面去考察各国在加强网络安全方面所做出的努力。这也充分体现了网络空间治理主体的多元化，一方面政府应在加强网络安全方面发挥重要的建设性主导作用，需制定相关的战略、法律法规和政策；另一方面企业要不断进行技术创新和研发，技术社群和公民个人也要积极参与网络治理。网络空间国际治理应注重以下三个方面：一是获得共同利益；二是管理不平等的权力；三是调解文化多样性和价值冲突（Hurrell，2007：2）。西方国家所推崇的多利益攸关方治理模式强调特定群体的利益，呈现出了意识形态偏见和零和博弈思维，这也恰恰说明了构建共赢而非零和、着眼国际社会共同利益的网络空间命运共同体的必要性和重要性。可见，网络空间命运共同体理念是在新的历史条件下马克思主义基本原理与中国，以及全球网络空间治理实践相结合的产物，有利于推动构建互信共治的数字环境。

迄今为止，网络空间命运共同体的符号价值已在世界范围内引发了广泛共鸣，例如，2021 年 8 月 24 日中非互联网发展与合作论坛上中方发起了

"中非携手构建网络空间命运共同体倡议"。网络空间命运共同体与人类命运共同体的全球价值观一脉相承,是人类命运共同体理念在网络空间的具体体现和重要实践,而人类命运共同体这一理念已被载入联合国、上海合作组织等多项不同层面决议和宣言中,例如,2017 年"非洲发展新伙伴关系的社会层面"决议、2017 年联合国安理会关于"阿富汗问题"的决议、2017 年联合国人权理事会关于"经济、社会、文化权利"和"粮食权"决议,以及 2019 年上海合作组织成员国元首理事会比什凯克宣言等。

从上述符号学和马克思主义哲学视角可以看出,我国所提出的"多边参与、多方治理"的治理模式以及网络空间命运共同体,一方面是中国网络治理符号系统的重要组成部分,是马克思主义在网络空间治理的中国实践,是历史符号在新时代的全新阐释;另一方面是符合全球利益的,尤其是可充分反映发展中国家在全球网络空间治理中的利益和诉求。因此,"一带一路"网络空间命运共同体也必将成为一个可在网络空间国际治理领域为发展中国家发声、惠及发展中国家的平台。因此,构建"一带一路"网络空间命运共同体,要充分利用我国与"一带一路"国家在网络空间治理领域的文化共性与共同利益,进而推动网络空间命运共同体从价值独特性符号向价值共识性符号的转变,既保持中国特色,又获得包括"一带一路"国家在内的国际社会的普遍认可和接受。

参考文献:

Barlow, J. P. 1996. *A declaration of the independence of cyberspace.* https://www. eff. org/cyberspace-independence (accessed 28 July 2021).

Barrinha, A. & Renard, T. 2017. Cyber-diplomacy:The making of an international society in the digital age [J]. *Global Affairs* 3 (4-5):353-364.

Buzan, B., Wæver, O., & de Wilde, J. (1998). *Security:A new framework for analysis.* Boulder:Lynne Rienner.

Carr, M. 2015. Power plays in global internet governance [J]. *Millennium:Journal of International Studies* 43 (2):640-659.

Danesi, M. 2007. The Quest for Meaning:A Guide to Semiotic Theory and Practice [M]. Toronto:University of Toronto Press.

DeNardis, L. & Raymond, M. 2013. Thinking clearly about multistakeholder Internet governance [C]. Presented at Eight Annual GigaNet Symposium.

DunnCavelty, M., & Wenger, A. 2020. Cyber security meets security politics:Complex technology, fragmented politics, and networked science. *Contemporary Security Policy* 41 (1):5-32.

Gleckman, H. 2018. Multistakeholder Governance and Democracy ［M］. Abingdon: Routledge.

Haggart, B. , Scholte, J. A. &Tusikov, N. 2021. Introduction: Return of the State? ［M］ // Haggart, B. , Scholte, J. A. & Tusikov, N. Power and Authority in Internet Governance: A Return of the State. Abingdon: Routledge Global Cooperation Series, 1-12.

Hurrell, A. 2007. On Global Order: Power, Values, and the Constitution of International Society ［M］. Oxford: Oxford University Press.

International Telecommunication Union (ITU) . 2009. Recommendation ITU-T X. 1205: Overview of Cybersecurity ［R］. Geneva: International Telecommunication Union.

Islam M. S. , Sarkar, T. , Khan, S, H. , et al. 2020. Covid-19-relatedinfodemic and its impact on public health: A global social media analysis. *American Journal Trop Medicine and Hygiene* 103 (4): 1621-1629.

Lagopoulos, A. P. 1986. Semiotics and history: A marxist approach ［J］. *Semiotica* 59 (3/4): 215-244.

Madiega, T. 2020. Digital Sovereignty for Europe ［R］. European Parliamentary Research Service.

Monahan, C. J. 2021. A diplomatic domain? The evolution of diplomacy in cyberspace. *National Security Archive*. https://nsarchive. gwu. edu/briefing-book/cyber-vault/2021-04-26/diplomatic-domain-evolution-diplomacy-cyberspace (accessed 3July 2021) .

Mortelmans, D. 2005. Sign values in processes of distinction: The concept of luxury ［J］. *Semiotica* 157 (1-4): 497-520.

National Institute of Standards and Technology (NIST) . 2014. Framework for Improving Critical Infrastructure Cybersecurity, Version 1. 0 ［R］. National Institute of Standards and Technology, U. S. Department of Commerce.

Raber, D. & Budd, J. M. 2003. Information as sign: Semiotics and information science ［J］. *Journal of Documentation* 59 (5): 507-522.

Renard, T. 2018. EU cyber partnerships: Assessing the EU strategic partnerships with third countries in the cyber domain. *European Politics and Society* 19 (3): 321-337.

Strate, L. 1999. The varieties of cyberspace: Problems in definition and delimitation ［J］. *Western Journal of Communication* 63 (3): 382-412.

Van Leeuwen, T. 2005. Introducing Social Semiotics ［M］. London and New York: Routledge.

Voloshinov, V. N. 1973. Marxism and the Philosophy of Language ［M］. New York: Seminar Press.

West, S. 2014. Globalizing Internet Governance: Negotiating Cyberspace Agreements in the Post-Snowden Era ［C］. Paper presented at the 42nd Research Conference on Communication, Information and Internet Policy.

WHO. 2015. World Health Organization Best Practices for the Naming of New Human Infectious Diseases［R］. Geneva：World Health Organization. https：//apps. who. int/iris/bitstream/handle/10665/163636/WHO_ HSE_ FOS_ 15. 1_ eng. pdf? sequence = 1（accessed 29 March 2020）.

程乐，裴佳敏 . 2018. 网络安全法律的符号学阐释［J］. 浙江大学学报（人文社会科学版），6：125-139.

程乐，裴佳敏 . 网络空间治理的中国方案［EB/OL］. https：//www. guancha. cn/chengle/2019_ 06_ 02_ 504054. shtml（访问于 2021 年 12 月 28 日）.

程乐，王春晖 . 多维解读我国网络综合治理体系构建［EB/OL］. https：//theory. gmw. cn/2020-05/26/content_ 33859824. htm（访问于 2021 年 12 月 28 日）.

戴丽娜，郑乐锋 . 2021. 美国"清洁网络"计划评析［J］. 现代国际关系，1：55-62.

顾丽姝 . 2009. 东亚文化对东亚一体化的影响［J］. 云南民族大学学报（哲学社会科学版），26（6）：69-73.

方浩范 . 2011. 儒家思想与东北亚"文化共同体"［M］. 北京：社会科学文献出版社 .

冯友兰 . 1999. 中国现代哲学史［M］. 广州：广东人民出版社 .

郭宏生 . 2016. 国家安全研究系列丛书：网络空间安全战略［M］. 北京：航空工业出版社.

李俭 . 2017. 法律术语的社会符号学阐释——以"通常居住"为例［J］. 浙江工商大学学报，4：59-65.

鲁传颖 . 2016. 网络空间治理与多利益攸关方理论［M］. 北京：时事出版社 .

吕红周，单红 . 2017. 斯捷潘诺夫的符号学思想阐释//田海龙、于鑫 . 符号学多元研究［M］. 天津：南开大学出版社，101-113.

马克思，恩格斯 . 2009. 马克思恩格斯文集：第 2 卷［M］. 北京：人民出版社 .

马克思，恩格斯 . 2009. 马克思恩格斯文集：第 9 卷［M］. 北京：人民出版社 .

马克思，恩格斯 . 2012. 马克思恩格斯选集：第 4 卷［M］. 北京：人民出版社 .

宋汀 . 2021. 新冠疫情对全球网络安全发展的影响［J］. 中国信息安全，1：59-62.

孙强 . 习近平的新型网络安全观［EB/OL］. http：//pinglun. youth. cn/ll/201609/t20160912_ 8647587. htm（访问于 2021 年 7 月 25 日）.

岳云嵩，齐彬露 . 2019. 欧盟数字税推进现状及对我国的启示［J］. 税务与经济，4：94-99.

张心志，刘迪慧 . 2018. IANA 移交的实质及影响［J］. 信息安全与通信保密，10：74-80.

张卫良，何秋娟 . 2016. 应对西方"网络自由"必须维护我国意识形态安全［J］. 红旗文稿，9：9-11.